가치

디지털전환의 성공 열쇠

정재천 지음

VALUE

GS인터비전

들어가는 글

" 브루넬의 거대한 증기 기관이 내는 힘은 그것이 할 수 있는 유용한 일의 양, 즉 석탄 1톤당 생산되는 견인력으로 측정되는 것처럼 보인다. 하지만 최종적으로 증기 기관의 효율은 얼마나 많은 승객을 얼마의 가격과 속도로 런던에서 브리스톨까지 수송할 수 있는가로 측정되고, 그런 목표는 사회적이다.[1]"

이 글에서 저자는 디지털 시대의 핵심은 어떤 가치를 사람들에게 제공할 수 있느냐에 달려있다고 말한다. 우리가 4차 기술혁명의 핵심기술 자체에 매몰되는 사이 혹시 이 기술이 우리에게 줄 수 있는 사회적 가치를 잊고 있는 것은 아닌지 생각해 볼 때다.

지난 시간 동안 정부는 새로운 가치를 찾아 지식경제도 공부하고 창조경제에도 힘을 기울이고 있다. 현 정부 들어서는 디지털 뉴딜과 스마트화에도 많은 예산과 노력을 기울였다. 2022년까지 스마트팩토리 3만 개 보급에 역점을 두는 것이 한 예이다. 또한 스마트팜의 확산과 스마트시티의 건설 등 스마트화의 열기가 초여름을 더욱 달아오르게 한다. 여기에 더해 디지털 변환을 통해 기술적 우위를 차지하고자 하는 노력도 가속화되고 있다. 이러한 기술 과속(過速)에 대해 깊은

---

1) 나이절 섀드볼트, 로저 햄프슨, "디지털 유인원 (Digital Ape)" 중에서

우려를 하고 있는 한 사람인 나는 '새드볼트와 햄프슨'이 주장하는 "기술의 사회적 가치"를 우리가 잊고 있는 것은 아닌지 걱정스러울 때가 많다. 특히 일부 대학과 연구기관은 정부 정책의 변화가 몰고 오는 엄청난 연구개발 자금의 과실에 홀려 기존 연구성과를 포장, 재포장하고, 심지어 당의정을 씌워 새로운 기술개발 성과인 양 홍보하기도 한다. 안타까운 현실이지만 흔히 눈에 보이니 외면하기도 어렵다.

이러한 과정은 새로운 기술에 대한 사고와 철학을 미처 완성하지 못한 정부가, 아직도 미국을 비롯한 기술 선진국의 '빠른 추종자' 전략을 추구하고 있는 사이에 벌어진 모방과 복제의 잔치였을 뿐, 모두가 진정으로 원했던 새로운 가치를 창출하는 방향을 향한 것은 아니었다. 나를 포함한 모두가 깊이 성찰하고 반성할 일이다.

이런 혼란을 목격하면서 쓴 이 책은 자연스럽게, 스마트 기술과 디지털 기술이 서로 결합하여 스마트-디지털 기술이 될 때 어떠한 사회적 가치를 가져오는지를 모색하는 방향으로 나아간다. 이 과정에서 시스템엔지니어링 방법론을 도입할 수밖에 없었는데 4차 산업혁명 시대의 선도자가 되는데 필요한 기술과 리더십을 얻기 위해서는 시스템엔지니어링이 필수라고 판단하였기 때문이다. 이 방법론을 도입하면 모방과 복제를 중심으로 한 '빠른 추종자' 전략에서는 별 활용도가 없어 보였던 개념 설계라는 선행연구 단계가, '선도자'에 올라서기 위한 필수적 활동 단계로 자연스레 주목받게 만든다.

이 책은 크게 세 부분으로 나누었다. 1장과 2장에서는 스마트-디지털 기술의 개요에 대해 설명하였다. 3장은 스마트-디지털 기술이 주는 세 가지 가치를 중심으로 알아보았다. 부록은 본문에서 강조되었던 시스템 접근법을 통한 개념 설계 방법론을 이해하는 과정을 풀어내었다. 각 장의 내용을 좀 더 알아보면 다음과 같다.

제1장은 스마트 기술과 디지털 기술이 서로 연결되는 것이 무엇일까에 대한 것이다. 스마트 기술이 기계와 인간을 연결하고, 기계에 인지능력을 부여하는 기술이라면, 디지털 기술은 이를 이산적인 연산 기능의 고속화를 통해 한계비용을 제로화해 대부분의 시스템 기능을 디지털화 하는 바탕 기술이다. 이 기술이 스마트와 접목하여 산업과 시장 그리고 소비자까지 변화시킨다. 또한 스마트-디지털 기술이 해외 에너지사업에 적용되어 새로운 가치를 창출하는 과정을 고찰하였다,

제2장은 '스마트-디지털 기술이 4차 산업혁명과 만난다'라는 부제하에 4차 산업혁명 요소기술의 특징인 메타모델과 시뮬레이션에 대해 설명하였다. 요즘 주목을 받고 있는 메타버스도 메타모델을 기반으로 한 기술이다. 또한, 플랜트 시스템에 응용되는 대상기술에 대해서도 설명하였다.

제3장은 스마트-디지털 기술의 적용을 통해 얻을 수 있는 실질적 가치와 가치를 얻기 위한 전략과 전술에 대해 설명하였다. 가장 중요한 세 가지 가치란,

'[가치 1] 산업기술의 선도자가 된다.

[가치 2] 제조 분야의 신산업을 창출한다.

[가치 3] 안전하고 신뢰할 수 있으며 누구나 일하고 싶은 산업체를 만든다.'

고 설정하였다, 이 가치를 구현하기 위한 전략으로는,

'[전략 1] 지식화를 통해 산업의 부가가치를 창출한다.

[전략 2] 산업의 효율성과 효과성을 높인다.

[전략 3] 산업 현장에서 요구하는 인재를 양성한다.'

로 정했다. 전략을 이루기 위한 다섯 가지 전술도 소개하였다.

'[전술 1] 문샷이 아닌 시스템적인 접근법에 기반을 둔다.

[전술 2] 파괴적 혁신 보다는 연속적 혁신을 추구한다.

[전술 3] 디지털 기술의 발전을 통한 경험의 지식화에 무게를 둔다.

[전술 4] 개념 정의단계를 더욱 중시한다.

[전술 5] 문제를 정의하고 해결책을 제시할 수 있는 인재를 양성한다.'

가 그것이다.

제4장은 이러한 가치와 전략, 전술을 위해 핵심이 되는 새로운 시대의 인력양성에 대해 알아보고자 했다. 특히 4차 산업혁명 요소기술의 응용을 통한 고등 공학교육 개혁이 중요함을 강조했다. 산업화 시대에 필요했던 Know-How를 넘어, Know-Why 정의가 가능한 인재가 새로운 시대를 여는 핵심이라고 생각한다. 이런 인재를 육성하기 위해 우리 교육도 '문제 정의와 해결이 가능한 인재'를 길러내야 한다, 그뿐만 아니라 진정한 글로벌 선진국이 되기 위해서는 G8에 걸맞은 국제화된 환경에 적합한 인재 역시 키워야 한다. 과연 어떠한 형태의 인재가 산

업 분야에서 요구되는지를 깊이 고민해 보았다.

시스템 개발능력은 프로세스, 기술적 수준, 그리고 사람의 3 요소가 벡터적 합을 이룬다고 한다. 이 책의 장을 구분하는 기준도 이 요소에 중점을 두었다. 즉, 제 1장과 2장은 스마트-디지털 기술의 기술적 수준에 대해 얘기했고, 3장은 프로세스 개선에 대해, 그리고 4장은 인적능력을 어떻게 향상시킬 것인지를 주관적 관점에서 설명하였다.

부록 1에서는 시스템 과학과 시스템적 사고의 정의에 대해 좀 더 깊이 살펴보았다. 시스템 사고는 원칙과 일정한 패턴이 있다고 한다. 인공지능 역시 패턴을 따라 정해진 출력을 제공하는 것이니 이 패턴의 발견은 시스템 사고를 통해서 하는 것이 맞다고는 생각한다. 또한, 시스템이 가지고 있는 고유의 특성도 다뤘다.

부록 2는 시스템 접근법이 성공적인 시스템 실현을 위해 어떻게 사용되는가를 설명했다. 그리고 이 접근법의 핵심인 문제와 기회를 식별하고 이해하는 행위를 알아보았다. 또한, 식별된 문제를 가지고 가능한 해결책을 조합하는 과정을 설명했다. 부록 3은 이러한 접근법을 이용하여 개념단계를 어떻게 실행할 것인가를 다뤘다. 시스템엔지니어링 핸드북에서 구분하는 세부 단계를 참조하여 개념단계 활동을 중심으로 설명하였다. 아울러 개념과 개발단계에서 여러 해결책 중 하나의 옵션을 선택하기 위한 시스템 정의과정에 대해 알아보았다. 이와 함께, 이전 단계에서 다음 단계로 이동하기 위한 의사결정 단계에서, 분석과정이 관점에 따라 어떻게 달라지는지도 알아보았다. 부록의 4에서는 개념 설계에 대한 독자의 빠른 이해를 위해, 디지털 트윈을 이용한 원자로 노심보호 연산기 개념 설계와 소형모듈형 원자로 개발을 위한 운영개념 수립을 예제를 들었다.

이 책은 스마트-디지털 기술에 호기심을 가진 독자층이 이해할 수 있도록 깊은 전문기술 내용은 다루지 않았다. 그런데도 이해하기가 쉽지 않은 부분이 있다면 이는 저자의 탓일 것이다. 혹 보완 설명이 필요한 부분이 있다면 출판사로 이메일을 보내주시기 바란다. 여러분의 요구사항과 충고는 향후 좀 더 나은 책을 발간하는 동력이 될 것이다. 항상 팔리지도 않는 책을 내주시느라 고생이 많으신 GS 인터비전 송기수 사장님과 편집진 여러분께 깊은 감사를 드린다.

2021년 입하에 금당 정재천

목 차

1
chapter

스마트와 디지털 기술이 서로 연결된다.

1.1 스마트 기술이란 연결성과 인지능력을 기계에 부여하는 것이다.

1.2 디지털 기술의 특징과 수명주기를 알아본다.

1.3 스마트-디지털 기술을 왜 플랜트 분야에 적용해야 하는가?

1.1 스마트 기술이란 연결성과 인지능력을 기계에 부여하는 것이다.

스마트 기술의 첫 번째 핵심은 연결성이다. 사물과 인간을 포함한 연결 가능한 모든 것들을 서로 연결해서 최고의 시너지를 얻는다. 이 연결에는 하드웨어 비용도 거의 들지 않는다. 두 번째 핵심은 기계가 인간의 인지 능력을 모방토록 하는 것이다. 여기에는 인간의 최대 장점인 전체 맥락하에서 일을 처리하는 것도 포함된다. 이를 구현하는 데 필요한 요소 기술들은 우리 주위에 널렸다.

가. 스마트폰이 상징하는 스마트 기술

스마트 기술에 대한 사전적 정의를 내리기 전에 스티브 잡스가 만든 '스마트폰'에 대해 얘기하는 편이 이 기술의 속성이 무엇인지를 직관적으로 이해하는 데 도움이 될 것 같다. 스마트폰이 나오고 얼마 지나지 않아 '폴더 폰'의 최강자 '노키아'는 흔적도 없이 사라졌고, 전파 통신계의 대부 '모토로라'의 휴대폰 사업도 중국의 사업체에 넘어갔다. 파괴적 혁신이란 얼마나 무서운 것인가?

여러분에게 묻는다. "스티브 잡스가 스마트폰을 창조했는가?"

물론 답은 "절대 그렇지 않다!"이다. 흔히들 잡스는 모방의 대명사라고 한다. 초기 아이폰의 대부분 기능은 같은 시기에 공존했던 PDA[1])에서 따왔고,

나머지 기능들은 기존 폴더형 휴대폰이 제공하고 있던 것이다. 스마트폰의 디자인 역시 잡스가 통조림 '샘표 깻잎'의 깡통 모양에서 훔쳐 간 것이라는 우스갯소리도 있었다. 여기서 우리가 주목해야 할 점은, 스마트라는 것도, 혁신이라는 것도 창조의 산물은 아니란 것이다. 창조경제를 외치던 전 정부의 과학기술 정책이 내세울 만한 실적이 별로 없는 가운데 끝난 것 역시, '창조'라는 어마어마한 용어를 겁 없이 썼기 때문이리라. 이제라도 창조는 신의 영역으로 다시 돌려놓는 것이 어떨까? 그래야 인간의 한계를 깨닫고, 실현 가능한 선명한 목표를 설정할 수 있지 않을까?

다시 잡스가 만든 스마트폰 얘기로 돌아가 보자. 안드로이드 기반의 제품을 쓰든 아이폰을 쓰든 대부분의 사람이 들고 있는 이 제품은 참 신통하다. 잡스는 스마트폰으로 무엇을 하려고 했는가? 지금의 스마트폰은 어떻게 진화하였는가? 스마트폰 이전에 잠시 시장에 나타났던 PDA[2]와 무슨 차이가 있기에 이렇듯 전 세계 대부분의 사람이 쓰게 됐는가? 이제부터 여러분과 함께 머리를 맞대고 같이 생각해 보자. 우선 필자가 체험한 스마트폰의 세계다. 여러분도 빈 종이에 자신의 경험을 적어보시기 바란다.

- 손가락을 몇 번 움직여 온라인으로 물건을 살 수 있다.
- 카카오톡이나 밴드와 같은 SNS[3]를 이용한다. 전용 앱[4]을 설치해야 하는 번거로움이 있지만 설치하는 과정이 그리 복잡하지는 않다. 모바일 뱅킹이나 무슨 무슨 페이와 같은 결제 기능도 많이들 이용한다.

---

1) PDA : 개인정보 단말기, Personal Digital Assistant
2) Personal Digital Assistance : 개인용 디지털 단말기로 스마트폰의 전신이다.
3) SNS : Social Network Service
4) Application Program

- 건강을 체크하는 헬스 앱을 이용해 맥박과 스트레스도 측정하고, 만보계로도 활용한다.
- 영어나 일본어 번역기 앱도 사용한다.
- 디지털카메라의 기능과 성능이 수준급이다. 아웃 포커스 기능과 화이트 밸런스를 조정하면 제법 그럴듯한 사진이 완성된다. 대신 비싸게 사들인 DSLR은 장롱에 처박혀 있다.

내가 자주 쓰는 첫 번째 기능부터 네 번째 기능까지는, 스마트폰이 플랫폼으로 이용되기 때문에 가능한 것이다. 누구든 이 플랫폼에 앱을 깔기만 하면 다른 용도로도 사용할 수 있다. 일전에 일본 출장 중에 JR 고속열차표 문제로 창구 직원과 태블릿 PC 화담(話談)을 나눈 적이 있다. JR 직원의 설명이 영어 번역기를 통해 문장으로 나오면, 나는 그 영어 문장을 태블릿 PC 화면으로 보고 상황을 판단할 수 있었다. 그런 다음 몇 가지 일본어 단어와 영어 단어를 섞어 내가 얘기하면 JR 직원 역시 내가 무엇을 원하는지 금방 알아챘다. 이 경험을 통해 나는 언어가 달라도 쉽게 소통이 되는 편리한 세상에 살고 있음을 실감했다. 요즈음은 음성 인식이 되는 동시통역기 앱도 있다고 하는데 아직 사용해 보지는 않았다.

플랫폼이란 무엇인가? 바로 변형과 사용이 가능한 환경이다. 이것이 잡스의 위대한 생각이다. 그러나 냉정히 따져보면, 이 기술이 잡스의 머리에서 처음 나온 것도 아니고, 애플이 이러한 생각을 실천한 첫 번째 회사도 아니다. 그런데 어떻게 애플이 이 시장의 선도자가 되었을까? 바로 생산자와 소비자가 중간 단계 없이 바로 거래할 수 있는 애플리케이션 환경을 제공했기 때문이다. 다시 말해 스마트폰이라는 플랫폼에 연결성을 제공했기 때문이다.

물론 애플의 아이폰은 아직도 안드로이드 계열 스마트폰과 호환되지 않는다. 안드로이드 체계도 마찬가지다.

여기서 또 하나의 질문이 생긴다.

※ 왜 생산자와 소비자를 직접 연결해야 하는가?

이 질문은 스마트폰 이전과 이후의 통신 사업이 어떻게 변화했는지를 살펴보면 답을 얻을 수 있다. 기존에 막강했던 네트워크 사업자는 이제 콘텐츠 사업자와의 협업 없이는 발전 자체가 불투명해졌다. 그 많은 유무선 망을 깔아 놓고도 구글과 같은 콘텐츠 사업자로부터 한 푼도 받지 못하는 신세를 한탄하면서 말이다. 망 중립성이라는 단어 하나가 시사하는 바는 매우 크다. 콘텐츠는 유선과 무선을 가리지 않고 흐른다. 비행기 내에서 위성통신을 통해 인터넷을 사용하고, 땅에서는 동축 케이블로 정보가 이동한다. 내 콘텐츠가 흘러 다닐 수만 있다면 적진이든 아군의 진지든 영역도 의미가 없다.

즉, 스마트 기술의 첫 번째 특징은 연결성[5]의 극대화라는 답이 자연스럽게 나온다. 4차 산업혁명의 특징으로 많은 사람이 거론하는 가상-물리 시스템[6]의 통합은 사람과 사람을 연결하고, 심지어 기계와 사람을 연결하자는 개념에서 시작된다. 한순간도 스마트폰에서 눈을 떼지 못하는 젊은이들은 이미 기계-인간의 결합을 이루었다. 언제나 기계를 통해 온-라인 상에서 항상 연결되는 시대에 우리는 살고 있다. 이를 통해, 제조업의 새로운 가능성을 여는 스마트팩토리[7]가 생겨나고, 고층 건물에서 채소와 과일을 유기농으로 재

5) Connectivity : 연결성이고 소통이다.
6) CPS; Cyber-Physics System

배하는 스마트팜[8]은 청정농업을 가능하게 한다. 아직은 초기 단계인 이 같은 스마트 기술이 충분히 성숙하려면 좀 더 시간이 필요하다. 그렇지만 우리나라에 스마트폰이 도입되고 2년이 채 지나기 전에 스마트폰으로 갈아탄 가입자가 1,500만 명이 되었다는 사실은 시사하는 바가 크다. 물론 소비 주기가 짧고 한때 과시의 상징이 되기도 했던 스마트폰의 특성이 반영된 결과이긴 하지만, 스마트 기술의 적용을 통해 사용자들이 큰 가치를 얻을 수 있다면 이 기술의 확산 속도는 문자 그대로 '빛의 속도'가 될 것이다.

※ 사람과 기계를 연결하면 어떠한 새로움이 나타날까?

여기서 새로움이란 인간의 인지능력을 기계에 부여할 때 나타나는 특징쯤으로 단순화할 수 있다. 요즘 나는 새 책을 사면 목차를 꼼꼼히 살펴본다. 맥락을 살피기 위함이다. 그런 다음 설렁설렁 책을 넘기면서 구성을 대충 훑어본다. 책이 말하고자 하는 전체적인 맥락을 이해하기 위해서다. 그런 다음 흥미가 있을 만한 부분을 골라 먼저 읽는다. 이러한 독서 습관은 특히 전공 서적을 읽을 때 유용하다. 그러다가 새로운 생각이 떠오르거나, 새겨야 할 글귀를 발견하면 연필로 밑줄을 긋고 포스트-잇을 붙여 내 생각을 적는다. 연필을 사용하는 이유는 생각이 바뀌어 중요도가 떨어지면 즉시 지울 수 있기 때문이다. 이렇게 읽다 보면 어떤 책은 연필 자국과 포스트-잇 범벅이 되기도 한다.

7) Smart Factory
8) Smart Farm

그렇다. 인지능력은 전체를 개괄(概括)하는 능력이다. 즉, 기계가 맥락을 살필 수 있다는 뜻이다. 그런데 현재의 기술로 이것이 가능할까? 컴퓨터에 개와 고양이를 구분하도록 명령해 보면 의외로 정확도가 높지 않다. 아기들도 쉽게 구분하는 고양이와 개를 컴퓨터가 구분하도록 하는 데도 많은 시간이 필요했다. 기계의 전체적인 인지능력은 그야말로 영아 수준을 벗어나지 못한다. 농업진흥청의 의뢰를 받아 아이들 교육용 앱을 개발한 경험이 있는 소프트웨어공학 교수가 들려준 얘기다. 이 앱은 특정 전시장에 있는 식물과 곤충을 스마트폰으로 찍어 입력하면 유사한 형태의 생물을 찾아 종류와 명칭을 비롯한 각종 교육에 활용할 만한 정보들을 화면상에 거의 실시간으로 알려준다. 그러나 전시장을 한 발짝만 벗어나 형태가 조금만 다른 생물체가 입력되면 식별의 정확도는 현격히 떨어지고 찾는 시간도 오래 걸린단다. 아무리 기계학습 단계를 높여도, 컴퓨터의 속도와 용량이 무한정하여 모든 경우의 수를 입력하지 않는 이상 아직은 한정된 인지능력만을 갖고 있기 때문이다.

현재까지의 내용을 종합해 보면, 스마트화란 연결성을 극대화하는 것이고, 현재의 시점에서 이 연결성은 사물과 사물, 인간과 인간을 넘어 인간과 사물의 연결성을 요구한다. 또한 4차 산업혁명 기술과 결합된 스마트화란 전체의 맥락을 이해하여 기계의 인지 속도를 높이고, 깊이와 넓이를 최대화하는 기술이다. 사물과 인간이 결합하여 전체를 볼 수 있을 때 인간과 기계에 공통으로 내재된 오류의 가능성을 줄일 수 있고 판단의 정확성을 크게 높일 수 있기 때문에 연결성은 필수적이다. 또한 스마트 기술은 파괴적이기는 하나 뭔가를 새로 창조하지는 않는 기술이다. 여기서 파괴란, 기존의 산업의 틀을 파괴하여 새로운 패러다임을 만든다는 얘기이지 기존의 기술을 없애고 전혀 새로운 것을 만든다는 의미는 아니다. 즉, 기술의 응용 단계를 최대한 높인다는 것으로 단순화해 설명할 수 있다. 기존의 PDA와 기존의 휴대폰을 묶어 하나의 새로움을 만들었던 잡스의 사례를 우리가 두고두고 우려먹어야 하는 이유는, 파괴적 기술의 도입 여부에 대한 불필요한 낭비와 토론을 줄이기 위해서이다.

나. 연결성은 어떻게 높일 수 있을까?

자가용을 자주 이용하지 않는 나는, 최근 두 건의 속도위반 고지서를 받으면서 우리나라 도로에 많은 카메라가 달려있음을 알게 되었다. 특별한 경우를 제외하고는 휴대폰의 교통안내 앱을 거의 사용하지 않고, 초행길도 네이버나 구글 지도에서 제공하는 길 찾기 기능을 주로 이용하고도 그간 범칙금 고지서를 받은 것은 한 손에 꼽았던 나였다. 내게는 비일상적이었던 과속단속용 카메라가 이제 무심코 지나쳐서는 안 되는, 일상 속의 장치가 되었다. 내가 사는 부산 기장군 정관면에서 학교가 위치한 울산 울주군 서생면으로 가려면 열 대 정도의 단속용 카메라를 지나쳐야 한다. 대부분 50km 단속 지역이고 가끔 30 km 스쿨존을 지나므로 정신을 바짝 차리지 않으면 고지서가 날아온다. ATM을 통해 범칙금을 납부하면서 문득 이러한 과속단속 카메라를 스마트 교통 시스템과 접목해보면 어떨까 하는 생각이 떠올랐다.

정관 아파트 단지에서 자동차 전용도로까지 가는 길에는 8개의 신호등과 두 대의 과속단속용 카메라가 있다. 거리는 대략 3 km 정도인데, 출퇴근 시간만 되면 이 신호를 기다리는 자동차들로 인해 많은 시간이 허비된다. 첫 번째 신호등에서 잠시 기다리던 차량이 50 m 남짓 거리의 두 번째 신호등에서 또다시 녹색 신호등을 기다려야 한다. 이 8개의 신호등은 서로 연동되지 않아 운전자의 시간을 허비할 뿐만 아니라 미세먼지와 공해 물질을 주거단지에 내뿜게 한다. 두 번째 신호등 옆에는 단속 카메라도 달려있어 무심코 지나치다간 삼만이천 원의 범칙금을 내야 한다. 그렇다면 모든 신호등에 사람과 차량을 인지할 수 있는 센서를 부착하고 이 신호와 카메라 영상 신호를 결합해 차량 흐름을 통제하는 시스템을 만들면 어떨까? 하드웨어는 기존의 것을 이용하고 소프트웨어적으로만 두 시스템을 통합하면 되니까 말이다.

이렇게 된다면 자동차 제조사들과 구글이 연구하고 있는 자율주행 자동차의 안전성과 운용성도 크게 개선될 것이다. 자율운전 기능을 갖춘 차량을, 서로 연결된 신호등과 단속 카메라가 유도하도록 하는 것이다. 자동차에 인지능력을 부여하여 사람이 운전하던 방식을 대체한 자율운전 기능에 더해 서로 연결된 신호체계와 단속체계의 층을 하나 더 쌓는 것이다. 이렇게 된다면 단속에 걸리지 않고 교통사고도 크게 줄이면서 안전성도 높일 수 있을 것 같다. 하지만 어찌 2021년도의 컴퓨터와 기계가 인간의 인지 능력을 완벽하게 대체할 수 있겠는가?

자 이제 정리해 보자. 스마트 기술의 첫 번째 핵심은 연결성이다. 사물과 인간을 포함한 연결 가능한 것들을 서로 연결하여 최고의 상승효과를 얻는 것이다. 또한, 이 연결은 하드웨어 구축에 비용이 거의 들지 않는다는 특징이 있다. 두 번째 핵심은 기계가 인간의 인지능력을 모방한 기능을 갖게 하는 것이다. 여기에는 인간의 최대 장점인 전체 맥락하에서 일을 처리하는 법을 배우도록 하는 것이 포함된다. 이를 구현하는 데 필요한 요소기술들은 우리 주위에 널려 있다.

1.2 디지털 기술의 특징과 수명주기를 알아본다.

디지털 변환, 디지털화, 디지털 파괴[9] 등으로 표기되는 디지털화는 무엇을 뜻하는 것일까? 아날로그가 신호를 연속적으로 처리한다면 디지털은 이산(離散)적으로 처리한다. 즉, 0과 1만을 가지고 신호를 처리한다는 뜻이다. 아날로그 기반의 컴퓨터가 없었던 것은 아니지만 이산적인 처리를 통해 컴퓨터의 성능은 지난 70년간 엄청나게 발전했다. 우리가 말하는 디지털 기술은 빅데이터, 인공지능, 가상현실, 사물인터넷, 3-D 프린팅 등 쉴새 없이 쏟아져 정신이 없을 지경이다. 이 기술들은 전자 상거래와 SNS에서 꽃을 피우고 이제는 굴뚝산업의 대표주자인 중화학공업과 전력산업에도 파고들고 있다.

그렇다면 디지털 기술의 특징은 무엇일까? ICT[10]로 대변되는 디지털 기술의 첫 번째 특징은 바로 산업과 시장, 소비자의 변화이다. 즉, 이제는 일반화된 용어가 된 참여형 소비자의 탄생이다. 이를 통해 생산과 유통 방식이 변화되었고, 이 물결은 전통적인 제조업마저도 삼키려 하고 있다. 두 번째 특징은 국가적 경계마저도 무너뜨리는 파급력이다. 모든 것이 빛의 속도로 전송되는 데이터 통신은 다른 나라의 플랜트 설비를 우리나라에서 진단하고 관리할 수 있으며 가상의 쌍둥이 플랜트에 의해 상황을 예측하도록 하는 디지털 트윈[11] 구현도 가능하다. 세 번째 특징은 전통적인 굴뚝 산업조차도 첨단의 지식산업체로 만드는 지식화다. 이 지식화는 기존 산업이 수십 년간에 걸쳐 축적한 데이터를 정렬하여 정보로 만들고 다시 여기에 인간의 암묵지를 포함시켜 단단한 지식체계로 만드는 일련의 과정이 필수적이다.

---

9) 디지털 변환: Digital Transformation, 디지털화: Digitalization, 디지털 파괴: Digital Disruption
10) ICT : Information Computer Technology (정보통신 컴퓨터 기술)
11) Digital Twin: 미국 GE가 주창한 개념으로 컴퓨터에 현실 속 사물의 쌍둥이를 만들고, 현실에서 발생할 수 있는 상황을 시뮬레이션함으로써 결과를 미리 예측하는 기술, 위키피디아 참조

가. 디지털 기술이 창출하는 산업과 시장, 소비자의 변화

자 그럼 첫 번째 특징인 산업과 시장, 소비자의 변화부터 살펴보자. 내가 몸담고 있는 전력산업을 예로 들어보면 공룡과 같이 거대한 한전이 전기를 생산하고, 이를 송전하고 배전망을 통해 사용자에게 일방적으로 공급하고 비용을 청구했던 100년간의 기존 체계에 균열이 발생하고 있다. 소비자에게 전기를 공급하는 배전사업은 KT와 같은 통신사업자에게 문을 열었고, 소규모 전력 자립 망이 생산하고 남는 전기를 한전에 되팔거나 필요한 수요자에게 파는 양방향 거래 기술도 이미 완성되었다. 전력의 참여형 소비자 개념이 아직 법제화되지 않아 본격적인 양방향 소규모 전력 거래시장은 열리지 않고 있다. 하지만 생산자와 소비자가 통합되어 여러 개의 분산된 전력거래 시장이 열리면, 중앙 집중적 전력 계통이 분산 전원이 주도하는 다중화된 전력 계통으로 변화할 것이고, 이를 통해 참여형 소비자가 중심이 되는 전력에너지 체계로 개편될 것이 확실하다.

두 번째 특징은 파급력이다. 피터 디아만디스와 스티븐 커틀러는 그들의 저서 '볼드-부와 충격을 크게 창조하는 법[12)]'에서 디지털 기술이 우리의 예상을 뛰어넘어 기하급수적으로 발전할 것으로 예측한다. 디지털 기술의 수명주기를 '기하급수의 6D'라는 도식으로 일반화해 유명해진 저자들은 디지털 기술이 디지털화, 잠복기, 파괴적 혁신, 무료화, 소멸화 그리고 대중화 과정을 거치게 된다고 말한다. 이런 현상은 개인, 조직, 그리고 국가에 큰 위기와 기회를 동시에 제공한다고도 강조한다. 물론 가장 초기에 일어나는 일은 바로 디지털화다. 디지털화는 정보의 무료 공유를 가져오고 정보 교환의 성장과 확산을 가능하게 한다.

12) Peter Diamadis and Steve Kotler, Bold-새로운 풍요의 시대가 온다, 비즈니스북스

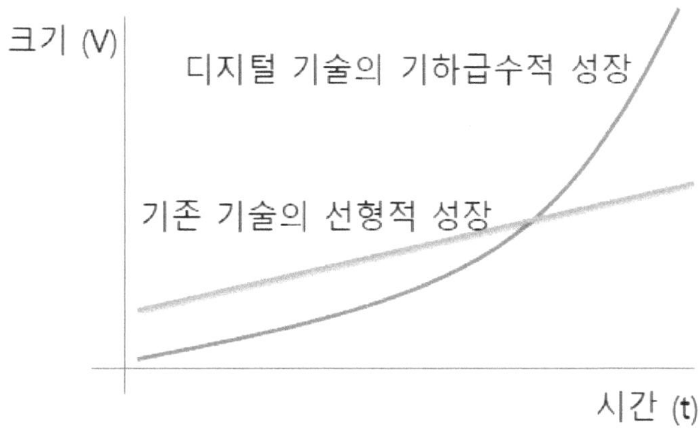

시간의 흐름에 따라 기하급수적으로 증가하는 디지털 기술

이 디지털 기술은 잠복기를 거쳐 점점 힘을 키워 가다가 파괴적 혁신을 통해 새로운 시장을 만들고 기존의 것을 파괴시킨다. 디지털 기술의 잠복 초기에 변화를 감지하는 사람은 그리 많지 않다. 디지털 기술은 처음에 변화를 느끼기 힘들 만큼 서서히 파급된다. 지수함수를 그려보면 초기에는 변화가 그리 크지 않지만, 일정 시간이 경과하면 기하급수적인 증가율을 보임을 알 수 있다. 이러한 기하급수적 변화는 초기 시점에는 그리 위협적으로 보이지 않는다. 성숙도도 낮고 시장의 영향력도 미미하다. 그러나 일정한 변환점에 도달하면 기존의 비즈니스를 파괴하는 폭발력이 생긴다. 유엔미래포럼 박영숙 대표는, 14년 후가 되면 태양광이 석유와 원자력과 같은 기존 에너지를 모두 소멸시킬 것이라고 말한다[13]. 과연 기하급수적 디지털 기술의 발전을 통해 14년 이내에 태양광으로 기존의 에너지 시장이 파괴적으로 재편되어 박 대표의 예측이 맞아떨어질지 궁금하다.

13) 박영숙의 미래트랜드-미래는 지구촌과제 프로젝트만이 돈이 된다, 블록체인 AI 뉴스, 2015. 2. 18.

무료화와 소멸화, 대중화도 중요한 사항이다. 컴퓨터의 연산속도가 더욱 빨라지면, 단위 연산에 드는 비용은 "거의 무료화"가 된다. 컴퓨터의 이용성은 계속 증가하고 점점 강력해지는 반면 유연해지기까지 한다. 우리 국민들을 알파고 신봉자로 만들었던 기계와 인간 간 세기의 바둑 대결은 컴퓨터가 연산능력과 패턴 분석에 있어서는 인간을 앞설 수도 있음을 우리에게 각인시켰다. 이와 같이 기하급수적인 디지털 기술은 대중화 단계에 들어서면서 포화되고 정체된다는 것이 6D로 표현되는 기술의 수명주기다.

디지털 기술의 첫 번째 특징으로 산업과 시장, 소비자의 변화를, 두 번째 특징으로 국가적 경계마저도 무너뜨리는 파급력을 세 번째 특징으로 지식화를 앞에서 얘기했다. 나는 산업화 이후의 먹거리를 찾는 우리에게 디지털 기술이 주는 '지식화'가 가장 중요하다고 생각한다. 특히 '거의 무료화'되는 디지털 기술을 이용하여 인간의 암묵지를 발굴하고 이를 지식 산업화하는 제조업 전략이 필수적이라는 생각에는 변함이 없다. 이제 산업화 2세대가 제조업 현장에서 은퇴하는 지금, 그들의 경험과 구조화되지 않은 지식을 발굴할 마지막 기회가 아닐까?

나. 디지털 기술에 의한 제조업 혁신

지식화와 4차 산업혁명으로 대표되는 제조업 혁신에 대해 좀 더 생각해 보자. 우선 독일의 인더스트리 4.0은 자신이 잘 하는 분야를 기반으로 좀 더 가치를 창출할 수 있는 분야에 집중한다는 것을 특징으로 한다. 우리처럼 요소 기술 중심이 아니라 자기 경험과 지식의 강점을 바탕으로 가치를 극대화할 수 있는 길을 찾고 있다. 반면 우리의 4차 산업혁명은 제조업의 혁신을 많은 선택지 중의 하나로 간주한다. 제조업이 전체 GDP의 30% 가까이 차지하는 산업구조와 무역의존도가 80%에 이르는 우리의 경제구조는 우리가 무엇을 잘해야 더욱 발전할 수 있는지를 단적으로 보여준다.

사 년 전 참가한 하노버 산업박람회를 통해 나는 독일의 인더스트리 4.0이 무엇을 의미하는지를 똑똑히 체험했다. 그들이 외형적으로 내세우는 것은 사이버-물리의 통합이지만, 더욱 중요한 것은 제조업의 경험과 지식을 바탕으로 이를 새로운 가치에 연결하는, 손으로 만질 수 있고 바로 실현할 수 있는 기술이다. 그 중심에는 제조업의 데이터, 정보, 지식을 디지털화하여 새로운 서비스를 제공하자는 것이고 이를 통해 수익을 내는 산업으로 변환하는 것이다. 가상현실, 인공지능 등의 첨단 기술을 연구하지 않는 것은 아니지만 5년 이내에 실현할 수 있는 현실적인 접근법에 좀 더 몰두하고 있다는 점이 우리와 다르다.

결론적으로 디지털화는 모델링을 통해 시뮬레이션하는 '사이버 쌍둥이' 형태로 나타날 수도 있고, 데이터를 이용해 가치를 만드는 지식산업의 형태로 나타날 수도 있다. 또한 디지털화는 스마트 기술이 요구하는 연결성을 가능하게 하고 복합적인 시스템 환경하에서 시스템의 운용성을 극대화할 수 있도록 보장한다. 이를테면 자율자동차는 도로상의 신호체계와 카메라가 연동될 때 좀 더 안전해지고, 자율 운전 시스템 자체의 복잡도는 낮아져 더욱 안정적으로 운전될 수 있다.

1.3 스마트-디지털 기술을 왜 에너지 분야에 적용해야 하는가?

골치 아픈 얘기긴 하지만 2018년 발전회사들의 실적에 대해 얘기해야겠다. 먼저 맏형인 한전의 실적이다. 2017년 약 5조 원에 이르는 영업이익을 기록했던 한전은 2018년 상반기에는 약 8천억 원의 적자를 기록하게 된다.[14] 물론 3분기에 1.2조의 흑자를 기록해 3분기까지의 영업 이익은 5,800억 원 정도로 만회했으나 전년도 대비 흑자 규모는 88%나 줄었다. 한전의 영업이익에 결정적 영향을 끼친 한수원의 사정은 어떠한가?

2017년 1조 4천억 원의 흑자를 기록했던 회사가 2018년에는 약 2천 3백억 원의 흑자만을 기록해 전년 대비 약 94%의 이익이 사라져 버렸다. 종편 TV에서 자주 하는 팩트체크를 한번 해 보자. 적자를 기록했던 2018년 전반기와 다르게, 2018년도 3분기에 한수원과 한전의 흑자를 가져온 요인은 무엇이었을까? 답은 원전의 가동률이 높아진 것이다. 원전 가동률이 5% 오르면서 한수원의 영업이익은 직전 분기의 12배 급증했다. 하지만 워낙 적자 폭이 컸던 상반기의 하향추세를 이기지 못하고 2018년 한수원은 다시 1,020억 원의 당기 순손실을 냈다. 2조 5천억 원의 흑자 기조를 유지하던 회사가 탈원전의 영향으로 2017년 1조 원 밑으로 흑자 규모가 줄더니 결국 순손실을 기록했다.

한수원이 적자를 기록할 수밖에 없었던 주요 요인은 무엇일까? 한수원의 연결 재무재표에서 알 수 있듯이 팩트는 원전의 이용률 감소다. 원자력발전소의 이용률이란 100%로 가동해 얻을 수 있는 전기량을, 이 기간에 실제로

---

14) 공공기관 경영정보 공개시스템, ALIO 참조

발전한 전력량으로 나눠 백분율로 표시한 것이다. 2018년 한수원의 이용률은 65% 미만이었다. 대략 3기의 원전 중 1기는 어떠한 이유로든 정지해 있었단 얘기다. 이러니 총자산 55조의 한수원이 순손실을 기록하게 되고, 한전의 수익구조도 여기에 연동되어 1조 원 이상의 순손실로 돌아섰다. 물론 한전의 수익구조는 원전 이외에도 미세먼지 이슈로 인한 유연탄 발전소의 정지 명령과 이를 대체하기 위한 LNG 수입량이 급증함에 따른 것이기도 하다. 그러나 한때 전체 전기의 40% 이상을 공급했던 한수원의 실적 저하는 모회사인 한전의 수익률 저하로 나타나고, 이는 전기요금 상승이라는 시한폭탄이 되어 언제 터질지 모를 불안감을 국민들에게 준다. 이상의 문제를 종합해 볼 때 스마트-디지털 기술은 전력 에너지 분야에서도 특히 전체 발전소의 가동률을 높이는 데 필요하다는 결론이 나온다.

또 하나의 고려사항은 날로 증가하는 신재생에너지의 간헐성을 최소화하는 것이다. 간헐성이란 기상 여건에 따라 발전량이 달라지는 특성을 말한다. 태양광 발전은 날씨의 영향을 크게 받는다. 또한, 일조량뿐만 아니라 온도의 변화에도 전기생산량이 들쭉날쭉한 특성을 보인다. 이러한 간헐성의 문제가 있는 태양광과 바람이 적당히 불어줘야 전기를 생산하는 풍력 발전량이 늘어날수록 부하조절의 문제는 종래의 방법으로는 풀 수 없는 고차방정식이 되어 버린다. 또한 2000년대 초반, 연간 6%대의 증가세를 기록했던 전력 소비율이 IMF 이후인 2010년대에는 둔화 추이를 보인다는 점도 주목할 만하다.[15)]좀 더 단순화시켜서 생각하면, 종래의 대형 발전소 위주의 시장은 점점 줄어들고 작은 단위의 신재생 시장이 지속해서 늘어날 것이고 이는 필연적으로 전력의 공급과 수요 측면에서 불균형을 가져올 수밖에 없다.

15) 김칠현, 박광수, 국내 전력 소비패턴의 구조적 변화 및 변화요인 분석, 에너지경제연구원, 2015.

이미 간헐성의 문제가 있는 신재생에너지를 대량 도입해 전력 계통이 크게 영향을 받는 독일의 경우를 살펴보자. 독일은 이 문제를 유럽연합(EU)의 전력량과 연계 시켜 해결하고 있으나[16] 신재생에너지로부터의 전력 생산량이 더욱 늘어나고, 상대적으로 작은 규모의 전력 계통이 연계되는 유로피안 슈퍼그리드가 완성되면[17] 수요와 공급의 불일치에서 오는 독일 전력망의 안정성 역시 더욱 나빠질 것이다.

본 절의 주제인 왜 스마트-디지털 기술이 에너지 분야에 적용되어야 하는가로 돌아가 보자. 첫 번째는 대형 발전소들의 가동률을 높이는 것이다. 둘째는 신재생의 도입을 통해 필연적으로 발생하게 될 전력망의 안정성 저하를 막는 것이다. 많은 사람이 현재와 같이 대형 발전소의 가동이 저조한 것은 정부의 과도한 개입에 의해서라고 생각한다. 탈원전의 분위기 속에 원전 가동에 우호적이지 않은 분위기가 있는 것은 사실이다. '공기의 연구[18]'라는 책을 펴낸 일본의 작가 야마모토 시치헤이는 정치·경제·사회·군사·문화 심지어 이불 속까지 사회의 이성을 지배하는 보이지 않는 힘인 '공기'가 파고들고 있다고 말한다. 달리 말하면 지배 구속력이 있는 분위기쯤으로 해석될 수도 있는 '공기'의 힘이 원자력발전에 작용해 2018년과 같은 초라한 실적을 냈다는 것이다. 미세먼지의 주범으로 지목되어 실제로 '공기의 질'에 의해 가동률이 결정되는 석탄 화력도 역시 사회적 분위기에 직접적인 영향을 받는다.

16) Synchronous grid of Continental Europe, 위키피디아, 2019. 2. 6일 접속; 영국과 아일랜드, 북해와 발트 연안국을 제외한 유럽대륙을 잇는 전력망은 UCTE(Union for the Cordination of Transmission System Operators for Electricity)가 결성되어 활동하고 있다.
17) 정혁, 신유럽 신재생에너지 병합을 위한 ENTSO-E(유럽 송전시스템운영자 네트워크)의 운영상의 발전방향에 관한 소고, 한국유럽학회, 2018. 9,
18) 사카모토 헤이치, 空氣の 研究, 헤이북스

하지만 이러한 강력한 '공기'는 결코 사회적 합의에 따른 것이거나, 문화적·역사적 분위기로부터 온 것은 아닐 것이다. '화(和)'를 중시하는 일본과 다르게 우리나라에 흐르는 발랄함은 이러한 공기를 걷어 내고도 남는다. 2012년 뜨겁게 타오른 월드컵 응원의 함성이 그렇다. 젊은이들의 사고는 얼마나 자유로운가? 그들의 역동적 에너지를 담아내어 크게 쓰지 못하는 나와 같은 기성세대의 잘못이 있을 뿐이다. 그렇다면 이러한 문제점을 어떻게 기술적으로 해결할 수 있겠는가? 핵심은 바로 스마트-디지털 기술을 발전소의 운영과 설비의 정비에 접목해 현재 어려움을 겪고 있는 발전소 운영관리의 한계점을 극복하는 것이다.

가. 해외 에너지 사업을 위한 스마트-디지털 기술

한전은 현재 세계 21개국에서 총 34개 사업을 수행 중이다. 또한, 한전은 2025년까지 총 20조 원의 매출을 해외사업으로부터 달성하겠다는 확대 전략을 펴고 있다. 여기서 짚고 넘어가야 할 것은 34개의 해외 플랜트의 운영과 정비를 총괄 지원하는 컨트롤 타워와 기술이, 이러한 확대 전략과 함께 개발되고 있는가 하는 것이다. 그간 전력 에너지 분야에서 이뤄낸 연구성과는 실로 다양하다. 문제는 이렇게 개발된 기술이 실제 발전소 현장에 적용되어 가치로 전환된 사례는 제한적이란 것이다. 한번 살펴보라. 얼마나 많은 R&D 비용을 들여 얼마나 많은 기술을 개발해 놓았는가? 이제는 그간의 연구성과를 어떻게 적용하여 새로운 가치를 얻을 것인가를 고민할 때가 아닐까? 물론 나와는 다른 생각을 하는 분들도 많을 것이고 특정 분야의 기초연구 역시 지속해서 지원되어야 할 것이다. 다만 연구 결과를 응용하여 우리 산업의 가지를 높이고 제조 현장을 좀 더 스마트한 환경으로 변화시켰으면 좋겠다.

50~60세대에게 '험악한 댓글만 달지 말고 할 일 없으면 아세안으로 가라'는 격한 소리를 하고 사임한 전 청와대 보좌관의 발언은 은퇴 세대들에게 충격과 공분을 일으켰었다. 그의 표현이 너무 직설적이어서 많은 반발을 불러왔지만 한전이 계획하고 있는 2025년 20조 원의 해외 매출을 달성하기 위해서는 전문화된 인력의 해외 진출은 필수적이다.

내가 한전에 입사한 1984년은 정말 일자리가 풍성했다. 대졸자들이 두세 개 기업의 합격통지를 받고 어디로 갈까 저울질하는 경우도 많았다. 입사 당시 원자력 분야로 배치된 대졸 입사자만 124명이다. 지금은 모두 은퇴했지만 제2의 인생을 UAE 바라카 원전에서 불태우고 있는 친구들도 17명이나 된다. 물론 국내에 있는 친구들도 이곳저곳에서 인생의 후반기 활동을 하고 있다. 1980년대 오일쇼크에서 우리를 살려낸 것은 '오일 달러'로 통칭되는 중동 특수였다. 여기저기 산업 현장의 불이 꺼진다고 아우성치는 우리나라를 살릴 힘도 해외 진출에 있을 것이다. 제조업 혁명의 대열에 기적적으로 합류하여 제조업 강국으로 변화한 우리나라의 경험과 지식은 쉽게 얻어질 수 있는 것이 아니다. 요즈음 들어 '승자독식(勝者獨食)'의 아우성만이 들리고 선도자로 탈바꿈하지 않으면 미래가 없다는 식의 구호가 요란하지만, 동남아시아나 아프리카 사람들을 만나보면 우리의 기술과 지식의 현재 가치가 대단함을 느끼게 된다.

필자가 근무하는 한전국제원자력대학원대학교는 원자력 산업과 에너지 정책기술에 특화된 국제 대학원이다. 세계 28개국에서 학생을 보내고 있으며, 지난 10년간 500여 명의 석사학위자를 배출한 크지 않은 학교다. 학생들은 대부분 원자력 관련 조직이나 에너지산업체에서 근무한 경험이 있는 재직자들로서 필자에게 생생한 자국 에너지산업 현황을 들려준다. 러시아형 원자력 발전소를 건설하고 있는 이집트나 방글라데시와 같은 나라에서 중추적 역할을 담당하고 있는 것도 KINGS 졸업생이다. 특히 대한민국의 규제기준과 품질보증체계를 배우고 돌아간 학생들은 자국의 규제기준과 품질보증체계를 고도화시켜 나가고 있고, KINGS에서 배운 지식을 바탕으로 러시아 원자로의 안전성을 평가하는 데도 일조하고 있어 상사들로부터의 신임이 높다.

개발도상국에서 온 학생들에게 각 나라에 필요한 기술의 수준에 대해 물은 적이 있다. 학생들의 공통된 의견은 각 나라의 에너지산업은 아직 모방의 단계도 접어들지 못했으므로 일류의 기술보다는 바로 적용하고 따라 할 수 있는 경험 기술이 필요하다는 것이었다. 기술의 습득 과정을 Know-What[19], Know-How[20], Know-Why[21]라고 했을 때 그들에게 필요한 것은 Know-What이고 입문 단계의 Know-How 정도의 기술이다. 고도화된 Know-How와 기술의 근본부터 파헤치는 Know-Why를 도입하기에는 아직 시간이 필요한 것이다, 나는 여기에서 우리의 기회를 찾을 수 있다고 생각한다. 우리의 기술 체계 역시 아직은 단단히 다져지지는 않았다. 원자력발전 분야를 예로 들면 미국 규제기관의 표준설계인증을 통해 Know-How에 대한 것은 완전히 다졌으나, 아직 Know-Why에 대한 기술은 채워 나가야 할 빈구석이 많다.

19) Know-What : 지식의 본질을 꿰뚫어 무엇이 문제인지를 정의하는 것
20) Know-How : 제품 개발·제조 등에 필요한, 핵심적 기술이나 지식
21) Know-Why : 기술이나 지식 발생의 근원에 대한 근본적고도 핵심적인 이해

그렇다면 우리나라의 특장점은 어디에 있을까? 나는 사막에 제때 주어진 예산으로 원자력발전소를 지어낸 우리 기술자들의 저력이야말로 우리가 자랑해야 할 특장점이라고 생각한다. 이러한 특장점은 외국 기술자 모두가 부러워하는 것이고, 우리가 해외사업을 통해 우리나라와 기술을 필요로 하는 나라 모두를 부강하게 할 수 있는 것이라고 단언할 수 있다. 오늘 아침 출근길에 바라 본 새울 원전 입구에 세워진 전광판에는 신고리 5,6호기 건설공정 현황이 표시되고 있었다. 공정은 정확히 계획과 일치하였다. 내 후배들이 한 시간의 시간과 한 푼의 돈도 낭비하지 않으면서 원자력발전소를 짓고 있다는 사실에 내 마음은 더 할 나위 없이 뿌듯했다. 이것이 대한민국 원자력 산업의 저력이 아닐까?

그런데도 우리가 더욱 노력해야 하는 분야는 아직도 채워지지 않은 'Know-Why'에 대한 기술이다. 그렇다면 이러한 기술은 어떻게 채워 나갈 수 있을까? 이럴 때 써먹는 하나의 방법이 바로 복기(復棋)다. 해외사업을 통해 바둑을 다시 두듯 우리의 과거 경험을 처음부터 다시 돌이켜 보는 것이다. 이를 통해 해외사업과 고유기술의 고도화 모두가 가능해질 것이다. 이 복기 과정에 스마트-디지털 기술이 사용된다. 그렇다면 에너지산업 전반에 이 기술을 적용하기 위해서 해야 할 일은 무엇인가? 나는 다음의 세 분야에 관심이 집중되어야 한다고 생각한다.

나. 스마트-디지털 기술의 에너지 분야 적용방안

- 기존 연구개발 성과를 응용하여, 전통적인 에너지산업을 가치 창출 센터로 변환하는 기법
- 산업화 2세대 퇴직자의 경험에 기반한 암묵지를 IT 플랫폼을 이용한 형식지로 바꾸는 방법론
- Know-Why 기술을 깨우쳐 Know-What과 Know-How 기술을 자유롭게 구사할 수 있는 능력의 개발

알렉산더 데만트는 '경험은 적용 가능한 기억[22)]'이라고 말한다. 나는 그의 발언에서 기억의 적용 가능성에 주목했다. 동양은 전통적으로 경험지식을 바탕으로 학문을 발전시켰다. 비록 사라센 제국을 통해 서양으로 전파된 유클리드의 기하학을 중심으로 한 그리스의 논리학이 르네상스 시대를 거치면서 더욱 세련되고 정교한 수학을 바탕으로 이원론(二元論)의 세계를 활짝 열었다면, 우리의 DNA 속에는 경험지식을 바탕으로 한 학문 체계가 각인되어 있다. 1980년대에 산업화 대열에 뛰어든 세대들은 수학적 모델을 바탕으로 한 제조설비 지식보다는 직관을 통한 경험지식에 더욱더 익숙하다. 문제는 수학적 모델링을 바탕으로 하지 않는 지식을 다음 세대에게 전달할 방법이 마땅치 않다는 것이다.

어려서부터 컴퓨터를 이용했고, 청소년기를 지나면서 각종 디지털 기기를 사용했으며, 하루의 대부분 시간을 휴대폰을 통해 소비하는 젊은 세대에게는 이산(離散)의 세계가 직관(直觀)의 세계보다 좀 더 익숙하다. 반면 우리 세대

22) 알레산더 데만트, 시간의 단생, 북라이프

만 해도 자식세대와는 반대로 경험을 통한 직관에 좀 더 의지한다. 이러한 기성세대의 경험을 전달 가능하고 적용 가능하게 만들기 위해 꼭 필요한 것이 디지털화다. 스마트하게 인간과 기계를 연결하고, 개인의 경험을 컴퓨터가 이해할 수 있는 언어로 변환하고 포장하는 것이 필수적인 이유는 직관을 이산적으로 처리할 수 있기 때문이다.

이미 얘기했듯이 기성세대는 컴퓨터과 소프트웨어(대부분 애플리케이션 프로그램이 되겠지만)에 전혀 거부감이 없는 세대와 경험을 공유하고자 한다. 그렇다면 어떻게 경험을 공유할 수 있을까? 울주군 반구대 암각화에 답이 있다. 바로 그림으로 경험을 공유하는 것이다. 요즘은 소프트웨어의 기능이 발달하여 복잡한 소스 코드 보다는 정형화(定型化)된 기호로 그리기만 하면 입력을 해서 출력을 얻는 시뮬레이션이 가능하다. 공학도 대부분은 매트랩 시뮬링크와 같은 소프트웨어를 사용해 봤을 것이다. 단지 프로그램이 제공하는 블록을 연결했을 뿐인데 입력을 하면 각종 연산을 거쳐 출력이 나온다. 물론 후처리를 거쳐 소스 코드를 얻을 수도 있다. 또 하나의 방법은 내가 20년 전부터 주장했던 1+1 전략이다.

내 한전 입사 동기 중 1958년생 이후의 친구들은 소위 임금 피크의 혜택을 받았다. 그런데 제도가 처음 도입되다 보니 임금 피크 당사자도, 이를 관리해야 할 회사도 무엇을 어떻게 해야 할지 몰라 우왕좌왕하다가 소중한 2년의 세월을 허비하는 경우를 많이 보았다. 지금이라도 기술 분야에서 전문성을 쌓아온 퇴직 예정자들과 ICT 기술에 밝은 젊은 직원들이 팀을 이뤄 그들의 암묵지를 형식지로 바꾸는 일을 시켜보면 어떨까? 물론 이 과정에 ICT 기술을 지원할 수 있는 전문조직의 협조는 필수적이다.

2
chapter

스마트-디지털이 4차 산업 혁명과 만나다.

2.1 4차 산업혁명 요소기술의 특징은?

2.2 에너지 시스템에 응용되는 4차 산업혁명 대상기술은?

허준의 동의보감의 첫 장 '내경편'은 한 남성의 괴상한 해부도인 '신형장부도'로 시작한다. 사지는 없고 몸통만 있는데, 오장육부의 배치가 우리가 학교에서 생물 시간에 배운 인체도와는 매우 다르다. 이 그림은 생명의 핵심을 표현한 담론적 비전에 대한 서곡[23]이라고 고미숙은 말한다. 다시 말해 "생명을 모델로 나타내는데 세세한 인체의 모습은 필요가 없다고 보는 것이다. 왜 이런 그림을 바탕으로 동의보감이 만들어졌을까? 생명이란 유형의 생리와 무형의 정신이 결합해야만 가능한 것이며, 가시적인 것과 비가시적인 것을 겹치게 한 것"이 본 그림이란 설명이다.

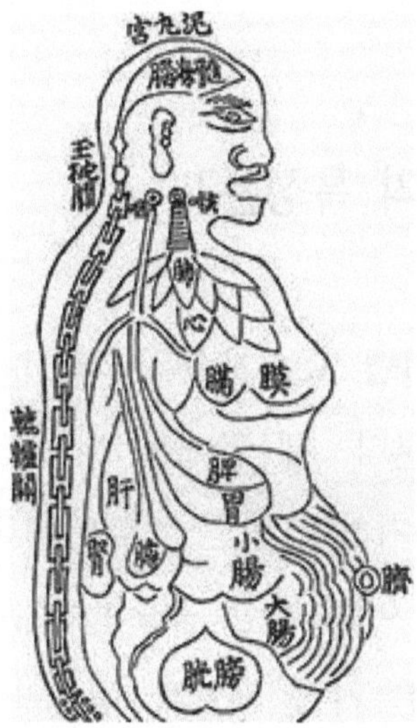

여기서 우리는 모델링의 속성을 나타내는 두 단어를 찾을 수 있다. 바로 가시적인 것과 비가시적인 것의 오버랩이다. 왜 이것이 필요한가? 서양의 의학서에 나오는 해부도는 반복적인 관찰을 통해 인체 장기의 배치를 포함한 신체의 비례를 아주 상세하게 그릴 수 있었다. 하지만 허준을 포함한 동양

23) 고미숙, 동의보감 몸과 우주 그리고 삶의 비전을 찾아서, 북드라망, 2018. 3

의학자에게 인체란 생명을 담는 그릇이기에, 보이지 않는 정신까지도 담아내고 사유해야 질병의 원인과 그 예후를 파악할 수 있다고 생각했다. 이것이 동양의학과 서양의학의 차이다. 흥미롭지 않은가? 나는 1장에서 우리의 직관의 세계를 중심으로 한 암묵의 지식체계를 형식적이고 논리적인 지식의 체계로 바꾸어야 한다고 말했다. 그런데 허준의 동의보감에 나오는 한 장의 그림 '신형장부도'는 직관과 논리의 세계를 아우르는 또 다른 세계를 보여주고 있다. 이러한 직관과 논리로 이루어진 실세계에서 4차 산업은 어떤 특성을 가지고 우리에게 다가오고 있을까?

2.1 4차 산업혁명 요소기술의 특징은?

본 장에서는 4차 산업혁명 요소기술을 개발하고 사용하는 과정에 내재하는 특성에 대해 생각해 본다. 제1장에서 논의했던 것처럼 컴퓨터의 속도와 성능은 기하급수적으로 증가하는 반면 컴퓨터를 이용한 처리 비용은 거의 제로를 향해 떨어지고 있는 이때 가장 중요한 것은 컴퓨터 하에서 이루어지는 가상 개발과 생산과정이다. 가상 개발과 생산이란, 유형이든 무형이든 가상 환경 내에서 설계되고, 개발되고, 생산된다는 것에 특징이 있다. 구글이나 아마존처럼 생산되는 결과물이 서비스 환경일 수도 있고, 항공기 엔진 부품처럼 매우 복잡한 형상을 가진 실제 제품일 수도 있다. 이럴 때 가상 환경에서 설계되고 시험 된 제품은 3D 프린팅을 거쳐 손으로 만질 수 있는 물건으로 만들어진다. 우리가 잘 알고 있는 부분에 대한 논의는 뒤로하고 이러한 가상 개발과 생산이 가지는 속성은 무엇일까? 바로 메타모델을 이용해 시뮬레이션

하는 것이고, 시뮬레이션이 사이버 공간에서 완료된 다음 유, 무형의 시작품이 만들어진다는 것이다. 또 하나의 특징인 소프트웨어로 정의되는 물리적 시스템이 만들어진다는 것도 빼놓을 수 없다. 커다란 브라운관과 수많은 진공관으로 이루어진 텔레비전 수상기가 우리의 핸드폰으로 들어와 TV를 실시간으로 볼 수 있도록 해 주는 것이 바로 소프트웨어로 정의되는 물리적 시스템의 사례이다. 자 그럼 이 세계를 좀 더 유영해 보자.

가. 메타모델을 이용한 시뮬레이션이 가능하다.

❖ 모델을 어떻게 정의할 것인가?

브루스 윌리스가 나와 모든 '대리인[24)]'의 시대를 끝내고 진정한 인간세계를 만든다는 영화 '써로게이트'에서 써로게이트는 인간의 통제를 받아 인간의 대리인 행세를 한다. 인간은 늙고 병들어가는데, 대리인은 젊음과 싱싱함을 그대로 유지한다. 사람들은 자신의 대리인 '써로게이트'를 내세워 사업도 하고, 사교활동도 한다. 그러나 인간 자신은 골방 침대에서 대리인과 교신하는 장치를 두 눈에 착용하고 대리만족을 하며 홀로 살아간다. 모델링의 세계에서는 메타모델이 실물 세계의 '써로게이트' 역할을 한다. 단, 살아있는 사람의 대리인이 되지는 못한다는 차이는 있다.

영어 Meta의 번역2는 형용사적 용법으로는 '자기 참조'로 나오고 접두사로는 '상태의 변화나 장소의 변화를 나타냄'을 뜻한다. 영어 메타는 ~와 함께'

24) Surrogate를 번역하면 '대리인'이다. 인간의 통제를 받는 점에서는 '아바타'라고 불러도 큰 차이가 없을 것 같다.

로 번역되고, 인식론에서는 '~에 대하여'로 쓰인다.[25] 접두사냐 형용사냐에 따라 '모델과 함께'나 '모델에 대하여'가 된다는 것인데 직관적으로 알기 힘들다. 일반적으로 많이 쓰이는 '추상화 모델'이 좀 더 이해하기가 쉬울 것 같다.

모델링의 중심은 물리적 현상을 추상성이 강한 메타모델로 바꾸는 것이다. 메타모델이란 무엇인가?

메타모델은 바로 가상 세계인 시스템 모델링의 세계에서 활동하는 '아바타'다. 가상 세계는 물론 현실 세계의 복제다. 십여 년 전에 유행했던 소프트웨어 '세컨드 라이프'를 기억하는 분들도 많을 것이다. 가상 세계에 자신만의 왕국을 짓고 사람들과 교제하고, 현실에서 하지 못했던 모든 꿈을 실현하던 이 소프트웨어에도 나의 복제물인 '아바타'가 활동한다. 그러나 '세컨드 라이프'에서 복제물이 활동하던 세계는 현실 세계의 모델이 아닌 완전한 허구의 세계다. 영화 '매트릭스'에서 사람들은 컴퓨터가 꾸며낸 가상 세계를 현실 세계로 알고 살아가지만, 영화 아바타에서는 또 다른 '현실 세계'에서 인간의 대리자가 활동한다는 차이가 있다. 매트릭스의 가상 세계는 남루한 현실 세계와는 너무도 큰 차이가 난다. 허구가 개입하지 않는 현실의 가상화가 메타모델의 세계라고 한다면 정확한 표현일까? 요즈음 메타버스가 다시 등장해 가상회의도 하고, 원격 교육도 담당한다고 하는데 이 역시 메타모델이 응용된 것이다.

메타 모델링은 이러한 모델을 생산하는 과정이다. 이 과정은 사전(事前)에 정의된 수준의 문제에 적용 가능하고 사용 가능한, 모델과 이론, 틀, 규칙과

---

25) 위키피디아의 설명을 참조하여 작성하였다.

제한사항을 개발하고, 분석하고, 조합하는 것이 핵심이다. 메타 모델링이란 용어가 함축하는 것처럼, '메타'라는 용어와 모델링이라는 용어가 결합한 이 용어는 소프트웨어를 개발하는 데 쓰이다가 시스템엔지니어링 분야에 도입되어 개념을 표현하는 데 유용하게 사용하고 있다.[26]

모델은 현실 세계를 추상적으로 표현한 것이다. 엔지니어링 분야뿐만 아니라 우리의 실생활에서도 모델은 다양하게 사용된다. 모델은 시스템이 외부 시스템과 어떻게 연계되는지를 알 수 있도록 해 주고, 시스템의 기능과 시스템을 구성하는 물리적 구성을 이해할 수 있도록 한다. 설계 단계에서 수행하는 시스템 모델링과 시뮬레이션을 통해 우리는 시스템의 결함을 개발 초기 단계에 제거할 수 있다.

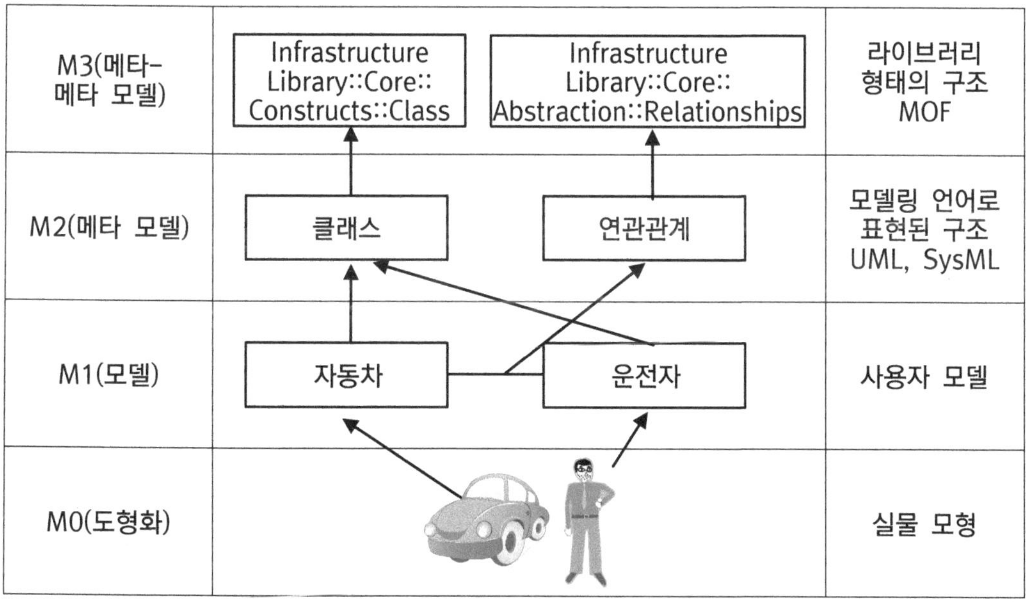

모델링의 단계

26) 위키피디아의 'Meta modeling'을 번역 정리하였다.

그림을 살펴보자. 돌이 지난 아이에게 보여주는 그림책에도 등장하는 'M0'는 운전자와 커다란 바퀴가 있는 자동차를 형상화한 도형화 단계다. 다시 말해 현실 세계의 물체를 그림으로 나타낸 것이라고 말할 수 있다. 다음 단계는 사용자 모델인 'M1'이다. 이 그림에서는 자동차라고 정의된 사각형과 운전자라고 정의된 사각형의 두 객체가 존재한다. 좀 더 추상화 단계가 높아지면 메타모델 'M2'가 사용된다. 메타모델 또는 메타 모델링은 대리자를 뜻하는 영어 단어 'Surrogate'로 표현되기도 한다.

실제의 물체를 대리하기 위해 만든 것이 바로 메타모델이다. 메타 모델링은 그러한 메타모델을 생성하는 과정이라고 얘기할 수 있고, 미리 정의된 프레임, 규칙, 제약 조건하에서 모델을 생성하는 것이라고도 말할 수 있다. 소프트웨어 공학용 모델 언어인 UML[27)]은 세 가지 객체 지향적 모델링 방법이 통합된 것이다. 이렇듯 동일한 표현 기호와 동일한 언어를 사용하여 통합된 것이 바로 통합 모델링 언어인 UML이다. 새로운 표현 기호를 익히고 이해하는 데는 큰 노력이 들기 때문에 이러한 통합의 노력은 가치를 지닌다. M2 단계에 사용하는 메타 모델링 언어는 잘 정의된 규칙과 제약 조건하에서 물리적 형상물을 모델로 변환하므로 누구든지 간단한 기호만 익히면 이해할 수 있다는 장점이 있다. 'M2' 단계에서 처음의 그림 'M0'는 운전자와 자동차로 정의된 클래스와 이 클래스 간의 연관성으로 정의된다. 여기서 여러분은 메타모델이란 것이 모델링 언어로 표현된 물리적 형상물을 의미함을 아셨을 것이다. 여기에 한 단계 더 추상화가 이뤄져 'M3' 단계가 되면 모든 객체를 라이브러리 함수로 표현하는 메타-메타 모델로 변환할 수도 있으나 전문적인

27) UML : Unified Modeling Language, 소프트웨어 알고리즘을 시각적으로 표현하기 위한 목적으로 개발된 것이다. OMG라는 그룹에서 관리한다. 부치, 럼바우, 제이콥슨 세 사람이 각자 개발하여 사용하던 Booch 방법론, OMT, OOSE의 세 가지 객체지향적 모델링 방법을 통합하는데 합의하여 탄생했다.

지식과 개념이 요구되므로 이 책에서는 다루지 않기로 한다. 그림에서 MOF[28] 는 모델 기반 엔지니어링을 지원하는 OMG[29]의 표준 언어다.

화가가 'M2' 단계를 넘어 'M3'단계의 추상성을 그림으로 표현할 수 있다면, 그리고 그림을 보는 우리가 'M0'나 'M1'의 느낌을 이 추상화된 그림을 통해 느낄 수 있다면, 그 그림은 가장 간결하면서도 풍부한 이야기를 지닌 한편의 '눈으로 보는 시(詩)'가 되지 않을까? 한국인이면서 뉴에이지 바이올린 연주인 노엘라가 '그림이 들리고 음악이 보이는 순간 2'란 자신의 책에서 얘기한 다음 글귀처럼 말이다.

"어떠한 감정이나 상태를 표현할 때, 때로는 말보다 색채, 혹은 소리로 표현하는 것이 더 정확할 때가 있다. 그것은 말이나 구상으로 형용할 수 없는 또 다른 어떤 세계다. 때론, 나의 감정을 말로 표현하려 하면 할수록 그 의미가 왜곡되는 것을 발견한다. 생각과 감정이 언어라는 수단을 통해 한 번 걸러져 나오기에, 그 표현에 있어 한계가 존재할 수밖에 없는 것이다"

모델링에 대한 어떠한 설명보다도 이해가 쉽지 않은가?

28) Meta-Object Facility
29) Object Management Group

❖ 메타모델은 추상화 모델이다.

메타모델은 다른 말로 얘기하면 추상화(抽象化) 모델이라고 한다. 추상화에 대해 얘기할 때면 예로 드는 것이 추상화(抽象畵)다. 피카소는 대표적인 추상화가다. 학생들에게 묻곤 한다. 왜 피카소의 추상화는 비싼가? 학생들이 대답하기엔 쉽지 않은가 보다. 몇몇 외국인 학생들이 뭔가를 얘기하지만, 논점에서는 벗어나 있다. 여러분도 답해 보시라. 왜 그의 그림은 비싸게 거래되는가를.

그의 대표작 '아비뇽의 처녀들'을 보면 추상화 단계가 비교적 낮아 그림에 전문적 식견이 없는 나 같은 사람도 작가가 무엇을 얘기하고 있는지를 알 수 있다. 스페인 내전에서 동기를 얻었다는 '게르니카'는 이 작품보다는 좀 더 높은 추상성을 보이지만 역시 작가의 의도를 직관할 수 있다. 해체된 소와 말, 인체, 그리고 폭발음이 들리듯 번쩍이는 섬광에서 우리는 전쟁의 공포를 직감한다. 이것이 피카소의 추상화가 다른 작품보다 비싼 이유라고 한다면 나의 지식이 모자라기 때문일까? 가끔 미술 전시회에 가보면 형태가 해체된 추상화 옆에 무제(無題)라는 작품명이 붙어있는 경우가 있다. 그림이 뜻하는 바를 전혀 감 잡을 수 없는데 제목마저 무제라니 난감하다. 나의 무식이 탄로 나는 것 같아 조마조마하고, 한편으로는 제목마저 고민하기 싫었던가 하는 동정심도 살짝 든다.

❖ 왜 모델을 개발해야 하는가?

시스템을 개발할 때 우리는 참여하는 모든 이해관계자가 개발 시스템에 대해 공통적인 이해를 하기 원한다. 발주자가 'A'라고 요청한 시스템이 최종 인도 단계에서는 'B'가 되어 분쟁과 소송으로 이어지는 사례가 주위에서 종종 일어나고 있다. 특히 시스템의 복잡도가 나날이 높아지는 현대의 시스템은 사용자 모델만으로 정의하기에는 한계가 있다. 문서 기반의 규격서에 추상화된 모델을 이용한 모델(다이어그램)을 삽입하면 다음과 같은 효과를 얻을 수 있다.

- 사용자가 완성된 시스템을 어떻게 쓸 것인가를 알 수 있다.
- 아키텍처에 대한 설명이 가능하다.
- 대안적인 아키텍처도 탐색할 수 있다.
- 시뮬레이션과 성능 분석도 실제 시스템이 구현되기 전에 가능해진다.
- 고객의 요구사항과 시스템의 요구사항을 만족시킬 수 있다.
- 시스템이 어떻게 작동할 것인가? 데이터는 어떻게 흐르는가? 를 사전에 정의할 수 있다.
- 아키텍처 요소들이 제대로 구성되었는지를 알아볼 수 있다.

일반적으로 모델은 시스템의 기능을 정의하는 단계나 시스템의 물리적 아키텍처를 결정하는 단계에서 주로 쓰인다.

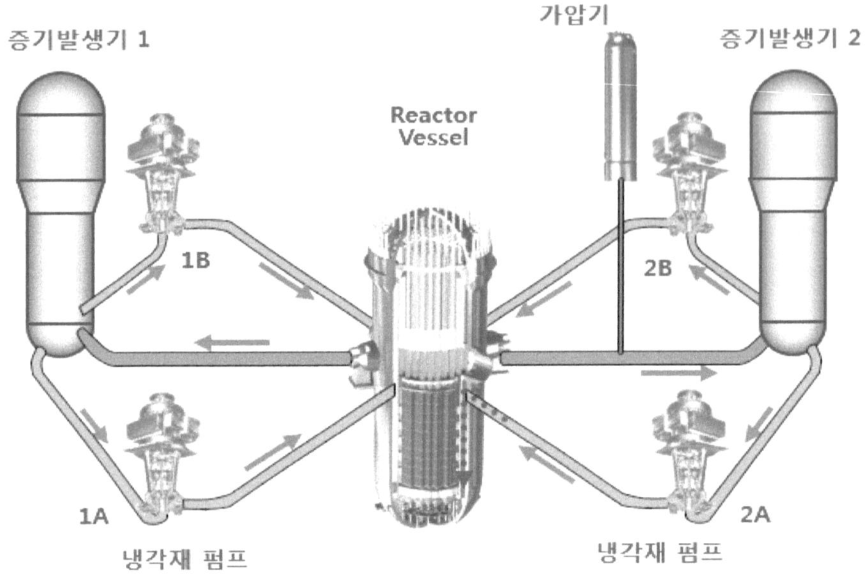

원자로 계통을 도형화한 경우 ('M0' 단계)

위의 그림은 원자로 계통을 도형화한 것이다. 모델링의 'M0' 단계다. 원자로가 핵분열에 의해 열을 내면 이 열은 증기발생기에서 증기로 변환된다. 밥을 지을 때 높은 압력을 밥솥에 걸면 높은 온도를 유지할 수 있어 맛 좋은 밥을 지을 수 있는 것과 같이, 가압기는 가정용 보일러의 보충수 탱크 역할을 하여 원자로 계통에 물이 꽉 차도록 만들고, 내부의 히터를 이용하여 높은 원자로 계통 압력이 유지되도록 한다. 이렇게 하면, 원자로 내의 물은 끓지 않게 되고, 따라서 많은 열을 작은 구경의 파이프로 증기발생기로 보낼 수 있다. 증기발생기의 2차 측으로 들어온 물에 열을 전달한 원자로 냉각재는 펌프를 거쳐 다시 순환된다. 발전소에서는 핵연료를 통과한 물이 한 방울도 새지 않도록 관리한다.

위 그림은 각 구성 부품 간의 연관성을 보여주고 직관적으로 구성품과 관계를 우리에게 알려주지만 간결하지도 않고 정보를 전달하는 힘도 아직은 약하다. 따라서 다음의 그림을 사용해 표현하면 좀 더 많은 정보를 포함 시킬 수 있다.

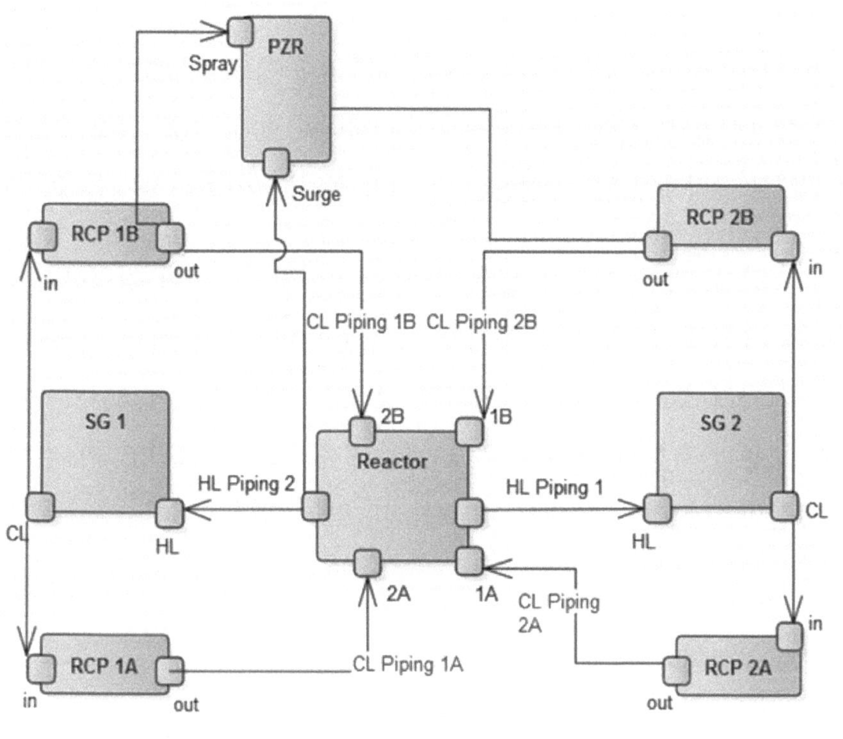

원자로 계통을 내부 인터페이스 다이어그램으로 표현한 경우('M2' 단계)

'M1'의 다음 단계인 메타모델 'M2'이다. 이 모델에서는 시스템엔지니어링 분야에서 많이 쓰이는 시스템 모델링 언어 (SysML)[30]가 사용되었다.

30) SysML: System Modeling Language, 시스템의 정적 상태와 동적 상태를 모델링하기 위해 고안된 모델링 언어로 요구사항 모델과 파라미터 모델, 그리고 패키지 모델이 추가된다. Friedenthal이 지은 'A Practical Guide to SysML'에 이 모델링 언어에 대한 상세한 설명이 나온다.

위의 그림에서는 각 구성품을 상자로 표기하고 각 상자를 화살표로 연결하여 단순화했다. 여기서 각 상자는 개체를 뜻한다. 물리적인 도형에서 본 증기발생기, 냉각재 펌프 등의 기기이다. 각 개체에는 입력 점과 출력 점이 있다. 그러므로 앞의 도형에서는 보여주지 못한 Spray의 표기가 선 하나로 가능해졌다.

그러나 이 모델이 진정한 메타 모델 'M2'의 단계로 추상화하기 위해서는 아직도 할 일이 더 있다. 계층 간의 연관성을 나타내야 한다. 이를 위해 화살표를 이용하여 원자로 냉각재계통을 구성하는 각 기기 간의 물의 흐름 방향을 표기하였다.

이와 같이, 메타 모델은 많은 정보를 전달할 수 있어 강력하다. 그리고 간결함을 유지할 수 있다. 비행기가 폭격하고 여기저기 폭격 섬광이 보이고 인체가 갈가리 찢겨 나가는 전쟁터의 참상을 피카소의 '게르니카'는 해체된 인체와 섬광의 추상적 표현을 통해 생생히 전달한다. 그리고 이 추상은 사진이나 사실화보다 더욱 강력한 메시지 전달력이 있다.

❖ 에너지 분야에서 왜 메타모델이 필요한가?

지금부터 나는 에너지 분야에서 일어나는 모든 현상이 모델로 바뀔 수 있음을 설명할 것이다. 왜 모델이 필요한가? 이 질문의 첫 번째 답은 수요자가, 자신이 가진 문제를 정확하게 정의하기 위해서이고, 두 번째는 공급자가 제시하는 문제의 해결책을 쉽고, 정확하게 이해할 수 있기 때문이다. 단순화해서 얘기하면 여기서 수요자가 제기하는 문제란, 필요성이고 개발될 시스템에 대한 기대이다. 반면 해결책이란 개발된 후 나타내게 될 시스템의 기능과 성능이다. 이렇듯 모델은 우선 수요자와 공급자 간 의사소통을 가능하게 한다. 세 번째 답은 일단 정형화된 모델이 완성되면 이 모델을 이용하여 시스템의 요구사항으로 변환할 수 있으며, 또한 논리적인 세부 시스템으로 변환할 수 있다. 여기서 논리적인 세부 시스템이란 소스 코드 형태의 프로그램일 수 있다. 물론 이 프로그램은 컴파일 과정을 거쳐 실행시켜 볼 수도 있고, 가시화 모델을 써서 사이버 시스템으로 직접 구현해 볼 수도 있다. 가상현실이나 증강현실과 같은 것이 대표적이다. 일단 논리적 세부 시스템이 완성되면, 물리적 세부 시스템에 연결해, 직접 구동시킬 수 있는 시제품이 만들어진다.

모델로부터 직접 시제품까지 뽑아내는 기술은 우리 주위에 널렸다. 물론 모델링과 시뮬레이션을 연결하려면 고가의 전용 소프트웨어의 도움을 받아야 한다. 하지만 이전에는 생각하지도 못했던 일이 누군가의 손에 의해 실제로 일어나고 있다. 3D 프린터를 이용한 집이 지어지고, 전기차를 찍어내는 기업이 생겨났다. 그것도 기존의 자동차보다 적은 부품으로 생산할 수 있다. 물론 일반 도로에서 달릴 수 있도록 만들어진 양산 차량이다. 이 차량이 자율주행 시스템과 연계되면, 무인운전 차량도 가능해진다. 미래의 얘기가 아니라 이미 현실이 되고 있다.

모델링은 해석 과정과 3D 프린팅 과정을 통해 물리적 형상물을 생성할 수 있다. 그러나 원자력발전소에 사용되는 안전성 등급의 부품은 스티뮬레이션[31]과 확인 및 검증 그리고 품질 검사 단계를 거쳐 실제 활용 가능함을 입증해야 실제로 사용할 수 있다. 기본적으로 해결해야 할 문제들도 많다. 3D

31) Stimulation : 실제의 자극을 주어 신경망을 활성화하는 것과 같이 3D 프린팅으로 찍어낸 현산물의 상태를 실제 시험히는 방법을 뜻함

프린팅으로 만들어진 전기차나 집과 같은 소비재가 안정적으로 정착하여 시장을 선도하기 위해서는 경제성, 신뢰성, 안전성과 같은 효과성 지표와 함께 고객이 원하는 비계량적 가치를 만족시켜야 한다. 특히 미학, 안락함 등의 지표는 새로운 기술로 쉽게 만족시킬 수 없다. 조금만 노력하면 쉽게 달성할 수 있는 효과성 지표와 달리, 비계량적 지표의 만족 여부는 모델링을 얼마나 정확하게 할 수 있는가에 달려있으며 이는 가까운 장래에 해결해야 할 숙제의 영역이다. 따라서 시장의 선도자가 되려고 하는 기업은 효과성 지표와 함께 비계량 지표 역시 고민해야 한다.

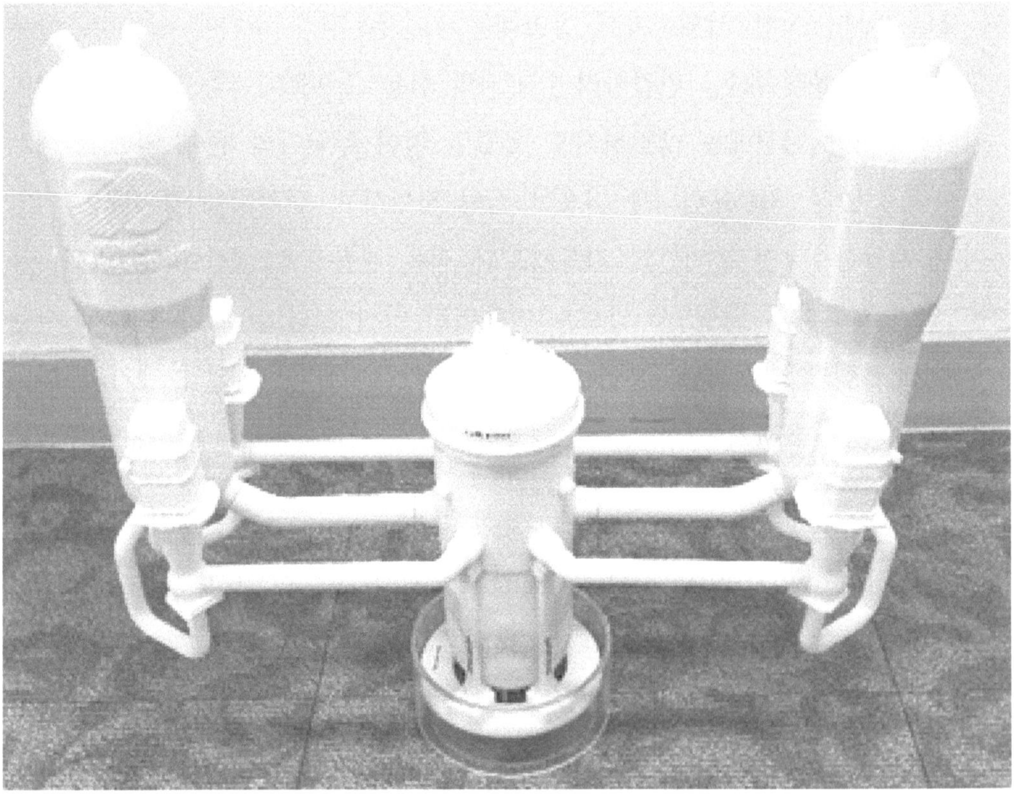

KINGS가 개발한 원자로계통의 3D 프린팅 결과

비계량 지표는 잠시 접어두고, 지금부터 우리는 효과성 지표를 위주로 한, 모델링의 세계를 유영하고자 한다. 특히 실물 모델로부터 메타 모델이 만들어지고, 더욱 수학적으로 표현된 논리적 모델로 어떻게 고도화되는지도 살펴볼 것이다. 수학은 더 이상 골치 아픈 대상이 아니라 실물 모델을 좀 더 정치(精緻)한 추상화 단계의 모델로 변환시켜 주는 도구다.

❖ 수학 공식을 이용한 파라메트릭 모델 역시 메타모델 중 하나다.

수학이 정치(精緻)하다고 일컬어지는 것은, 그만큼 정밀하여 오류가 없는 표현 방법이기 때문일 것이다. 이러한 수학적 표현법이 메타모델에 포함되었으니 바로 파라메트릭 모델이다. 이제 이 모델을 이용하여 태양광 발전량을 예측해보자. 태양광 발전 패널이 태양광의 세기에 의해 발전량이 변한다는 것은 누구나 알고 있다. 또한, 반도체를 기반으로 한 태양광 패널이 대기의 온도에 의해 영향을 받는다는 것도 알고 있다. 즉, 아프리카 사막과 같이 햇볕이 사정없이 내리쬐는 지역보다는 온화한 날씨를 보이는 우리나라의 늦봄이나 초가을에 더 많은 전기를 생산할 수 있다. 태양광 발전량은 미세먼지의 영향을 직접적으로 받으며, 태양광 패널이 먼지 등에 의해 오염되면 발전량이 뚝 떨어지니 청정한 관리가 필요하다. 즉, 모래 폭풍이 간헐적으로 부는 몽골 사막은 태양광 발전에 적지가 아니라는 것이다. 아시안 슈퍼 그리드 사업[32]의 대상 지역으로 고비사막이 거론되던데 이런 상관관계에 대해 생각해 본 것인지 모르겠다.

---

32) 아시안 슈퍼그리드 사업 : 소프트뱅크의 손정의가 제안하는, 러시아를 포함한 아시아 전역을 연결하는 대규모 송전망. 이 아이디어는 고비사막에서 태양광 발전으로 생산한 전력을 광역 송전망에 엮는 것이다. 고비 사막에서 태양광 발전을 한다는 아이디어는 고비텍 프로젝트라고 불리며, 지구촌의 모든 사막이 단 6시간 받는 태양에너지가 인류전체가 1 년 동안 소비하는 에너지보다 많다는 과학자들의 분석에 따른 것으로 보인다.

우리나라에서 전기를 사고파는 일은 전력거래소를 통해 이뤄진다. 전력거래소의 거래가격은 시간대별로 결정된다. 또한, 주식시장과 같이 선물거래도 가능하다. 따라서 발전량을 예측할 수 있다면 전력시장에서 비싼 값을 받고 전기를 팔 수 있어 높은 수익을 얻을 수 있다. 이런 사업모델을 가능하게 하는 것이 발전량 예측에 쓰이는 파라메트릭 모델이다.

❖ 파라메트릭 모델로 로또 복권 맞추기

여러분도 가끔 사는 로또 복권에 관한 얘기다. 전 직장에서 나와 친하게 지냈던 한 선배는 KIST 전산실에서 프로그래머로 근무하던 소프트웨어 1세대이고, 미국 캔자스대학교 전산실에서도 근무한 프로그램 달인이다. 프로그램이 간결하다면서 주로 포트란 언어를 이용하여 코드를 개발하는데, 아직도 원자력 분야에서 기초연산에 활용되기 때문이기도 하고 자신에게 익숙하기 때문이기도 하다. 어느 날 선배가 내게 짧은 프로그램 하나를 보내줬다. 부랴부랴 포드란 77 컴파일러를 구해 실행해 보니 로또의 번호 6개 중 2개를 맞출 수 있는 정확도가 매우 높은 알고리즘이 구현되어 있었다. 잘 알다시피 총 6자리로 구성된 로또 복권은 3개의 숫자가 일치해야 본전이고, 4개가 맞으면 복권 한 장 값의 열 배인 5만 원을 준다. 따라서 두 자리를 정확히 맞출 수 있다면 나머지 4 자릿수를 조합해 본전인 5천 원에 당첨될 확률이 매우 높아진다. 십수 년 전 얘기이니 재미 삼아 적어본다.

당시 이런 종류의 프로그램이 실제 거래되었고, 재미를 보았다는 사람도 있었다. 하루는 10만 원에 당첨되었다면서 선배가 점심을 샀다. 프로그램 원리에 대해 물었다. 처음 주택복권이 도입되었을 때 주말마다 방송되던 "준비하시고 쏘세요!"라는 강렬한 멘트와 함께 화살을 발사하던 프로그램이 있었다. 번호가 촘촘히 적힌 과녁에 맞은 화살이 그날의 행운아를 결정했고, 이후 초기 로또는 번호가 적힌 구슬이 큰 통에 담겨 빙글빙글 돌다가 사회자의 신호와 함께 트랙을 타고 내려오면 예쁜 진행보조원이 활짝 웃음과 함께 구슬을 들어 당첨 번호를 보여주곤 했다. 바로 이 구슬 통과 트랙에 비밀이 있다고 선배는 설명했다. 선배가 전해준 알고리즘은 과거 로또에 맞은 번호를 모아 회귀 분석한 결과였다. 당첨된 번호를 장기간 모아서 분석해 보면, 구슬이 나오는 트랙의 형상과 구슬 통의 형상으로 인해 일정한 규칙성을 갖는다는 것이다. 이 알고리즘을 통해 두 개의 수를 얻고 다시 여기에 나머지 4자리 수를 무작위로 생성해 붙여보면 항상 본전은 보장하는 프로그램이 생성된다고도 했다. 그 뒤로 한두 번 더 점심을 얻어먹은 기억이 있지만, 언젠가 한 번 프로그램을 돌려 나온 숫자를 그 주의 당첨 결과와 비교해 본 후에는 더는 관심을 두지 않았다. 왜? 그날은 하나의 숫자도 맞지 않았기 때문이다.

❖ 메타모델 언어 이외의 다양한 모델링 언어

4차 산업혁명에 사용되는 요소기술을 개념적으로 표현하는 데 필요한 추상화 모델은 피카소의 작품 같아야 한다. 즉, 그림으로 표현한 현상을 누구든 직관적으로 이해할 수 있어야 한다. 물론 모델을 표현하는 일정한 문법에 따라야 하므로 작성자와 이를 읽는 사람 간의 약속은 존재한다. 그러나 무턱대고 추상화 단계를 높이면 누구도 이해할 수 없는 그림이 된다. 문자 그대로 '무제'가 되는 것이다. 잘 표현된 모델은 간결하면서도 힘이 있다. 작성자의 의도가 잘 전달되는 파라메트릭 모델이 쓰이는 이유다.

메타모델 언어 이외에도 모델링 언어는 매우 다양하게 활용되는데 그중 많이 쓰이는 것이 문맥도[33]와 마인드맵이다. 이 모델들은 가장 단순한 3형식 문법을 이용하여 각 활동의 상호작용을 나타내는 특징이 있다. 메타모델 이외에도 모델링 언어의 종류는 아주 많다.

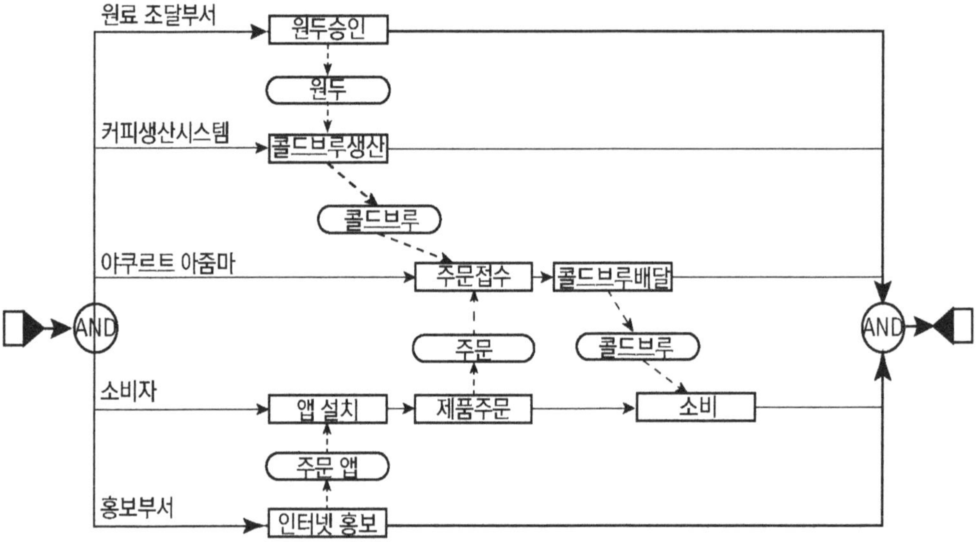

콜드 브루 커피 비즈니스 개념도 (기능흐름도[34]로 그렸다)

위의 그림은 여름이면 더 많이 찾게 되는 냉커피 비즈니스에 관한 것이다 한국 야크루트가 촉발해서 더욱 유명해진 콜드브루는 서서히 추출하는 커피로 유명하다. 추출하는 과정에서 한층 깊어진 아로마와 풍부한 맛을 일으키는 콜드브루를 배달 판매하는 야쿠르트 아줌마(이제는 여사님으로 부르지만, 입에 붙은 아줌마가 더 정겨운)는 이 커피와 소비자를 잇는 통로다. 커피는 좋은 원두와 잘 갖춰진 추출 시스템이 맛의 핵심이다. 원두가 바뀌거나 드립

33) Context를 문맥도로 번역하였다.
34) 기능흐름도 : FFBD, Functional Flow Block Diagram

방법이 조금만 달라도 맛이 달라진다. 또한, 물의 온도와 추출 조건에 따라 다양한 맛을 느낄 수 있어 또 다른 즐거움을 준다, 이러한 커피를 대량으로 생산하여 방문 판매하는 전체과정과 흐름을 보여주는 것이 이 그림이다. 또한, 매스미디어를 통한 광고보다는 인터넷 홍보를 위주로 하는 커피 판매전략도 눈여겨볼 만하다. 누구나 사용하고 있는 휴대폰 앱을 통해 커피를 신청하는 것 또한 디지털 시대에 유용한 방법이다.

이렇듯 시스템이나 비즈니스의 기능을 흐름도로 표기하는 모델링 방법도 많이 쓰인다. 이런 모델을 FFBD라고 부르는데, 복잡한 기능을 선과 상자로 표기하니 이해하기도 쉽다. 여러분도 아메리카노 커피를 만드는 과정을 FFBD로 표현해 보면 어떨까?

나. 시뮬레이션 모델을 통해 시작품을 생산할 수 있다.

소프트웨어공학을 전공한 사람들은 UML이라는 언어와 익숙할 텐데, SysML은 이 UML에 뿌리를 두고 있다. 이 언어의 개발자 중 한 사람인 프리덴썰을 만나 UML과는 무엇이 다른가를 직접 물어보았다. 그의 답변은 간결했다.

“모델이 만들어지고 난 후 시뮬레이션을 통해 시스템의 작동을 확인할 수 있다”

아직은 SysML에서 직접 시뮬레이션을 제공하지는 않는다. 그러나 다양한 프로그램들이 특정 모델로부터 시뮬레이션할 수 있도록 진화하고 있다.

실제 모델이 어떻게 시뮬레이션 되는지 다음의 예를 살펴보자. 원자로를 안전하게 정지시키기 위해 원자력 발전소의 계측제어설비에는 가장 높은 신뢰도가 요구된다. 즉, 문제가 생기면 원자로를 정지시키기 위해, 가장 높은 신뢰도의 소프트웨어와 하드웨어를 배치한다는 뜻이다. 원자로는 11가지 서로 다른 요인에 의해 자동으로 정지된다, 우리는 이를 과도 상태라고 부른다. 뭔가 불안정해지는 기미가 보이면 바로 정지시킨다는 뜻이다. 이 중에서 원자로의 압력이 낮아지면 정지시키는 기능이 있다. 압력밥솥 내의 압력이 낮으면 밥은 설익으면서 내부에는 증기만 가득하게 된다. 이와 같은 상태는 전기 생산은 줄면서 핵연료만 과열시키는 좋지 않은 결과를 가져오므로 빨리 정지시키고 문제를 수정하는 것이 필요하다.

다음 그림의 모델은 상태천이도[35]로 압력이 낮을 때 원자로를 정지하는 과정을 보여준다. 먼저 정상 상태 S1이 압력이 낮은 상태 S2로 가면 바로 원자로가 정지하는 S3 상태로 떨어진다. 모델에서는 가압기 저 압력 정지와 관련한 7개의 상태가 표기되어 있다. 가압기는 원자로의 압력을 조절하고, 원자로와 연결된 배관 내에는 항상 물만 가득 차 있도록 조절하는 역할을 한다.

압력밥솥의 뚜껑을 꽉 조이고 가열하면 압력이 가해지지 않는 보통 냄비보다 훨씬 빨리 솥의 물이 끓게 되는 것과 같이, 340℃까지 물의 온도를 높여도 원자로 내부압력이 대기압보다 160배 정도 높게 가압 되므로 냉각재는 끓지 않고 작은 배관으로 더 많은 열을 증기발생기에 보내 높은 효율로 터빈을 돌리는 증기를 만들도록 한다. 이와 같은 가압기의 압력이 정상 운전 중에 갑자기 낮아진다는 것은 배관에 뭔가 문제가 있다는 것을 의미하므로 빨리 원자로를 정지시켜야 한다.

천장값(Ceiling)은 원자로의 압력이 허용 한계보다 높아져 이 값을 넘어가면 정지신호를 발생하는 데 이때의 값을 말한다. 또한, 원자로의 압력이 바닥값(Floor)

---

35) 상태천이도: State Machine Diagram, Finite State Machine Diagram이라고도 부른다. 입력과 상태에 따라 출력이 어떻게 변하는지를 보여주는 동적 모델 중 하나.

보다 낮아도 정지시켜야 한다. 그러나 원자로를 정상적으로 서서히 정지시켜야 할 때는 이러한 상태로 인해 원자로가 정지되어서는 안 된다 (Untrip). 이러한 운전을 가능하게 하는 것이 Follow, Hold, Step과 같은 상태이다. 상세한 설명은 이 책의 범위를 벗어난 전문적인 영역이므로 이 정도로 설명을 마치는 게 좋겠다. 여기서 독자들의 질문이 쏟아질 것이다. 왜 이러한 모델이 필요한가?

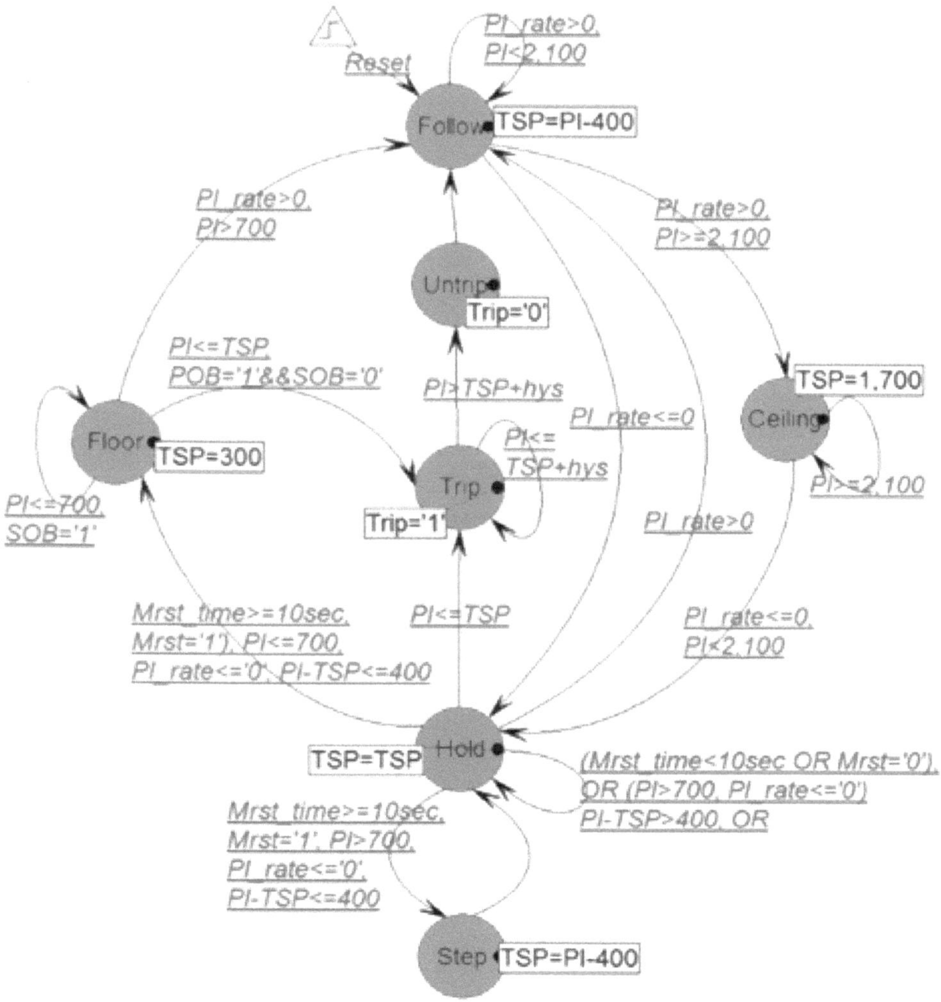

원자력 발전소 가압기의 저압시 원자로 정지 논리
(상태천이도로 그렸다)

이 상태천이도가 완성되면 바로 실행 파일로 바꿀 수 있기 때문이다. 즉, 소스 코드를 자동 생성해 주는 기능을 이용하는 것이 핵심이다. 간단한 모델을 그렸을 뿐인데 원자로 정지기능과 연관된 사항들을 정의할 수 있도록 해 주고, 데이터 경로 설계를 제공하며, 컨트롤러의 설계까지 완성해 준다. 이러한 과정을 거쳐 최종적으로 생산한 것이 그림의 원자력발전소 안전계통용 계측제어 시작품이다. 시뮬레이션 모델을 통해 시작품을 생산하여 시스템 기능을 바로 확인할 수 있다.

상태천이도를 이용하여 개발한 원자력발전소 안전계통 계측제어설비
(모델링을 거쳐 소프트웨어 코드를 자동 생성한 것에 특징이 있다)

다. 소프트웨어로 정의되는 물리적 시스템이 만들어진다.

내가 박사과정으로 대학원에 다닐 때 얘기다. 어느 날 대학원의 월요일 세미나에서 선배 한 분이 SDR[36]을 설명했다. 미래는 소프트웨어로 라디오도 들을 수 있게 된다는 것이었다. 90년도 중반에 튜너도 없이 소프트웨어만 가지고 라디오도 들을 수 있다는 말이 영 믿기지 않았다. 지금이야 스마트폰 앱을 통해 스트리밍 방식의 음악과 영상도 즐기고 TV 방송도 시청할 수 있게 되었지만, 인터넷이 본격 상용화되기 전이었고, 사무실에 PC가 막 도입되기 시작한 시점이었으니 이해를 못 하는 것이 어쩌면 당연했다. 당시 SDR은 미국 텍사스인스트루먼트 사에서 연구를 시작한 프로젝트였다는데, 지금 생각해도 그런 창의적 생각을 할 수 있는 저력이 부럽기만 하다.

소프트웨어로 정의되는 물리적 시스템이 만들어진다는 본 절의 내용은 SDR 하나로 형상화될 수 있겠다. 이제는 누구도 소프트웨어의 능력을 의심하지 않는다. 내가 SDR 세미나에서 강하게 의심했던 것은 어떻게 소프트웨어로 물리적 시스템인 튜너를 대체할 수 있는가 였다. 공기 중으로 방사된 방송 전파는 공조 코일을 거쳐 선국의 과정이 이루어지고 변환과 증폭을 거쳐 우리 귀에 아름다운 음악과 고운 음성을 전해준다. 이것이 과거에 우리가 배웠던 방송의 원리다. 그런데 느닷없이 소프트웨어가 모든 것을 없애고 대체한다니 놀랄 뿐이다. 하지만 이 이론은 10년도 못가 프로의 세계에서는 상용화를 이뤘고, 2009년 잡스가 스마트폰에 모든 기능을 담아 상용화시켜 버렸다.

---

36) Software Defined Radio : 다양한 무선통신 서비스를 소프트웨어 기반의 단말기에서 이용할 수 있도록 하는 기술

어떻게 물리적 시스템이 소프트웨어에 의해 직접 구현될 수 있는가? 앞에서 예를 들었던 3D 프린팅에 의한 자동차, 빌딩 등의 다양한 형상물 역시 소프트웨어에 의해 만들어진 것이다. 그럼 인간은 무엇을 해야 하는가? 프로그램을 작성하기 위해 코딩 교육을 어려서부터 시킨다? 나는 이처럼 대책 없는 교육정책을 더는 마주하고 싶지 않다. 주위를 보라? 소프트웨어 코딩 엔지니어의 연봉이 얼마나 되는가? 아마 근무환경은 가장 열악하고(주로 밤을 새운다) 연봉은 가장 낮은 축에 속한다. 즉, 기술의 영역이라기보다는 기능의 영역으로 대접받는 것이 코딩이다. 그렇다면 소프트웨어 엔지니어 모두가 이런 대접을 받는가? 천만에! 수리적 알고리즘을 작성할 수 있는 소프트웨어 분석가는 가장 높은 수준의 연봉을 받는다. 그렇다. 알고리즘을 짜지 못하고, 분석 설계 능력이 없으면 기능공 대접밖에 받지 못하는 직종이 코딩이다. 물론 조기교육을 통해 컴퓨터와 친화력을 높이는 것은 좋은 시도다. 그러나 소프트웨어 코딩 교육을 언어 위주로 시킨다고 분석 능력이 높아지지는 않는다. 그보다 먼저 물질적 형상을 모델로 바꾸는 교육을 해 보면 어떨까? 세상에 모델을 소스 코드로 바꿔주는 소프트웨어는 널렸다.

2.2 에너지 시스템에 응용되는 4차 산업혁명 대상 기술은?

가. 플랜트 운용성과 정비성을 최적화하는 데이터 사이언스와 빅데이터 기술

베스트셀러 사피엔스의 저자 유발 하라리는 '호모데우스-미래의 역사'에서 데이터를 신봉하는 현재의 경향을 가리켜 종교를 신봉하는 것과 같은 '데이터교'라고 꼬집는다.

> "데이터교는 우주가 데이터의 흐름으로 이루어져 있고 어떤 현상이나 실제의 가치는 데이터 처리에 기여하는 바에 따라 결정된다고 말한다. <중략> 엘런 튜링이 튜링 기계라는 개념을 창안한 때로부터 80년 동안 컴퓨터 과학자들은 점점 더 정교한 전자 알고리즘을 설계하는 방법을 알아냈다. 데이터교는 이 둘을 합치면서, 정확히 똑같은 수학적 법칙들이 생화학적 알고리즘과 전자 알고리즘 모두에 적용된다고 지적한다. 데이터교는 그렇게 함으로써 동물과 기계의 장벽을 허물고, 결국 전자 알고리즘이 생화학적 알고리즘을 해독해 그것을 뛰어넘을 것으로 본다. <중략> 데이터교에 따르면 베토벤의 <5번 교향곡>, 증권거래소의 거품, 독감 바이러스는 데이터의 흐름의 세 가지 패턴으로, 동일한 기본 개념과 도구를 이용해 분석할 수 있다. <중략> 지금까지는 데이터가 지적활동이라는 긴 사슬의 첫 번째 단계에 불과했다. 인간이 데이터에서 정보를 증류하고, 정보에서 지식을 증류하고, 지식에서 지혜를 증류해야

했다. 하지만 데이터교도들은 인간이 더 이상 막대한 데이터의 흐름을 감당할 수 없고, 따라서 지식과 지혜를 증류하는 것은 고사하고 데이터에서 정보를 증류할 수도 없다고 생각한다. 그러므로 데이터를 처리하는 일은 연산 능력이 인간의 뇌 용량을 훨씬 능가하는 전자 알고리즘에게 맡겨야 한다. 실질적으로 데이터교도들은 인간의 지식과 지혜를 믿지 않고 빅데이터와 알고리즘을 더 신뢰한다는 뜻이다."[37]

유발 하라리는 환원주의적[38] 데이터 활용을 얘기하고 있는 동시에 기하급수적으로 늘어나는 2020년의 폭발적인 데이터를 어떻게 처리할 것인가 역시 지적한다. 그러나 그가 언급했듯이 인간의 지혜가 포함되지 않는 기계에 의한 데이터 처리는 부정확하거나 아니면 잠재된 오류로 인해 또 다른 문제를 발생시킬 수도 있을 것이다.

❖ 데이터, 정보, 지식은 어떻게 다른가?

관리데이터와 기술데이터는 처리와 가공단계를 거쳐 정보가 되고, 정보는 해석을 거쳐 지식으로 바뀌며, 지식은 적용을 통해 우리에게 가치를 제공한다. 원자력발전소와 같이 수많은 관리데이터와 기술데이터가 혼재되어 쌓일 경우, 이를 통해 가치를 얻는 과정은 보통 어려운 것이 아니다. 플랜트의 운용성과 정비성을 최적화하기 위해서는 이러한 처리 과정이 거의 실시간으로

37) 유발 하라리, 호모데우스-미래의 역사, 김영사
38) Rdductionism, 복잡하고 추상적인 개념은 잘게 나누어 각각을 이해함으로써 전체를 이해할 수 있다는 가정에서 출발한다. 어떤 대상을 이해하려면 그 구성품들이 무엇인지를 정확히 이해해야 한다.

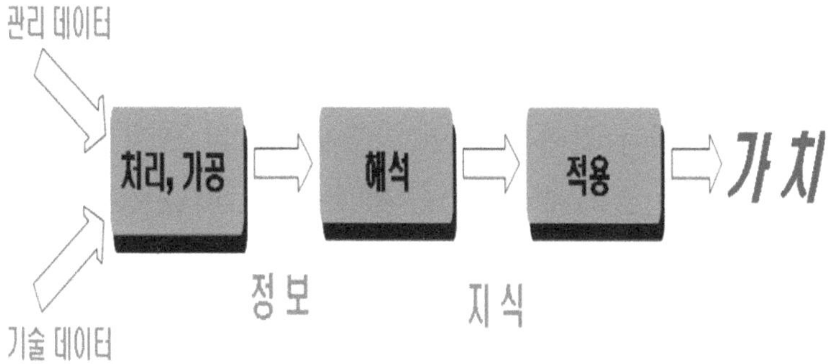

데이터가 주는 가치 프로세스

이루어질 필요가 있다. 일반적으로 하나의 센서에서 발생한 신호는 1초에 한 번씩 중앙제어실 컴퓨터에 입력된다. 컴퓨터는 이를 처리하여 운전원이나 정비원이 설비운영과 플랜트 운전과 관련한 의사결정을 제공할 수 있도록 한다. 그러나 워낙 데이터가 많으므로 이를 적용하기 위해 종래에 많이 사용하던 것이 지식관리시스템이다.

4차 산업혁명 시대에는 더욱 많은 데이터가 사물인터넷(IoT)을 통해 수집된다. 3차 산업 시대와 4차 산업 시대가 다른 점은 정형화된 데이터와 정형화되지 않은 비정형 상태의 데이터 생산량이 종래와는 비교할 수 없을 만큼 많아져 일정한 규칙 기반의 처리기법으로는 가치를 얻기가 힘든 것이 하나고, 또 하나는 오늘날 컴퓨터의 성능은 향상되어 10년 전과 비교해 기하급수적으로 증가한 반면, 컴퓨터 사용 비용은 감소해서 제로로 향하고 있다는 것이다. 이럴 때 사용되는 기술이 빅데이터를 이용한 데이터 처리, 가공과 분석이다. 그러므로 이전 그림에서 정보와 지식의 단계로 나뉘어 처리하던 데이터가 이제는 빅데이터 기술 하나로 수렴되었다고도 말할 수 있겠다.

빅데이터란 기존의 관리 도구의 역량을 넘어서는 대량의 정형, 비정형 데이터 집합이고, 이러한 데이터로부터 가치를 추출하고 결과를 분석하는 기술을 의미한다.[39] 그림과 같이 2020년 이후에는 제타 바이트 시대가 도래한다고 한다. 즉, 데이터를 1테라바이트 용량의 하드디스크에 저장할 경우, 약 500억 개가 필요할 만큼의 용량이 생성된다는 것이고, 이의 증가 추이는 기하급수적이다. 하긴 내가 가진 하드디스크 용량만도 10테라에 가깝긴 하다.

이러한 빅데이터는 데이터 생산량으로 인한 처리의 문제와 비용의 문제라는 한계 사항이 있다. 정형화가 어렵다는 점은 여전히 존재하지만 이를 지식을 넘어 지혜의 측면으로 바꿀 수 있다면 처리할 데이터는 대폭 줄어든다. 소로우는 지혜의 속성을 다음과 같이 표현한다.

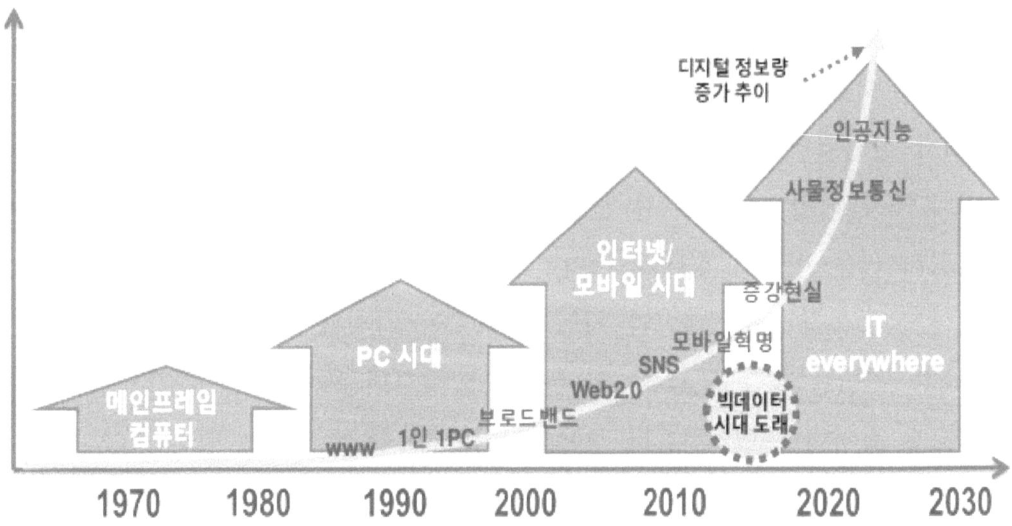

디지털 정보량의 시간에 따른 증가 추이

39) 위키피디아에서 인용

"껍데기 안에 넣을 참다운 알맹이. 즉, 살아 있는 지혜[40]"

인공지능을 이용해 데이터 기반의 학습을 시키는 것 역시 결국 데이터의 처리와 비용의 한계를 돌파하고자 하는 인간의 노력이 반영된 결과이고 인간의 지혜를 닮아가는 기계의 진화다. 데이터 생성, 분석, 학습 단계까지 적용이 가능한 빅데이터 기술과 인공지능이, 데이터로부터 지혜에 이르는 지식 피라미드의 네 단계와 어떻게 연결되는지 그림으로 그려 보자.

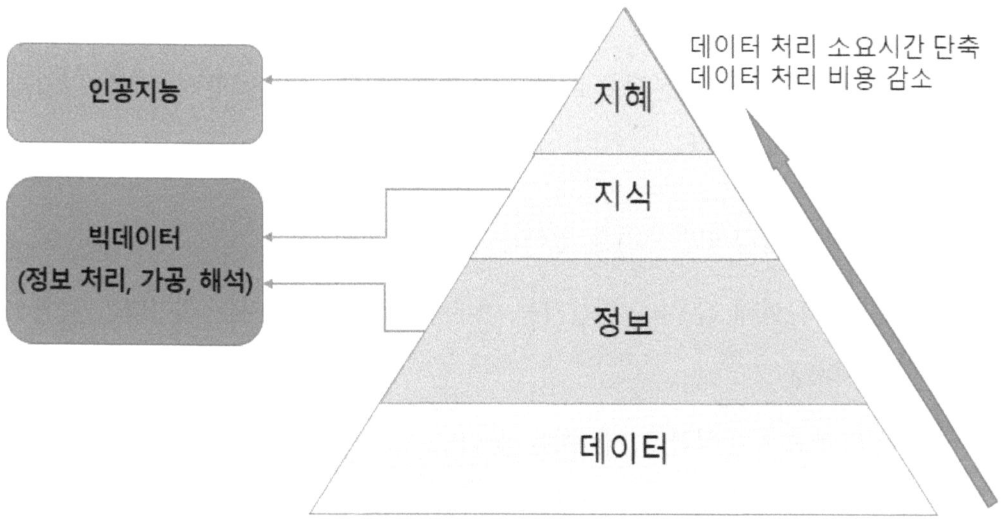

지식 피라미드와 빅데이터, 인공지능 기술의 연결

이미 설명했듯이, 지식화의 목표는 가치를 창조하는 데에 있다. 이를 위해, 스스로 만들거나 획득한 각종 데이터를 처리 가공하여 정보화하고 이를 다시 해석하여 지식화한 후 업무에 적용한다. 즉, 데이터, 정보, 지식단계는 선순환 단계가 된다. 생성과 획득과정을 거친 데이터는 정보로 가공되어야 처리량이 줄어들면서도 활용도는 점점 높아진다. 주식 영업장의 모니터를 보자.

40) 헨리 데이빗 소로우, "월든(Walden)", 이레

6개월 이동평균, 15일 이동평균 등, 개인 투자자의 판단을 돕기 위한 각종 통계정보가 제공되고 있지 않은가? 이는 데이터를 처리 가공한 것이다. 하지만 투자 고수의 지식이 없이는 이 정보는 그저 그런 가치를 지닐 뿐이다. 언제 사서 언제 팔아야 하는가를 결정하는 해석 능력, 이것이 바로 지식이다. 이 지식은 통계처리 정도로 얻어지는 것은 아니다.

❖ 빅데이터의 특징은 무엇인가?

빅데이터의 특징은 기본적으로 다음 3가지로 요약된다. 흔히 영문 앞글자를 따서 3V라고도 한다.

- 데이터의 물리적인 크기를 말하는 크기 (Volume)
- 데이터의 형태 유무와, 연산가능 여부에 따라 나누어지는 데이터의 다양성 (Variety)
- 이를 빠르게 분석하고 처리하는 능력인 속도 (Velocity)

최근에는 정확성과 가변성, 가치, 시각화 등의 속성이 추가되기도 한다. 아무튼, 2018년에만 빅데이터 관련 서적이 500권 이상 출간되었다고 하니 이 기술에 관심이 있는 사람들은 Spark, Hadoop이나 Storm, NoSQL과 같은 함수형 언어를 배워야 할 것 같다. 그뿐만 아니라 종래에 많이 사용했던 SPSS, R, SAS 같은 통계분석 도구 역시 공부해야 할 분야이다. 데이터를 가져오고, 처리하고, 가공, 해석하는 기본은 이러한 통계분석 도구에 이미 있기 때문이다.

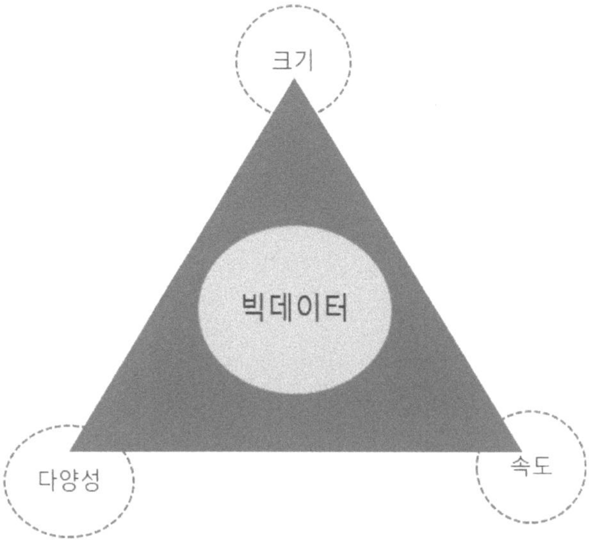

빅데이터의 특징

다음의 그림을 보자. 기술적 요소로서의 빅데이터가 어디에 위치하는가를 보여주는 이 그림은 인공지능 기술의 카테고리 속에 기계학습 기술이 있고 그 기계학습 속에 딥 러닝 기술이 위치하며, 다시 이를 적용하여 데이터를

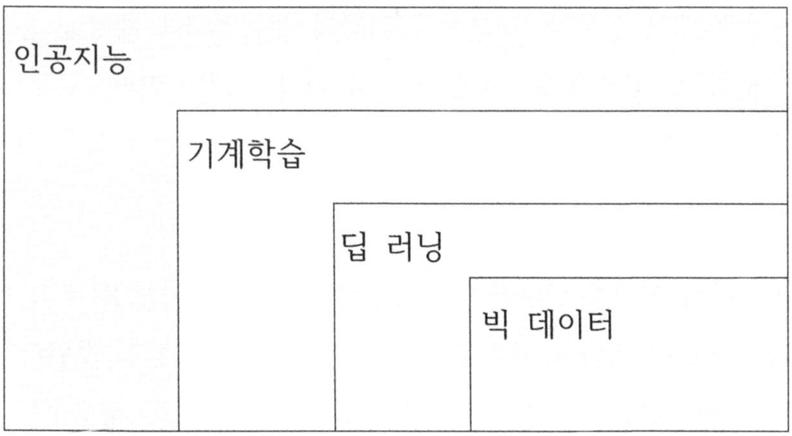

빅데이터 기술을 둘러싼 인공지능, 기계학습, 딥러닝 기술 요소들

처리하는 빅데이터 기술이 자리하고 있음을 보여준다. 이와 같이 빅데이터 처리를 통해 가치를 얻기 위해서는 데이터를 정보로, 다시 이를 지식으로 변환해야 하며, 이 과정에서 인공지능으로 대표되는 기술 요소가 필요하다.

❖ 빅데이터를 둘러싼 문제들

빅데이터를 가치로 변환하기 위해서는 어떠한 현안들을 풀어야 하는가? 첫째의 문제는 시장의 가치와 규제 및 지원책의 불일치가 종종 나타나는 점이다. 시장은 가치를 좇아 빠르게 이동한다. 소비자의 욕구와 기술의 발전도 이에 발맞춰 빠르게 진행된다. 반면에 이를 규제하고, 지원해야 할 법과 제도, 그리고 기업 내부의 프로세스 변화는 서서히 진행된다. 일견 답답한 측면도 있지만 이렇게 서서히 진전되는 것에도 혁신의 기회는 존재한다.

두 번째 문제는 데이터와 정보를 수집해서 영역별로 분류하고, 필요한 지식을 추론하는 일을 어디까지 자체적으로 수행하고, 어느 부분을 외주 처리할 것인가에 대한 문제다. 대부분의 기업이 전문업체와 계약을 통해 회사가 보유한 데이터를 활용하여 가치를 얻기를 원할 것이나 한편으로는 회사 내의 가치 있는 데이터나 정보가 외부로 유출되는 것에 대한 극도의 경계심도 가지고 있는 것도 사실이다.

데이터로부터 지식을 발굴하여 이로부터 가치를 찾는 일을 조직 내에서 자급자족할 것인가? 아니면 외주를 주어 전문가의 손을 빌릴 것인가? 다음 그림은 비정형적 데이터의 처리는 외부에 맡겨 정형화하고, 정형적인 데이터는 자체적으로 처리하여 가치를 창출하는 방법을 제안한다.

대부분의 비정형적 데이터는 회사의 고유한 특성을 반영한 것이다. 이를테면 각 엔지니어가 가지고 있는 암묵지일 수도 있고, 여러 팀에 걸쳐 정리되지 않은 분산된 것일 수도 있다. 그러므로, 외부와의 경쟁의 대상이 되지 않는 비정형 데이터는 외부의 전문가 집단에 의해 정형화 작업을 추진하고, 기업 내에서는 고유 지식의 창출에 경영 자원을 집중적으로 사용하는 것이 바람직하다.

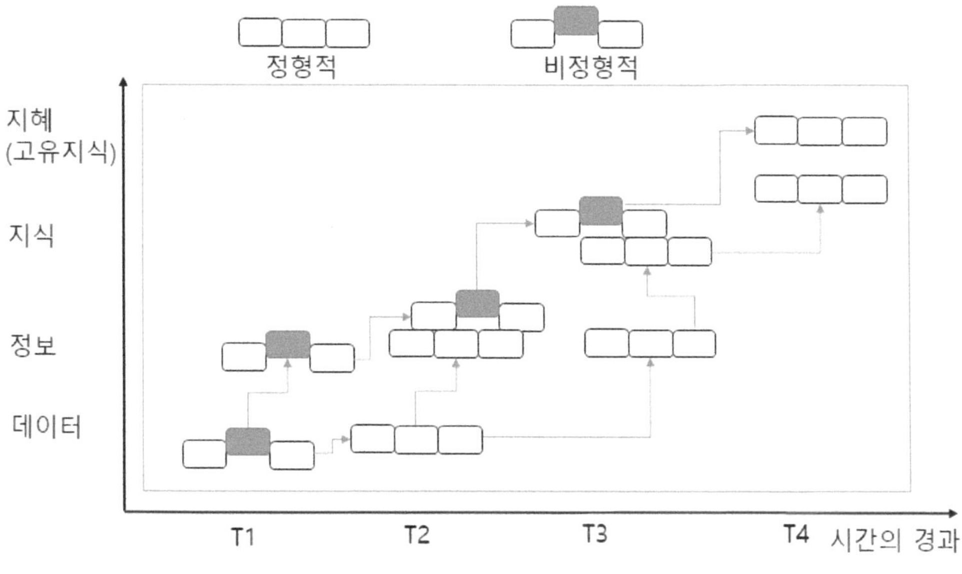

비정형적 지식과 정형적 지식을 지혜로 변환하는 전략

응용 가능한 지식은, 어떠한 목적과 관점에 대해서도 폭넓게 사용할 수 있도록 중립적으로 만들어진 지식이다. 이러한 지식은 여러 기업의 여러 가지 목적과 관점에 따라서 활용할 수 있다. 지식을 제공하는 측은 중립적인 지식을 여러 기업에 제공하기 때문에, 기업별로 각각 다른 지식을 제공하는 경우와 비교하면 총비용을 절감할 수 있다.

포스코는 스마트팩토리 기반을 마련하기 위해 정형적 데이터와 비정형적 데이터를 식별하고 표준화하는 데만 6개월의 시간이 필요했다고 한다.[41] 이 표준화된 데이터 수집 포맷을 결정한 후 데이터 수집 장치에 의해 데이터를 수집하고 이를 가공, 처리하여 분석에 활용하는 단계는 이미 설명했다. 즉, 데이터의 처리에 선행되어야 할 것은 비정형 데이터뿐만 아니라 정형 데이터의 수집체계를 어떻게 정립할 것인가를 고민하는 것이다.

❖ 빅데이터에 의해 수집된 네트워크화한 지식을 어떻게 유통하고 활용할 수 있을까?[42]

빅데이터 전략에서는, 플랜트와 관련된 모든 이해관계자(공급사, 운영자, 정비자 등)를 요소기술을 가진 개체로 파악하기보다는 전체 수명주기의 이해관계자가 다양한 기술전문가로 이뤄진 거대 지식집단이 되도록 한다. 이 체제에서 선정된 전문가는 최고 멘토가 되며 이용자의 다양한 질문을 배포, 취합, 재생산하는 역할을 담당한다. 관련 분야의 이해당사자는 자신의 지식과 기술정보를 기초로 다양한 해결책을 웹상에 띄워 확대 재생산이 되도록 한다.

다음의 그림은 시스템의 움직임을 파악하기 위한 빅데이터의 가시화 과정을 보여준다. 일반적으로 빅데이터의 가시화 대상이 되는 것은 빅데이터 처리 과정과 처리 결과다. 빅데이터의 처리를 위해서는 처리 알고리즘, 이용 책임자, 처리 담당자와 관계자 등을 거쳐야 한다. 이를 처리하는 방법으로는 블랙박스 처리와 화이트 박스 처리 방법이 주로 사용된다.

---

41) 조성원, 데이터 축적과 스마트팩토리 구축사례, 매경빅데이터/인공지능포럼, 2019. 3.

42) KAIST 윤태성 교수의 자문내용을 토대로 재구성하였다. 62쪽의 가시화 모델은 Open Knowledge 소프트웨어로 그린 것이다.

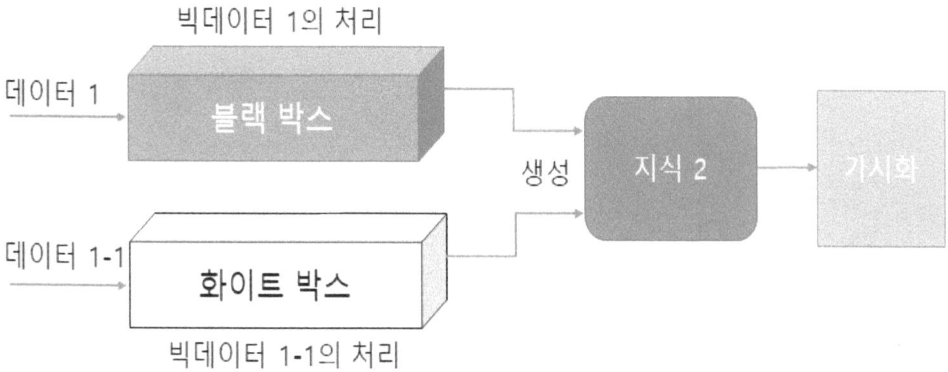

빅데이터 처리과정 및 결과

그림과 같이 블랙박스는 입력과 출력만을 알 수 있고, 모듈 내부의 작동 상태는 직접 관찰할 수 없다. 빅데이터 처리 방법에서 블랙박스 처리는, 이 모듈이 수행할 특정한 기능이 완전히 작동되는지 입증함으로써 검증된다. 반면 모듈의 작동을 직접 관찰할 수 있는 화이트 박스 처리는 모듈 자체의 논리상 오류까지 검출할 수 있는 장점이 있다. 따라서 입력되는 데이터가 정형적인가, 비정형적인가? 처리 과정을 관찰할 수 있는가 없는가에 따라 블랙박스 접근법을 택할 것인가, 화이트 박스 접근법을 택할 것인가가 결정되고, 이는 정보화 과정을 거쳐 지식으로 출력된다. 생성된 지식은 가시화를 통해 좀 더 명확히 이해된다. 지식의 가시화 방법으로는 2차원 형상, 3차원 형상, 심볼 표시, 리스트 표시, 테이블 형식, 네트워크 도식, 숫자 등이 사용될 수 있다. 같은 기능을 가진 빅데이터라도, 가시화하면 이용도는 올라가고 이용자의 신뢰도 역시 높아진다.

다음의 그림은 원자로 냉각재계통 배관의 도면정보를 생성순서와 중요도에 따라 포도형 (좌측)과 레이더형(우측)으로 가시화한 사례이다.

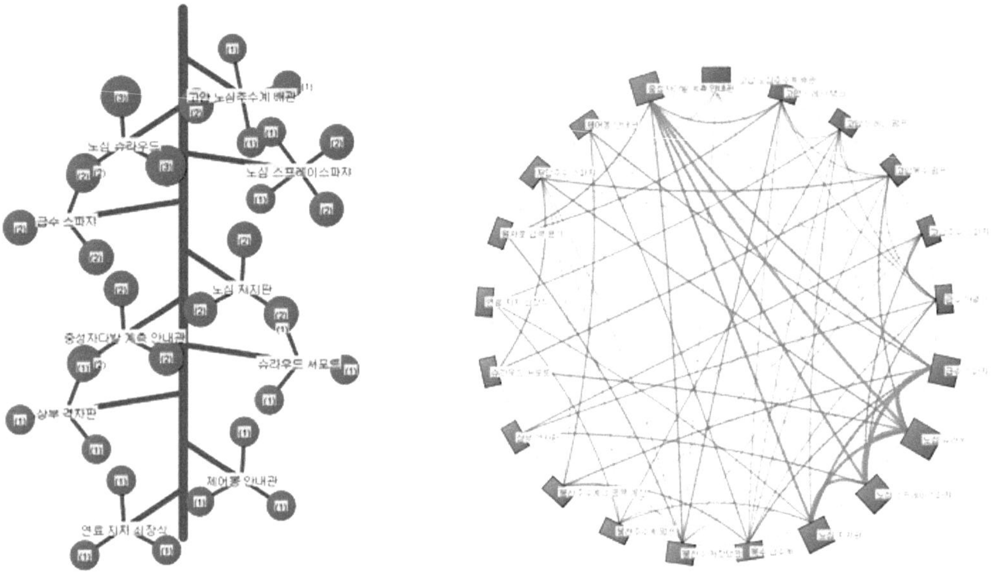

원자로냉각재계통 배관 가시화 사례

가공된 지식을 최대로 활용하기 위해서는 자연어, 의미론(semantic) 등의 자동화 환경을 통한 지식 검색 기능이 제공되어야 한다. 자동화에 의해 가공된 지식은 반응, 연상, 가정 등을 통해 본질이 파악될 수 있다. 그림에서 알 수 있듯이 지식을 표현하기 위해서는 관점, 지점, 영역, 응용 분야, 목적, 관련성 등에 대한 제한사항을 두어 기계적 정의가 가능한 메타 지식으로 변환하는 것이 필요하다. 의미론 등의 기술은 이러한 메타 지식으로부터 이용자가 필요한 지식을 쉽게 추출하기 위한 방법론이다.

❖ 빅데이터 플랫폼 구축 프로세스의 예

카드 부정사용 적발을 위한 빅데이터 구축 프로세스

위 그림은 카드사에서 개발한 빅데이터 기반의 플랫폼 구축 프로세스다. 카드사는 부정 사용되는 카드로 인한 피해를 예방하기 위해 기계학습을 이용해 징후를 사전 탐지하는 기술을 개발하였다. 플랫폼 개발 초기 단계에는 분석설계가 맨 먼저 진행되고, 개발과 시험 단계와 초기 오픈을 통해 기계학습 알고리즘의 학습과 재학습을 진행한 후 최종적으로 안정화하는 일반적인 시스템 개발 수명주기를 채택하고 있다. 여기서 기계학습에 의한 빅데이터 처리는 분석을 위한 데이터 모집단의 규모가 매우 크고, 처리에 요구되는 시간은 상대적으로 짧아야 하고, 가변 되는 데이터에 빠르게 적응해야 하는 3V 요건을 만족해야 한다. 카드사는 이 솔루션을 개발하여 카드의 해외 거래 시 부정 사용 탐지 정확도를 30% 이상 높일 수 있었다고 한다.

나. 플랜트 설비 건전성의 사전 예측진단(PHM[43]) 기술

영어 단어 Prognostic은 의학에서 많이 쓰이는 용어다. 의사가 발병 확률이나 예상되는 질병의 진전 정도를 진단해 판단하는 것이다. PHM 기술은 설비가 고장 나기 전 조치를 가능하게 한다. 우리 몸이 통증을 느끼기 전에 건강 검진을 하고 약을 먹어 증상을 개선하면, 실제 심각한 발병으로 이어지지는 않는 것과 같은 원리다. 최근에 발표된 기술은 아니고, 기존에 발표된 여러 다양한 기법이 버무려져 새로운 이름을 얻었다. 기존에 많이 쓰이던 설비관리 용어 중 예방진단, 예측진단, 또는 예지 진단 등도 모두 사전 진단과 조치를 특징으로 한다. 그러나 기존의 예측진단이 주로 신뢰성 분석 결과를 기반으로 고장 개소에 대한 사전 정비를 가능하게 했다면[44], PHM은 설비의 미래 상태를 감지하기 위해, 다음과 같은 방법을 주로 사용한다.

- 데이터를 분석하고, 통계적 추론을 통해 고장을 미리 알려주는 방법
- 기계학습을 통해 상태 감지 인자와 고장의 상관관계를 이용하여 추론하는 방법

IBM에서 개발한 인공지능 왓슨은, 의료[45], 세무, 법률 등 다양한 분야에서 데이터를 기반으로 한 추론 결과를 제공한다. 국내에서 큰 관심을 모았던 암 환자 진단의 경우, 왓슨의 추론 결과가 경험 있는 의사의 추론결과보다 오히려 높은 일치율을 보인다고 소개되었다. 그러나 훈련 데이터가 없으면 인간의 진단 결과를 따라가지 못해 암 진단의 정확도가 현저히 떨어진다는 평가

43) Prognostic Health Monitoring
44) RCM: Reliability Centered Maintenance
45) IBM Watson Health : 의료 분야의 심층 업계 경험, AI, 블록체인, 데이터 및 분석용 옵션을 포함한 기술 솔루션, 등의 핵심 강점들을 결합한 IBM의 솔루션, IBM 한국 웹사이트에서 인용

가 나오기도 한다. 인도의 병원에서 왓슨이 추론한 직장암 판정 결과가 의료진의 진단 결과와 88%에 이르는 일치를 보였다고 한다. 그러나 전체 암 환자로 대상을 넓히면 17.8%만 의견이 일치해 아직은 개선해야 할 점이 많은 것도 사실이다. "환자 정보가 추가로 필요하다는 메시지가 계속 뜨면서 작동을 제대로 안 하는 사례도 있었다.[46]"는 의료 관계자의 지적은 눈여겨 볼 만하다. 아직까지는 인간의 경험지식과 논리적 해석을 기계가 따라갈 수는 없는 모양이다. 그러나 주목해야 할 점은 기계학습이나 데이터 추론은 많은 입력 자료를 넣어 준다면 지속해서 진화할 가능성이 있다는 점이다.

아직 기계학습이나 빅데이터 알고리즘이 설비의 상태나 성능에 대한 진단을 인간보다 정확하게 해 주지는 못 한다. 그러나 발전소와 같은 수만 대의 설비가 복합적으로 연동되는 플랜트의 경우, 인간의 감시와 진단을 통해 설비의 고장을 사전에 예측하는 것은 불가능하다. 따라서 PHM 기술에 인간의 전문가 지식을 결합해야 좀 더 나은 유추가 가능할 수 있다. 인간 뇌의 병렬처리 구조는 직관과 예지를 가능하게 해 인간에게 지구상의 주인이 되도록 했다. 인간 뇌의 네트워크 구조는 어떠한 조건에서도 연산이 가능한 특장점이 있다. 오만 가지 생각이 동시에 떠오르고 어릴 때 엄마 젖을 빨던 기억까지 해내는 인간의 뇌 구조를 단순한 여러 개의 감춰진 계층[47]의 가중치를 조정하여 학습을 강화하는 기계가 따라가기에 아직은 무리이기 때문이다.

'마음의 미래'를 쓴 미치오 카쿠[48]는, 우리의 기억이 하나의 뇌 부분에 서사적으로 저장되지는 않으며 감정, 지각정보, 경험 정보 등이 나뉘어 뇌의 각 부분에 분산 저장되었다가 필요할 때 하나의 인덱스를 통해 흩어진 사고

46) 한국경제, IBM '닥터 왓슨" 열풍 시들...대형 병원 도입외면, 2018. 7. 3일자 기사 참조
47) Hidden Layer
48) 미치오 카쿠, 마음의 미래 (The Future of Mind), 김영사

들이 조합된다고 말한다. 이렇듯 인간의 의식적인 활동을 기계로 대체하는 연구는 아직 초보 단계이다. 그렇다면 PHM 기술이 플랜트의 운전과 정비를 지원하게 하기 위해서는 무엇이 필요한가?

첫째 왓슨의 경우와 같이 다양한 데이터가 필요하다. 자동차의 엔진오일이 부족하면 엔진룸의 소음이 커지고, 이후 고장이 진행되면 더 이상 움직이지 않는다. 이와 같이 소음과 엔진의 속도 변화를 변수로 하는 특징이 발견된다. 우리는 이를 특징추출[49]이라고 한다. 이 단계에는 경험과 지식이 풍부한 전문가가 필요하다. 이 경우 PHM의 출력은 엔진오일을 보충하라는 메시지일 것이다. 또는 주의, 보충 권고, 오일 경보와 같이 세 가지 경보를 인간에게 제공하는 방법도 있다.

신재생 발전원으로 주목받는 풍력발전기의 경우, 바람이 많이 불면 기계적 마모가 심해지므로 내부 브레이크 시스템을 작동시켜 멈추게 한다. 바람이 아주 많이 부는 날, 풍력발전기의 날개가 돌지 않는 이유는 기계를 보호하는 기능이 작동했기 때문이다. 풍력발전기의 PHM[50]을 위해서는, 회전속도와 토크(구동력), 진동 신호등을 복합적으로 이용하여 분석을 수행한다. 이때 중요한 것은 풍력발전기의 정상 상태 데이터이다. 비교할 대상이 없으면 발전기가 잘 작동하고 있는지 어디가 고장 났는지를 판단할 수 없기 때문이다. 이와 같이 종래의 진단기술은 데이터 추론과 기계학습이 만나 더욱더 높은 예측력을 갖게 되었다.

49) Feature Extraction을 특징추출이라고 번역했다.
50) 서보성외, 고장예지진단 기술의 공학시스템에서의 성공사례와 비전, 한국소음진동공학회논문집, 2015. 2

2021년 4월 말 제주도에서는 기계학회의 신뢰성 분과 학술대회가 있었다. 마지막 날 포스텍 이승철 교수가 진행한 3시간짜리 세미나 주제는 "신뢰성 연구를 위한 인공지능 기초"였다. 이날 발표 내용 중 인공지능의 적용 신뢰도와 관련된, 공감되는 부분이 있어 소개한다.

그림은 인공 신경망 기술과 이론적으로 발표된 모델을 각각 이용하여 기계적 균열이 시간이 지남에 따라 어떠한 형태로 커질 것인가를 비교한 예측 결과이다. 인공 신경망은 데이터 회귀선을 연장해 균열이 선형적으로 증가할 것으로 예측한다. 반면, Paris와 Erdogen이 발표한 균열 전파모델을 이용하면 균열이 시간에 따라 지수적으로 커진다. 왜 인공 신경망과 수학적 모델이 서로 다른 예측 결과를 보이는가? 바로 데이터에 종속적인 인공 신경망의 한

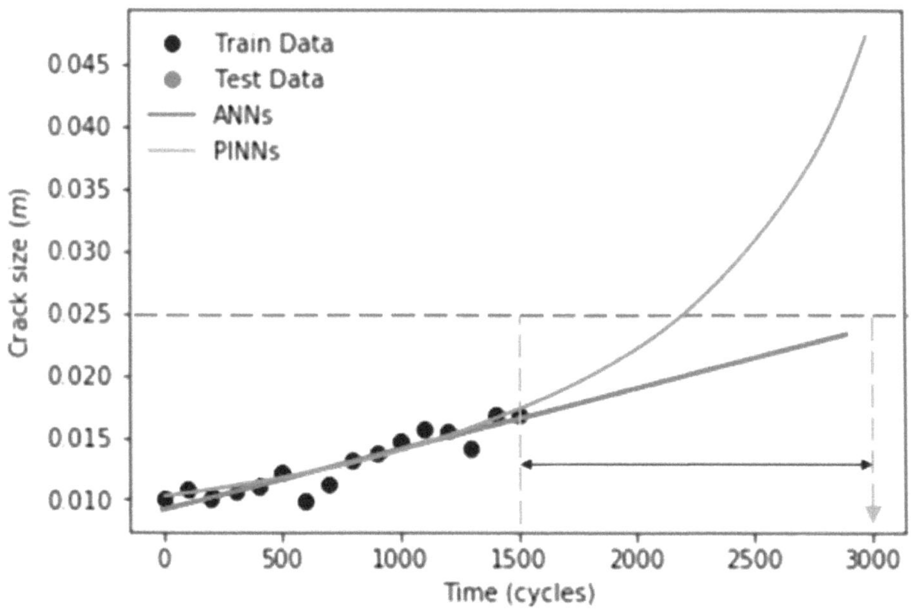

시간의 경과에 따른 균열의 전파 예측결과]
(균열 전파모델 예측(위: 지수적 증가)과 ANN 예측(아래: 선형 증가))

계 때문이다. 데이터가 없는 추세선 밖을 추론하기 위해, ANN은 외삽을 이용하고 여기에 사용되는 추세선은 기존 데이터의 내삽 구간의 확장선이다. 그러므로 3,000 사이클정도의 시간이 지나면 기존 모델과 큰 차이가 생긴다. 이날 이 교수는 내삽의 한계를 기존에 발표된 예측 모델과 결합하여 예측 정확도를 높이는 방법도 같이 제시하였다.

다. 플랜트의 원격 운전과 지원을 가능하게 하는 디지털 트윈[51] 기술

쌍둥이보다는 트윈이라는 영어 명칭을 쓰면 좀 더 이해가 쉬울 디지털 트윈은, 물리적 대상 시스템이 움직임과 동시에 이 대상 시스템을 컴퓨터 가상환경에서 시뮬레이션하는 모델이 필요하다. 여기서 가상환경은 수학적 모델을 포함한 다양한 모델을 이용해 구축할 수 있다. 디지털 트윈이 원자력발전소의 안전성 관련 계통에 활용되어 실제 가치를 제공하기 위해서는 다음의 필수 요구사항을 만족시켜야 한다.

- 가상 모델은 물리적 대상 시스템의 주요 특징을 잘 포착해야 한다.
- 가상 모델은 오류가 없어야 하고, 검증 가능해야 한다.
- 가상 모델은 물리적 대상 시스템보다 빠른 예측 결과를 제공하여 물리적 대상 시스템의 운영에 대한 의사결정 지원이 가능해야 한다.

---

51) Digital Twin (DT) : 디지털 트윈 또는 디지털 트윈으로 부른다.

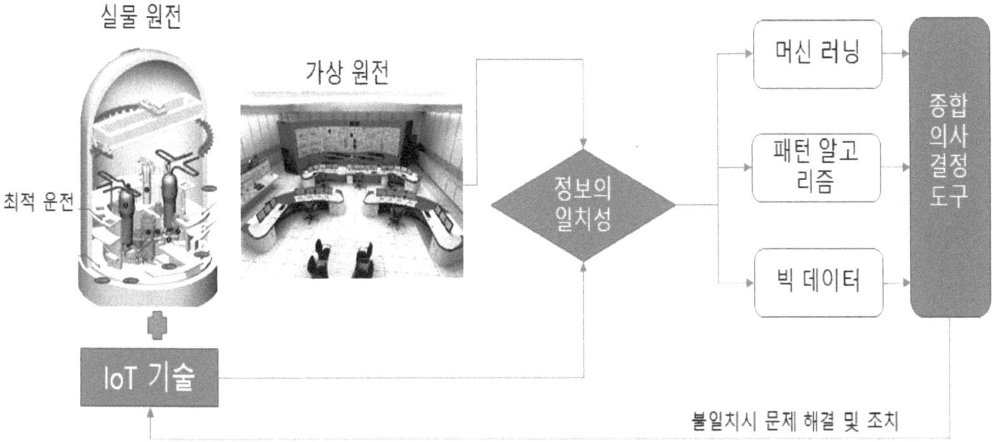

디지털 트윈 적용 개념도 (원전 안전계통 적용 예시)

그림은 디지털 트윈이 원전 안전 계통에 적용된 경우의 개념도이다. 디지털 트윈의 가치는 물리적 대상 시스템과 가상 모델의 계산 결과가 불일치될 때 얼마나 빠르게 의사결정을 지원할 수 있는가에 달려있다. 여기서 의사결정의 기준은 물론 가상 모델과의 비교 결과다. 따라서 가상 모델은 오류가 없어야 하고, 빠른 계산이 가능해야 한다. 다시 강조하지만, 디지털 트윈은 대상 시스템이 가동될 때 모델을 통한 시뮬레이션을 동시에 수행해 고장이나 과도상태를 예측하여 조기 조치가 가능하게 하는 기술이다. 이 기술은 또한 원격지에 있는 플랜트의 데이터를 받아 가장 최적화된 상태 모델을 이용하여 계산을 하고 비교하여 현장 조치 명령을 내리게 할 수도 있다. 만일 개발도상국 어디엔가 우리나라 원자력발전소가 수출되었다고 가정해 보자. 교육 훈련을 통해 개도국 현장 운영자를 양성하기에는 시간과 노력이 많이 들 것이다. 이때 이 발전소의 가상화된 쌍둥이를 국내에 만들어 4차 산업 요소기술을 접목하여 감시하고 제어할 수 있다면 효율성뿐만 아니라 안전성까지도 확보할 수 있게 된다.

다음 그림에서 알 수 있듯이 DT 기술이 정적인 디지털 모델과 다른 점은 동적 시스템을 모델링하고 시뮬레이션한다는 것이다. 즉, 데이터를 수집하여 이를 처리하는 데서 그치는 것이 아니라 이를 분석하여 지식체계로 만들고 물리적 세계에 있는 플랜트에 적용하여 플랜트 최적의 상태로 움직이게 하는 데에 이 기술의 장점이 있을 것이다.

디지털 트윈 기술은 데이터와 정보를 입력으로 사용해 현실에서 발생할 수 있는 상황을 가상의 컴퓨터 환경에서 예측할 수 있으므로 플랜트를 최적화하는 것 이외에도 가상 제조, 원격 제조가 가능하다. 물론 IoT 등의 센서로

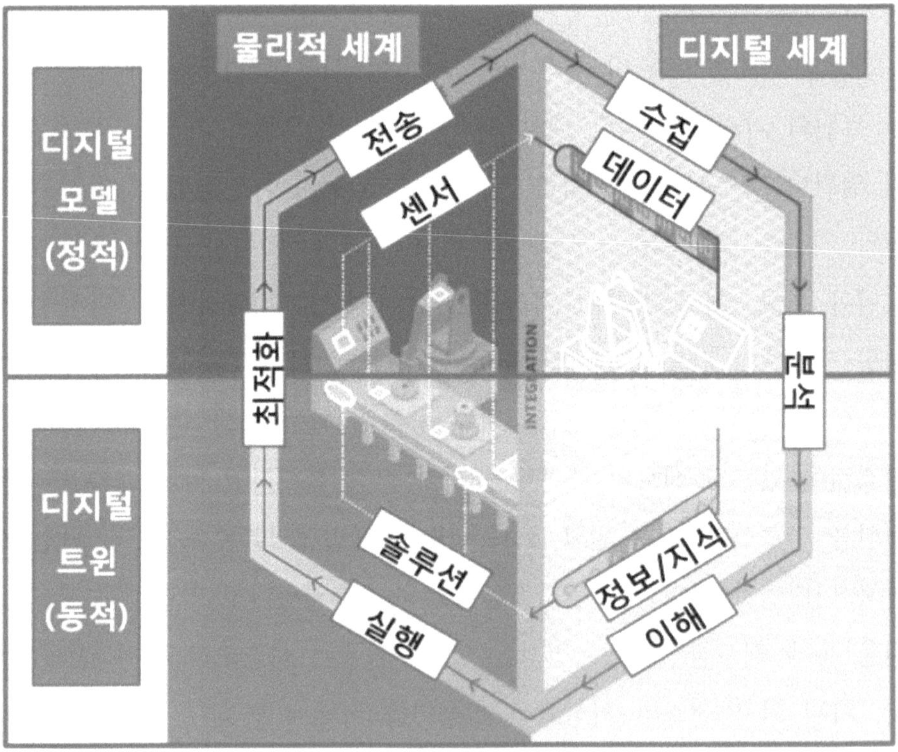

디지털 트윈의 정의 개념도

부터 다양한 데이터와 정보를 받아 이를 빅데이터와 기계학습 등의 알고리즘을 통해 제어를 담당하게 하는 과정도 추가로 필요하다. 이 기술이 가상 제조와 원격제조 분야까지 확장되면 생산과정에서 오류를 줄일 수 있고, 플랜트 관리비용을 최소화할 수 있다. 물론 초기 투자 비용은 훨씬 많이 소요되므로 이를 최적화하는 것이 관건일 것이다. 완전한 인간도, 완벽한 기계학습도 존재하지 않는다. 그러므로 인간-기계 연계 방법을 이용한 디지털 트윈도 하나의 대안이 될 수 있겠다.

❖ 디지털 트윈의 효과성

포스코 경영연구원에서 작성한 문건[52]에는, 이 기술이 광범위하게 적용된다면 제조업의 생산성 향상과 이외에 소매•교통•도시 분야까지 광범위하게 적용 분야를 넓혀나갈 것이고, 향후 10년 동안은 공장 분야에서 가장 큰 수혜가 예상되며, 2025년 이후에는 자율 주행 및 헬스 케어 등 보수적인 산업 부분까지 도입이 확산한다고 한다. 제조 분야에 확산성이 빠른 것은 기술도입에 대한 수용성이 높고 관련 규제의 벽이 타 부분보다 상대적으로 약하기 때문이다.

DT 기술이 안전성을 고도로 요구하는 원자력발전소 같은 대상 시스템에 적용되었다고 가정해 보자. 어떠한 효과성을 얻을 수 있고 이를 위해 해결해야 할 도전과제는 또 무엇인가? 다음의 글상자를 보자.

52) 김영훈, 디지털 트윈 어떻게 전개될 것인가? 2018. 12.

- 운전원에게 추가적인 의사결정 정보를 제공하므로 기존 물리적 시스템이 제공하는 기능적 다양성과 함께 인적 다양성을 동시에 제공할 수 있다. 운전원의 직관과 경험적 판단 위에 디지털 트윈에 의한 의사결정 단계가 더해지기 때문이다.
- 제3의 독립 시스템이 자동화 시스템의 작동을 항상 검증하고 인간의 실수 여부도 감시하므로 오작동과 인적 실수를 크게 줄일 수 있다.
- 물리적 시스템의 잘못된 작동을 예측하여 운전원이 조치할 수 있도록 하여 원자력발전소의 불시 정지를 줄여 이용률도 높일 수 있다.

❖ 디지털 트윈의 핵심기술, 모델링과 시뮬레이션 기술

2장에서 소개한 모델링과 시뮬레이션은 디지털 트윈의 핵심기술이다. 여기서 먼저 디지털 트윈에 사용할 수 있는 모델링의 분류체계를 설명하고자 한다. 그림에서 모델은 물리적인 실물 모델과 추상 모델로 나눠진다. 이 모델은 다시 정형 모델과 비정형 모델로 구분된다. 정형 모델은 기하학, 계량, 논리 모델로 나뉜다. 비정형 모델의 대표적인 것은 그림과 텍스트 문서다.

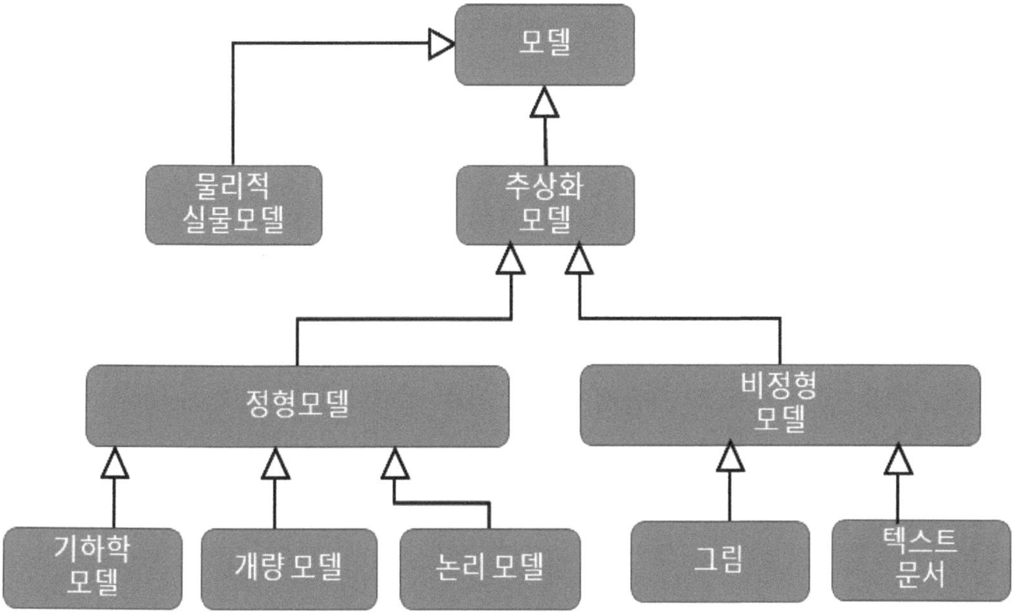

모델 분류체계의 예

위 그림에서 사용하는 '모델'의 정의는 다양하지만, 일반적으로 어떤 시스템, 개체, 현상, 관심 프로세스의 추상화나 묘사를 가리킨다. 모델에 관한 그 밖의 수많은 정의는 모델이 물리 세계 속 어떤 개체의 묘사라고 이야기한다. 이런 묘사는 해당 개체의 선택된 측면들(기하학적 구조, 기능, 성능 등)을 기술하기 위한 것이다. 이와 함께 '시뮬레이션' 이란 말은 모델이 일정 시간 동안 수행(혹은 사용)할 수 있게 하는 특정 환경 속에서 모델(들)을 실행하는 일이다. 일반적으로 시뮬레이션을 수행하면 시스템, 소프트웨어, 하드웨어, 사람, 물리 현상의 복잡한 동적 작동을 분석할 수 있다. 컴퓨터 시뮬레이션에는 실행 가능한 코드, 입력 조건, 기타 입력 데이터로 표현된 분석 모델과 컴퓨팅 인프라가 포함된다. 컴퓨팅 인프라에는 모델 실행에 필요한 계산 엔진뿐만 아니라 입력기기와 출력기기도 포함된다. 컴퓨터 시뮬레이션에 관한

접근법이 매우 다양하다는 점은, 컴퓨터 시뮬레이션 설계자가 내려야 하는 선택들을 보면 명백하다.[53)]

MIL-499B[54)]는 제품의 물리적 형상을 나타내는 제품 모델과 운용자, 관리자 의사결정자 등으로 구성된 인적 모델, 그리고 서비스와 운용 기술 등으로 구성된 프로세스 모델을 제시하고 있다. 디지털 트윈을 구현하기 위해, 시스템 모델을 Mil-499B를 응용하여 다시 그린 결과는 다음 그림과 같다.[55)] 제품 모델은 물리/공학적 시뮬레이션 모델로 형상화되고, 인적 모델은 지식 표현과 인공지능 추출과정이 더해져 완성된다. 프로세스 모델은 정보 분석과 최적화를 실행하는 동적 모델이 된다.

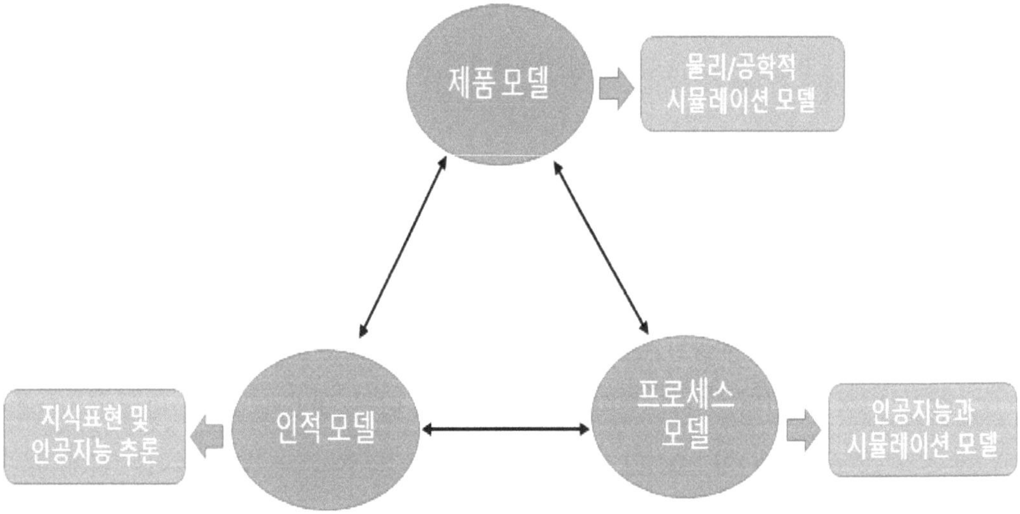

디지털 트윈을 구현하기 위한 시스템 모델 (Mil-499B 기반)

---

53) 시스템엔지니어링 핸드북 4. 9.1.1 절, 342쪽 인용

54) Mil-std-499b, Military Standard: Systems Engineering Management, 1993

55) KEIT PD Issue Report 2018. 18-9호의 그림을 인용하여 본 주제에 맞게 다시 그렸다. 원 그림의 소스 : 김탁곤, 국방 모델링 시뮬레이션, 한티미디어,

모델링과 시뮬레이션을 통한 디지털 트윈은 그 결과에 대한 정합성 판정을 위해 확인 및 검증 단계를 반드시 거쳐야 한다. 이런 단계를 통과한 트윈은 플랜트의 수명주기 단계에서 고장진단, 예지 정비, 성능 최적화, 안전예방 활동 등 광범위하게 활용될 수 있다. Transducer

❖ 안전 시스템을 위한 디지털 트윈의 설계 개념

어떻게 원자력발전소와 같은 안전성이 가장 높게 요구되는 플랜트에 DT 기술이 사용될 수 있을까? 최근에 발생한 한빛 1호기 제어봉 오작동 사건(Event)[56] 사례를 중심으로 안전계통에 DT가 어떻게 적용될 수 있는지를 알아보고자 한다. 원자로 출력이 운전 제한 범위를 벗어났지만 바로 가동 중지를 하지 않고 12시간이나 지연되었다고 해서 일부 인사들의 대형사고 운운하는 과장된 발언까지 있었던 이 사건은 인재인가? 구조적인 오류로 인한 것인가? 여러 신문에 난 기사를 읽어보니 제어봉을 움직이는 조이스틱의 스텝 계수기값과 실제 제어봉의 위치를 검출하는 LVDT[57] 코일의 위치 편차에 의한 것일 가능성이 높다는 설명이 있었다. 한수원의 공식 설명문은, 원자로의 재가동을 위한 성능시험 중 부적절한 제어봉 인출 및 정비원의 제어봉 조작, 그리고 운영기술지침서에 대한 사전 인지가 부족하였다고 말하고 있다. 즉, 인적 오류와 구조적 문제가 동시에 존재한 경우로 해석된다. 이 기사를 보면

56) 영어로 사건은 Event, 사고는 Accident다. 사건은 위험도를 사전에 인지하여 정해진 절차에 따라 잠재운 경우이다. 자동차의 엔진고장으로 자동차가 정지한 것은 사건이고 충돌을 일으켜 자동차가 손상되고 인명이 다치면 사고다.

57) 웨스팅하우스 원전의 제어봉 위치를 지시하는 코일 Linear Voltage Differential Transducer의 약자다.

서 디지털 트윈 기술이 이와 같은 문제를 원천적으로 배제할 수 있겠다는 생각이 들었다.

디지털 트윈의 가상 세계는 데이터의 흐름으로 이루어지므로 물리적으로 움직이는 시스템과는 다르게 원전의 모든 운전상태를 다각적으로 검토할 수 있다. 이 사건이 시사하는 점은 제어봉 시험을 담당하는 직원의 자격 여부가 아니라 운영기술지침서의 내용을 인지하지 못했다는 데 있다. 만일 디지털화된 시스템이 제어봉의 구동과는 별도로 운영기술지침서의 위반을 알아내고 경보해 주었다면 이러한 사례가 발생하지는 않았을 것이다. 아래 그림은 제

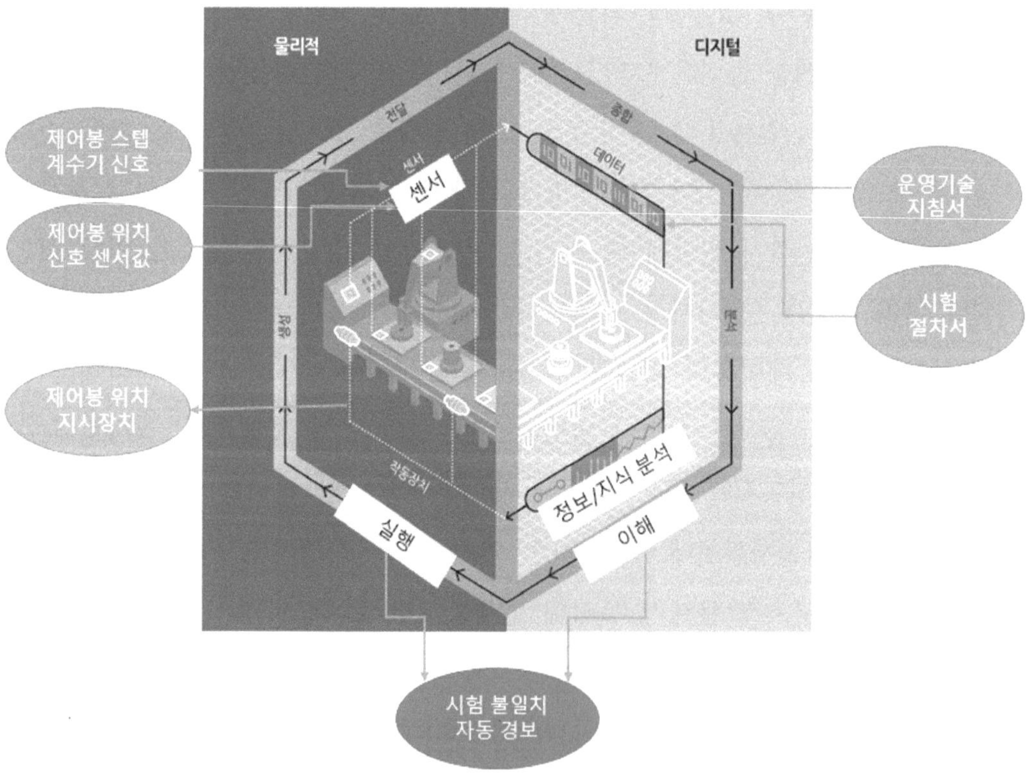

제어봉 시험 불일치 자동경보용 디지털 트윈 개념도

어봉 오작동 감시를 위한 디지털 트윈 개념을 그린 것이다. 여기에 추가된 기기는 없다. 다만 현재의 원자력발전소 소내감시망에서 인출되는 각종 데이터를 취득하고 여기에 기존의 운영기술지침서와 시험절차서를 데이터화하는 소프트웨어가 더해졌다. 이 소프트웨어에 물리적인 시험 장치의 세 가지 신호인 스텝 계수기 출력 신호, 제어봉 위치신호 센서값, 그리고 제어봉 위치지시 장치 표시값을 입력하여 만일 문제가 있으면, 자동경보를 발생하고 발생 요인과 그 조치 결과를 자동으로 추적할 수 있는 시스템을 구성하는 것이 가능할 것 같다.

Mil-499B을 이용한 디지털 트윈을 위한 시스템 모델
(제어봉 시험오류 판별에 적용한 예)

항목	대상	모델링 항목 및 형식	형식
인적 모델	시험자	사람의 생각이나 이해내용, 의사결정 과정 등	데이터 모델
제품 모델 (물리 모델)	제어봉 구동용 입력기기	스텝 계수기	펄스 신호
	제어봉 위치신호 검출 센서	위치 센서	전기 신호
프로세스 모델	운영기술지침서	지침 위반여부 판별	텍스트 문서
	시험 절차서	시험절차의 전산화	텍스트 문서

❖ 안전 시스템에 디지털 트윈이 적용될 때 얻게 되는 가치

이러한 디지털 트윈이 도입되면 플랜트의 원격제어가 가능해진다. 물론 복합 시스템으로 이뤄진 원자력발전소와 같은 대형 플랜트의 원격화가 완전한 무인화를 의미하지는 않을 것이다. 필리핀 오지에 우리나라의 혁신형 SMR이 공급되었다고 가정하자, 초급 정도의 기술력을 가진 현지인이 원격지에 있는 고도화된 국내 기술진과 인터넷으로 소통하면서 기계학습과 빅데이터의 지원을 받아 가장 안전하고도 경제적으로 발전하여 전기를 자국민에게 공급할 수 있을 것 같다.

물리적인 원자력발전소 안전계통 계측제어시스템은 하드웨어와 소프트웨어로 구현된다. 이 시스템은 각종 센서로부터 입력을 받아 처리하는 부분과, 각종 연산을 통해 원자로를 정지시켜야 하는지를 결정하는 부분, 아울러 출력을 운전원에게 전달하는 부분 등으로 구성된다. 여기까지는 기존의 자동화된 제어시스템과 다를 바가 없다. 센서로부터 얻어진 신호를 통신을 통해 소프트웨어 알고리즘으로 이루어진 가상의 복제 시스템으로 전송하는 순간부터 가장 낮은 단계의 트윈이 만들어진다. 또한, 이 신호를 처리하여 해석하고 분석하여 운전원에게 가시화된 정보 체계로 전송한다면 좀 더 높은 단계의 트윈이 된다. 사실 원자력발전소에서 허용되는 수준은 여기까지다. 의사결정 지원단계를 포함하기 위해서는 이 가상의 시스템이 어떠한 오작동도 일으키지 않는다는 것을 보장해야 하기 때문이다. 소프트웨어 기반의 시스템에 오류가 없다는 무결성이 시험을 통해 보장되는 것은 매우 어려운 일이다. 이러한 제한사항을 가진 디지털 트윈이 안전계통 시스템에 적용될 경우 어떠한 가치를 제공할 수 있는가? 다음의 표를 살펴보자

디지털 트윈이 제공하는 가치

비교 항목	기존 물리적 시스템 환경	가상 시스템이 더해진 디지털 트윈 환경
고장에 대한 대비	중화된 다중 시스템 구축	기능적 문제점을 사전에 식별하여 운전원에게 제공
심층 방호	일반 대중에게 원자로 내에서 발생하는 사고의 영향이 전파되지 않도록 3중의 물리적 방호체계 마련	시스템의 심층방호를 위해, 별도의 해석 및 분석 결과를 직관적으로 이해 가능한, 가시화된 정보 형태로 제공
다양성	원자로보호를 위해 다양성 보호 시스템을 추가 설치	기능적 다양성과 함께 운전원의 의사결정을 돕는 인적능력 다양성에 기여
독립성	타 시스템과의 물리적 및 전기적 독립성 부여	가상 시스템 구축을 통한 독립성 부여

❖ 안전 시스템에 디지털 트윈이 적용시 고려사항

가상의 시스템과 물리적 시스템이 데이터를 공유하고 정보를 교류하는 디지털 트윈에 요구되는 가장 중요한 특성은 오류의 가능성을 배제하는 것과 외부로부터 사이버 공격을 받을 경우, 회피 및 차단하는 것이다. 만일 물리적 시스템과 가상의 시스템이 출력한 결과가 다르다고 가정해보자. 인간은 무엇을 믿어야 할까? 기존의 운전 방식대로 가상의 시스템을 참조용으로만 생각하여 의사결정을 지원하는 정보로 활용해야 할까? 이를테면 원자로를 정지하라는 정보를 무시했다고 가정해보자. 운전원으로서는 물리적 시스템의 자동 정지기능이 작동하지 않았으므로 무시한 것이지만 추후의 소사들 거쳐 물리적 시스템에 오류가 발생한 것으로 밝혀졌다면 이 운전원을 처벌하는 것이 맞는 일인가? 이와 같은 가상 시나리오는 충분히 가능하다. 따라서 결정론적인 설계개념을 바탕으로 개발되는 안전계통 시스템에 이러한 트윈이 부가적으로 설치되기 위해 고려해야 할 사항은 의외로 많다. 안전 시스템에 디지털 트윈을 적용하기 위해, 다음과 같은 질문을 디지털 트윈 개발자에게 하게 될 것이다.

- 안전계통에 대한 영향은 없는 것인가?
- 인간의 실수로 인한 오작동을 유발할 인자를 포함하고 있지는 않은가?
- 인적 능력 최적화에 기여하는가? 아니면 추가적인 업무 부담을 운전원에게 요구하는가?
- 고장의 영향과 이의 파급 여파를 파악할 수 있는가?

안전계통에 대한 영향을 분석하고 이를 입증하기 위해서는 확률론적 안전성 평가가 필수적이다. 가상 시스템에 의해 핵연료가 녹아내리는 용융(熔融) 사고가 발생할 확률을 계산해야 하고, 격납용기로부터 방사성물질이 외부로 유출되는 확률 역시 계산해야 하기 때문이다. 뿐만 아니라 인적 오류를 정성적으로 분석하고 이의 유발인자를 도출해 내는 것 역시 보통 일이 아니다.

운전원의 업무 부하를 계산하는 정량적, 정성적인 방법도 도입되어야 한다. 주로 인간공학 측면의 해석이 필요한데 이 또한 만만한 작업이 아니다. 이와 함께 사이버 시스템의 고장 영향과 그 파급 효과를 정성적으로 분석하는 일 역시 쉽게 넘길 일이 아니다. 이렇듯 안전 계통에 대한 디지털 트윈을 도입하는데 필요한 일은 산더미처럼 많다.

디지털 트윈은 실시간으로 움직이며, 물리적 시스템보다 빠른 연산을 해 불시정지 발생확률을 줄인다. 실시간 예측능력을 이용해 예측진단으로도 활용할 수 있다. 그렇다면 이 시스템이 성공적으로 안전 필수 계통에 적용되었을 때 어느 정도의 경제적 효과를 가져올 수 있을까? 다음은 국내 원전에서 발생한 안전 필수 계통 설비의 고장으로 인한 발전 정지 유발 통계이다.

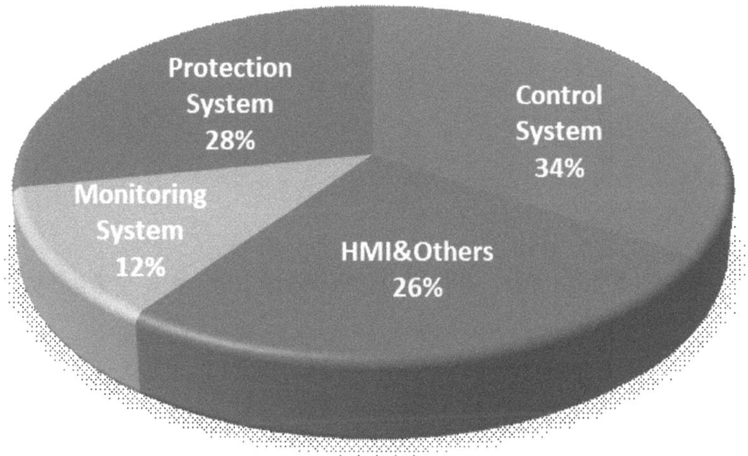

안전 필수 계통 설비의 고장으로 인한 국내 원전 발전 정지 유발 통계

이 통계에서, 보호 기능을 제공하는 안전 필수 계통의 고장으로 인한 불시정지는 제어계통에 이어 두 번째로 높았다. 제어계통은 비안전 계통이므로 원전의 안전에 큰 영향을 미치지 않는다. 그러나 안전 필수 계통이 원전을 보호한다는 것은 안전에 영향을 줄 수 있으므로 사고를 미연에 방지한다는 의미가 있다. 다음의 그림은 안전 필수 계통이 불시 정지를 유발한 원인이 무엇인가를 분석한 결과다. 하드웨어와 소프트웨어 고장이나 결함 이외에도 인간의 실수(인적 실수)가 1/3 이상을 차지함을 알 수 있다. 인적 실수를 예방하는 기법에 대해서는 추후 논의가 필요하다.

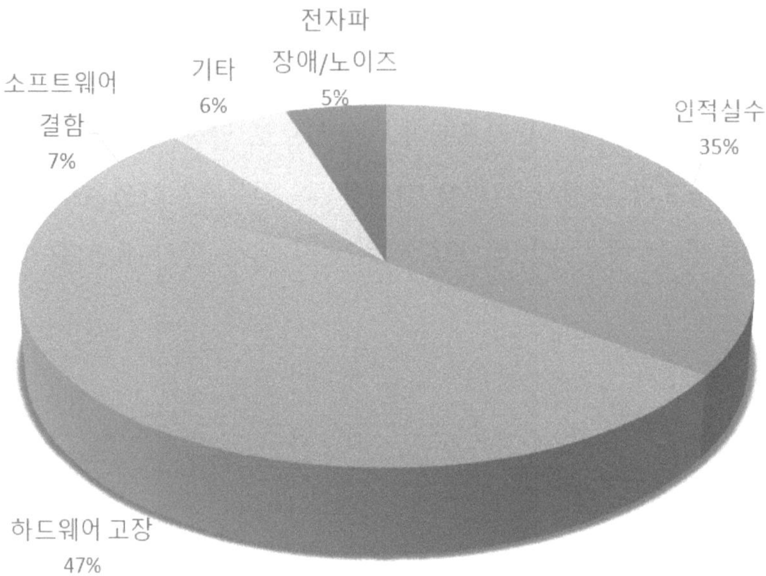

원전 계측제어시스템 불시정지 요인 분석결과(2000년 이후 국내 발생건 대상)

2000년 이후 국내에서 발생한 불시 정지 280건을 분석해 보면 계측제어시스템 고장으로 인한 건수가 12.5%를 차지한다. 연간 0.35건이 계측제어시스템 고장으로 발생하고 이 중 약 0.1건이 안전 필수 계통에 의해서였다. 그림과 같이 주로 하드웨어의 열화로 인한 것으로 이를 가상의 트윈이 예측을 통해 검출할 수 있다고 가정해보자. 이 기능은 원천적으로 PHM 기법과는 다르다. 데이터를 얻어 이를 분석하기보다는 운전 자체에서 발생하는 각종 연산을 통해 고장의 징조와 물리적 시스템의 불합리한 작동을 분석하여, 경보를 발생하기 때문이다.

가상의 시스템은 물리적 시스템과 다른 가시화 환경도 제공할 수 있다. 특히 현재의 보호/제어/감시 기술로는 불가능했던 자동화된 연산 알고리즘을 실행시켜 원자로의 정지 여부를 실시간으로 자동 결정하는 기능도, 컴퓨터 연산속도가 지수적으로 증가했기에 점점 가능해지고 있다. 물론 노심의 변화나 열 유동 같은 무거운 알고리즘을 빠르게 계산하려면 아직 해결해야 할 일들이 많다. 그러나 시스템을 모방하는 알고리즘이 물리적 시스템과 같은 입력을 받아 보다 빠르게 처리하여 실제의 물리적 시스템보다 빠른 결과를 운전원에게 제공하고 조치를 가능하게 한다면, 그리하여 안전 필수 계통의 불시 정지를 0.1건 줄이는 데 활용된다면 원전 운영자는 큰 이익을 얻을 수 있을 것이다.

이러한 가상의 시나리오를 가능하게 하려면, 디지털 트윈 기술이 인공지능 기술과 결합하여야 한다. 이 경우 디지털 트윈 기술은 물리적 시스템의 운영에 따른 위험도까지 줄일 수 있다. 이와 함께 효율성 향상, 안전성 증진, 유지보수 비용의 절감과 같은 추가적인 기여도 가능하다. 안전계통용 디지털 트윈을 설계하고 구현하고, 검증하는 과정은 어떠할 것인가? 또한 현재의 인허가 체계하에서 구체화 시키기는 얼마나 어려운 일일까? 해결해야 할 현안이 산더미처럼 쌓여 있으니 누구도 쉽게 접근하지 못한다. 그러나 산이 있으면 이를 오르는 이가 있는 법. 여러분의 분발을 기대한다.

라. 마이크로 부품 공급사슬을 가능하게 하는 3D 프린팅 기술

일전에 EBS 프로그램에서 재미있게 본 '3D 프린팅으로 지은 집'은 모델링을 거쳐 직접 거주가 가능한 집을 프린터로 지은 것이다. 중국의 윈선이란 업체는 시멘트와 유리섬유를 섞은 재료를 이용하는데 하루에 10채의 집을 프린팅 할 수 있다고 한다. 윈선의 3D 프린팅 주택은 산업폐기물을 이용하는 자원 재활용의 장점까지 있어, 건축의 미래가 되지 않을까 생각한다. 러시아의 아피스 코르라는 스타트업도 자체 개발한 3D 프린터로 하루 만에 콘크리트 주택 한 채를 뚝딱 지어냈다고 한다. 하루 만에 지어진 이집의 내구연한은 175년을 보장한단다.58)

러시아 아피스 코르의 3D 프린팅 주택과 프린터

---

58) 한겨레신문 게재 기사 인용. 2016년 3월 16일자

3D 프린팅 기법은 교육에서도 탁월한 효과를 보여준다. KINGS에 첫발을 내디딘 외국인 학생 중 원자력발전소를 구경해 본 적이 없는 학생이 많기에 우리가 개발한 원자로 주 냉각재계통 모형을 가지고 시스템을 설명했더니 아주 효과가 좋았다. 1/10로 축소된 모형이지만 내부 구성품의 배치까지도 하나하나 분해해 가면서 직관적으로 이해할 수 있기 때문이다. 이 3D 모델과 함께 도면 자료와 상세규격을 추가해 설명하니 학생들은 눈을 반짝이면서 집중하더니 지식을 쉽게 습득하고 있다는 반응을 보였다. 스티브 잡스가 '소프트웨어의 직관적 세계'를 강조했다면 3D 프린팅의 세계는 '보이는 것은 믿는 것이다'라는 격언이 얼마나 강력한지를 보여준다. 현생 인류는 역시 '놀이'를 통해 배우고, 이 경험지식을 이론 지식으로 변환하여 전체의 맥락을 파악하는 능력이 탁월한, '호모사피엔스'의 후예라는 사실을 3D 모델을 이용한 수업을 통해 다시 한 번 알게 되었다.

우리는 3D 프린팅의 겉모습을 보고 열광한다. 자동차도 찍어내고, 집도 찍어내고, 심지어 먹는 초콜릿까지도 찍어낸다. 종래의 복잡한 생산과정이 생략되고 필요한 물품을 개인의 필요에 맞춰 다양하게 찍어낼 수 있다고 믿는다. 물론 이러한 속성이 3D 프린팅에 없는 것은 아니다. 그러나 사진에 보이는 계통이 누군가에 의해 개발되기 위해서는 몇 달의 시간이 걸린다는 사실을 여러분은 알고 계시는지?

그렇다. 비교적 단순하게 보이는 원자로 냉각재계통 하나를 만드는 데 지도교수인 남궁인 교수와 4명의 학생은 한 학기 이상의 시간과 열정을 바쳤다. 일단 모델링과 검증이 완료되면, 결과 파일을 이용하여 누구든지 세계 어디서나 똑같이 이 형상을 찍어낼 수 있다. 디지털의 연결성이 3D 프린팅의 밝은 세계를 보여준다면, 사람들의 눈에 보이지 않는 시간과 열정은 어떻

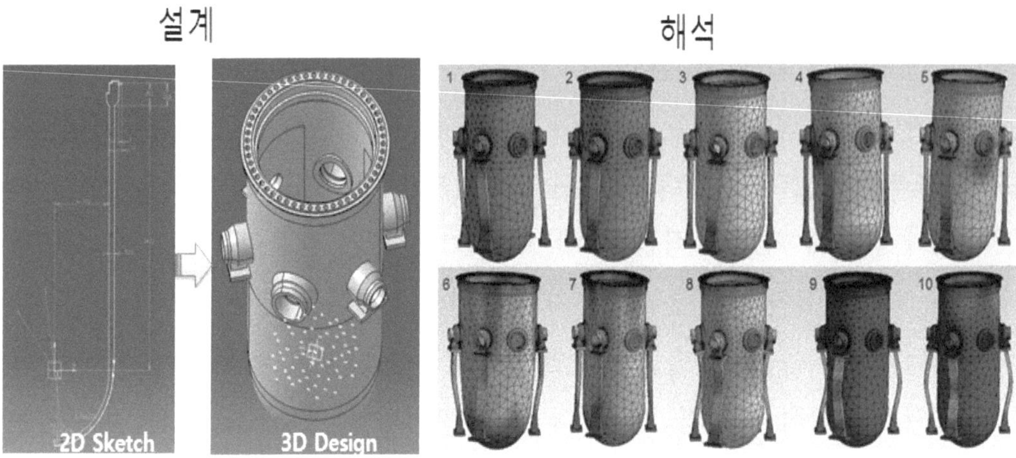

원자로 냉각재 계통의 3D 프린팅을 위한 준비과정 (설계와 해석과정은 치열하기까지 하다.)

게 설명해야 할까? 3D 프린팅이 가능하기 위해서는 먼저 대상 시스템에 대한 모델링과 해석이 이루어져야 한다.

인터넷상에는 3D 프린팅을 실습할 만한 공개 3D 렌더링 결과가 널려 있다. 그러나 공짜로 얻을 수 있는 자료 대부분은 변환된 실행 파일 형태의 결과물이다. 이 자료를 갖고는 조그만 변경도 불가하다. 참고 자료가 없는 상태보다는 시스템을 빨리 개발할 수 있겠지만 모델과 분석과정은 피할 수 없다. 따라서 3D 프린팅을 위한 분석과 모델링 기법에 대한 이해가 필수적이다.

❖ 3D 프린팅이 해결해야 할 과제

3D 프린팅이 만능의 해결사는 아니다. 제일 큰 문제는 3D 프린팅 결과물이 피로 파괴에 취약하다는 데 있다. 산업용 부품을 생산하기 위한 기술인

금속분말을 이용한 3D 프린팅 결과물은 스트레스에는 강하나 피로 파괴 특성은 좋지 못하다고 알려져 있다. 따라서 열처리나 단조 등의 다양한 기법과 결합하여 이 특성을 개선하고자 하는 노력도 계속되고 있다. 이러한 문제는 조만간 해결될 것으로 보인다.

요즈음 새로 짓고 있는 원자력발전소는 60년 수명을 기준으로 건설된다. 물론 콘크리트로 지어진 격납용기의 수명은 100년 이상 유지될 것이므로 내부 설비만 교체하면 100년까지도 끄떡없이 운영될 수 있다. 1970년대 초기에 지어진 고리 1호기는 수명 종료로 정지되었지만, 미국의 원자력발전소 중 고리 1호기보다 먼저 지어진 원자력발전소는 대규모 개선작업을 통해 수명을 20년 이상 연장해 운전하고 있다. 문제는 60년 동안 부품의 공급망이 유지될 것이냐 하는 것이다. 원전 주요기기는 40년 수명을 기준으로 품질 보장이 되도록 요구하고 있다. 물론 내부의 소모성 부품이 제때에 교체되고 정비된다는 조건이 따라붙는다. 원자로 압력용기와 같이 움직임이 없는 기기는 비교적 이 수명 기간을 보장할 수 있으나, 항시 움직임이 발생하고 마모가 생기는 기기의 경우는 때때로 교체에 버금가는 대규모 수리가 필요할 때가 있다. 그러므로 납품실적이 풍부하고, 서비스 공급망과 품질보증 체계가 완벽한 업체의 제품을 찾게 된다.

문제는 이렇게 건실한 기업도 이러저러한 이유로 인수 합병되거나 사업 분야 축소로 더 이상 부품을 공급할 수 없는 경우도 많다는 데에 있다. 이러한 문제는 동등품 대체라는 방법으로 대처하고 있으나 3D 프린팅이 일반화되고 원전 주기기와 같이 높은 온도와 높은 압력 하에서 작동이 가능한 금속분말 프린팅 기술이 도입되면 장기 운전으로 인한 부품 공급망 확보에 획기적인 해결책이 될 것이다.

디지털화의 장점으로 내세우는 연결성과 지속적인 설비개선의 가능성은 수십 년 동안 문제없이 기능과 성능을 발휘해야 하는 원전의 기기 등의 운영성을 높이는 데 이미 활용되고 있다. 또 하나 디지털화는 데이터의 분산을 통해 중앙 집중된 데이터 관리의 문제점도 해결할 수 있다는 장점이 있다.

다음은 프랑스 핵 추진 항공모함 개발 시 형상관리 문제사례이다. 프랑스의 핵 추진 항공모함 개발 프로젝트는 최악의 사례로 조롱받고 있다. 샤를르 드골 항공모함은 프랑스의 자랑거리로 최초의 스텔스 방식으로 건조된 항공모함이고, 이슬람 급진세력인 IS 격퇴 작전에서도 활약한 바 있다. 이러한 항공모함에 무슨 문제가 있었을까? 프랑스 경제의 불황으로 인해 당초 건조기간의 2배가 넘는 시간이 걸린 것은 접어두고, 다 만들고 나니 원자로에서 누출되는 방사선량이 승무원의 건강을 해칠 정도였다. 원가 절감을 위해 핵 잠수함의 원자로를 그대로 사용한 것이 문제였다. 다 만든 항공모함을 절단하여 차폐체를 설치하니 배수량 증가로 인한 속도 저하 문제가 생겼다. 그런데 정작 큰 문제는 2000년 마지막 시험 운항 중 발생한, 좌현 프로펠러 날개가 부러지는 사고였다. 수리하려고 보니 황당하게도 제작사인 아틀랜틱사는 1년 전 파산하였고, 보관 중이던 설계도는 화재로 타 없어졌다. 결국, 퇴역 예정이던 항공모함의 프로펠러를 떼어와 달아야 했는데, 속도가 저하되고 소음 발생을 감수해야 했다.[59)]

이러한 문제는 산업 현장에서도 흔히 일어난다. 우리가 형상 관리를 할 때는 요구사항과 물리적 형상, 그리고 정보 형상이 일치되도록 관리한다. 요구사항은 문서나 파일 형태로, 물리적 형상은 실제 만질 수 있는 물체로, 정보 형상은 도면이나 절차서를 인쇄물 형태나 파일 형태로 관리하는 것이다. 그러

59) 유용원의 군사세계, 전문가광장, 무기의 세계중 샤를르 드골 항공모함편을 참조 작성

나 3D 프린팅이 활성화되면 세 갈래로 나눠 관리되는 현재의 원전 형상 관리 체계는 더 이상 필요가 없어진다. 물론 3D 인쇄가 힘든 대형기기에 해당할 수 있는 것은 아니겠지만 어느 정도 크기의 밸브와 같은 형상물의 경우는 3D 프린팅 기술과 클라우딩 기술을 접목해 형상 관리를 손쉽게 할 수 있다.

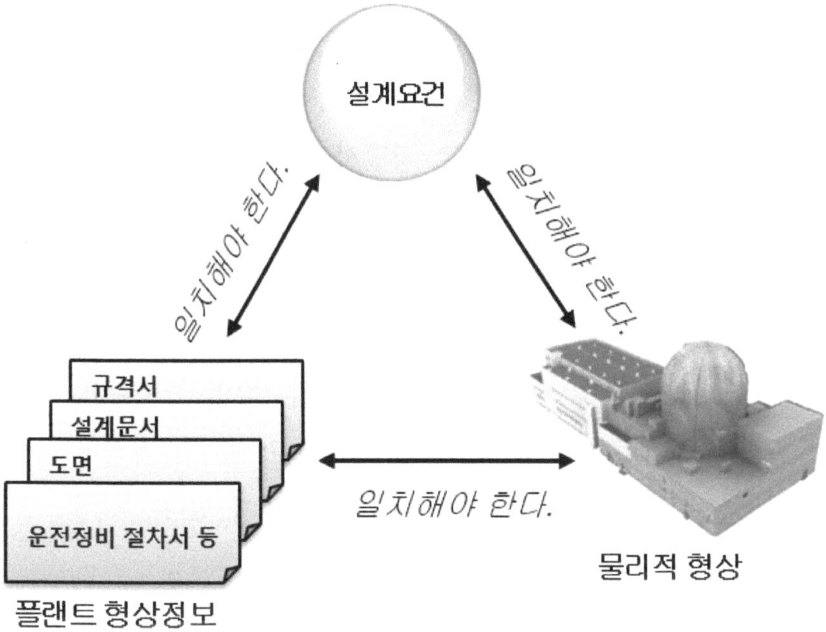

원자력발전소 형상관리체계도

원자력발전소의 제어에 많이 사용되는 제어 밸브에 요구되는 압력이 이런 저런 사유로 인해 높아진다고 가정하자. 설계자는 규제기준이 상향되어 밸브의 압력 값이 높아져야 함을 인식하고, 이를 분산 서버에 입력한다. 서버는 이 사실을 클라우드 정보망에 자동입력하고, 교체되어야 하는 부품이나 기기의 사양을 식별하여 분산 서버에 통보한다. 서버는 3D 프린팅 서버에 이 정보를 입력하고, 프린터는 새로운 형상의 기기를 생산한다. 만일 패킹 정도만 교체해서 새로 바뀐 압력요건을 만족할 수 있다면 패킹만 출력하고, 밸브의 플러그 전체나 몸통까지 교체해야 한다면 전체를 출력하게 된다. 이 과정은 분산화된 클라우드 환경에서 관리되고, 인간은 단지 과정을 승인하는 역할을 한다.

그러나 이것이 전부일까? 이 글의 앞부분에서 설명했듯이 모델링과 분석과정은 인간만이 주도할 수 있다. 컴퓨터가 아무리 인공지능을 이용해 계산한다 해도 기계는 학습되지 않은 부분에 대해서는 형편없는 결과를 출력한다. 개와 고양이의 모습을 보고 제대로 판단시키기 위해 인간은 다양한 자료를 입력시켰지만, 아직도 컴퓨터의 이미지 인식은 걸음마 수준이다. 고양이 사진 중에는 개와 흡사한 것도 있고, 개의 사진에도 고양이 모습을 한 것이 있다. 2017년도 구글에서 발표한 결과이긴 하지만 고양이 사진을 컴퓨터가 고양이로 인식할 확률은 75%를 넘지 않았다. 학습량이 늘어나고 내부 인공신경망이 고양이의 특징을 자동 식별하는 능력이 개선되면 인간과 비슷한 확률로 판독의 정확성이 늘어날 것이지만 아직은 무리가 있다.

❖ 산업 분야에서 기대하는 3D 프린팅의 가치

결론적으로 3D 프린팅은 반복적인 생산을 위해 소재를 제외한 추가적인 비용이 거의 들지 않는다. 그러나 분산화된 제작 환경에서 우리가 3D 프린팅에 기대하는 것은 소량 다품종 제작이다. 이를 민첩 생산[60]이라고 해도 좋고 린[61] 생산이라고 해도 좋으며, 도요타의 즉시 생산[62]이라고 불러도 무방

60) Agile Production
61) Lean Production
62) JIT : Just-In-Time

하다. 문제는 아무리 딥 마인드가 자동화된 알고리즘을 제공한다고 해도, 복잡 형상을 가진 제품을 설계하는 것은 인간만의 기술이라는 것이다. 현재의 기술로는 기계란 단순히 인간이 지시한 일을 반복적으로 수행하기에 적합하고, 비록 인지기능을 부여했다고 해도, 인간이 사전에 설정한 범위 밖에서는 오차가 커 사용이 불가하다. 이상의 설명과 같이 인간의 역할과 기계의 역할이 어떻게 분할되는가를 결정하는 데는 다음 사항이 고려되어야 한다.

- 제작 형상의 복잡도 : 즉, 주어진 범위 이내의 복잡도인가, 범위를 넘어서는 복잡도를 갖는가에 따라 기계학습의 정확도가 달라진다. 범위 이내의 문제라면 내삽(內插)에 의해 비교적 정확도를 유지할 수 있겠지만, 범위 밖이라면 아무리 외삽(外插)을 한다 해도 일정 정확도를 보장할 수 없을 것이다.
- 구성 재질의 복합 여부 : 단일 재질의 분말을 레이저로 녹여 형태를 쌓아 올리는 기술이 많이 발전되어 다양한 복합재료를 사용할 수 있다면 피로에 강인한 3D 프린팅 형상물을 만들어 낼 수 있을 것이다. 좀 더 기다려 보자.

❖ 3D 프린팅의 명(明)과 암(暗)

3D 프린팅 제조 방식 중 금속제품의 제조를 위해 적용되는 방법은 크게 두 가지 형태로 나눌 수 있다. 모래를 이용하여 사형 몰드를 제조하여 사형 주조하거나[63], 수지를 이용하여 제품 패턴을 제작하여 정밀주조 공정에 적용된다. 이는 일반적인 주조법과 동일하게 금속 소재를 용융 시켜 주입하는 단계를 거쳐야 한다. 반면 PBF 방식[64]이나 DED 방식[65]은 금속분말을 이용

63) Binder Jetting 방식
64) Powder Bed Fusion
65) Direct Energy Deposition

하여 바로 제품을 제조하는 방법으로 분말을 적층 시키면서 레이저나 전자빔의 고출력 소스를 이용하여 순간적으로 용융 시켜 금속분말을 서로 결합하게 만든다.

PBF 방식은 일정한 면적을 가지는 분말 베드에 수십 ㎛의 분말을 깔고 레이저 또는 전자빔을 설계도면에 따라 선택적으로 조사한 후 한 층씩 용융시켜 쌓아 올라가는 방식이다. 반면 DED 방식은 보호가스 환경에서 분말을 실시간으로 공급, 고출력의 레이저를 사용하여 용융된 분말을 적층해 나가는 방식을 사용한다.

부품을 프린팅한 후에는 이에 대한 기기 검증이 필요하다. 이미 얘기한 대로 파괴역학에 대한 시험이 필수적인데, 가스터빈 날개와 같은 대형 부품의 경우 이를 시험하기 위한 장비 역시 갖추어져야 하므로 이래저래 규모의 경제가 되지 않으면 1개 제품 생산에 소요되는 비용이 크게 높아진다. 여기에서 다음과 같은 사항의 고려가 필요하다. 이는 철저하게 가치로 환산된 결과를 기준으로 한다.

- 단종 부품의 경우, 교체의 범위를 설정하는 것이 필수적이다. 즉, 수명이 다한 부품의 공급자가 시장에 더 이상 존재하지 않을 때, 이를 3D 프린팅 기법을 이용하여 제작하는 것이 경제적인가?, 아니면 부품이 사용되는 밸브나 펌프 등을 기기 단위로 교체하는 것이 경제적인가? 를 분석하여 가치가 최대로 되는 쪽으로 의사결정을 해야 한다.
- 3D 프린팅의 가치가 극대화되는 범위를 결정한다. 일반 주조나 단조보다 3D 프린팅이 비싸져서는 이득을 얻기 힘들다.

- 제품의 생산과 공급, 사용 등이 국내에서 이루어지는가? 아니면 외국에서 이루어지는가도 결정을 끌어내는 주요 요인이다. 특히 부품 공급망이 잘 갖추어지지 않은 개발도상국에 설치된 시스템의 경우는 조달 비용이 생산국에 비해 비싸지고 조달에 필요한 시간도 더 걸리므로 3D 프린팅 기법이 더욱 높은 가치를 제공할 수 있다.
- 부품 공급을 위한 기술의 성숙도 역시 주된 결정 요인으로 작용한다. 국내에서 개발되지 않은 시스템의 부품은 기기의 수명주기 동안 대체품이 국산화되지 않는다면 이를 수입에 의지할 수밖에 없다. 또한, 많은 기기의 원제작사가 수명주기 내에 도산하거나, 관련 사업을 접게 되어 예비품이 단종되는 경우, 3D 프린팅은 수명주기 지원을 위한 확실한 대책이 된다. 다만 대체 부품을 프린팅하기 위해서는 앞에서 얘기한 모델링과 분석 등의 선행 작업에 전문 인력이 소요되어, 많은 비용이 지불될 수 있으므로, 시스템의 도입 초기에 부품의 수명주기 조달 계획을 함께 세우고, 필요한 경우 제조사로 부터 3D 프린팅을 위한 도면과 분석 결과를 함께 받도록 해야 한다.

마. 스마트플랜트를 위한 인공지능과 기계학습 기술

❖ 플랜트의 자율운전과 자동화를 위한 기계학습

"40여 년 축적된 원자력발전의 운영 데이터를 학습하면 자율주행차 테슬라처럼 원자력발전소도 운전원의 개입을 최소화하는 자율 운영이 가능할까." 원자력연구원에서 수행한 "인공지능 기반 원전 기동정지 운동 자동화 기술개발 과제"는 인공지능 모델을 개발하고, 원전 운전 데이터로 이 모델을 학습시켜 원전의 기동 및 정지운전을 자동화하는, 자율 운전 원자력발전소를 꿈꾸는 과제다.[66]

인공지능 기반 APR1400 기동/정지 자동화시스템 개발용 컴팩트 원전 시뮬레이터

원자력발전소를 자율 운전하기 위한 연구도 본격 가동되고 있다. 공학 분야 선도연구센터(ERC)는 카이스트 김용희 교수를 연구책임자로 '자율운전 소형모듈형 원자로 연구센터'를 2016년부터 가동하여 자율 운전 연구를 진행하고 있다. 이 연구에는 국내 4개 대학이 협력하여 12명의 교수가 참여한 가운데 미래형 중소형 원전의 자율 운전 기술을 개발하고 있다. 미국의 STAR 시스템 역시 자율 운전과 정비 최소화를 설계의 특징으로 하고 있다. 미국에서 1999년에 발간된 STAR 보고서[67]는 원전의 자율 운전을 둘러싼 주요 현안을 다루고 있는데, 몇 가지 주요한 것을 여기에 옮기면 다음과 같다.

- 어떻게 달성할 것인가?
- 자동화와 자율 운전 간의 균형은 어떻게 이룰 것인가?

66) 원자력신문 2018. 8. 1 일자 기사를 인용하였다.
67) N. W Brown 외, The Secure, Transportable, Autonomous Reactor System, 1999. 8

- 자율화를 위한 계측제어 시스템은 어떻게 구현할 것인가?
- 신뢰도 요구사항을 어떻게 만족하고 복잡도는 어떻게 줄일 것인가?

이미 20여 년 전에 논의된, 자율 운전을 원자력발전소에 적용하기 위한 주요 현안에 대한 해법 개발은 아직도 진행 중이다.

❖ 태양광의 품질과 발전량의 상관관계를 머신-러닝 방법으로 풀어본다.

태양광의 조도가 높으면 전기생산량이 늘어난다. 또한, 태양광 패널의 온도가 너무 높으면, 내부 저항이 커져 생산량은 줄어든다. 패널에서는 직류가 생산되므로 이를 전력계통에 연결하기 위해 교류로 변환하는 장치인 인버터를 사용한다. 이론적으로 동일한 용량의 패널과 인버터에서는 같은 양의 전기가 생산되어야 한다. 만일 하나의 패널에서 생산되는 전기의 양이 다른 패널보다 적다면 이 패널은 문제가 있는 것으로 판정한다. 동서발전에서는 태양광 발전량을 AI로 예측하는 경진대회를 2019년부터 개최하고 있다. 2021년 주제는 시간대별 발전량 예측이었다. 동서발전이 제공한 데이터는 태양광 발전설비에서 추출한 다양한 자료가 포함되어 있다. 이를 이용하여 다음과 같은 예측이 가능하다.

- 태양광 조도, 대기 온도, 모듈 온도, 인버터 온도 등의 상관관계를 식으로 만든다.
- 기상청의 일기예보자료를 근거로 발전량 예측을 한다. 이 예측 결과를 바탕으로 일자와 일시별 전기생산량과 전력거래 선물시장에서의 거래 단가를 비교하여 가장 수익이 높은 시점에 전기를 판매한다.

◆ 인버터의 전력생산량을 비교하여 성능이 저하되는 인버터를 찾아낸다. 전력량 비교를 통한 성능평가 방법과 주파수 안정도를 이용한 성능평가 방법의 상관관계를 비교한다.

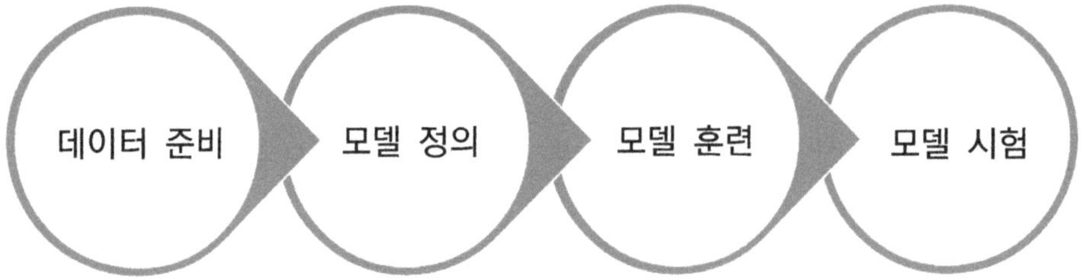

데이터 처리 및 모델링 프로세스

동서발전에서 제공한 데이터는 정리를 통해 준비단계를 완료하고, 어떠한 모델을 써서 이 데이터를 분석할 것인가를 정의한다. 이를 모델정의 단계라고 한다. 다음은 이 모델을 머신러닝 방법을 이용해 훈련하고, 모델을 시험한다. 시험단계에는 검증 작업도 같이 수행한다.

다음 그림의 분석에 사용된 데이터는 태양의 조도, 대기 온도, 태양광 패널의 온도와 전기 출력이다. 이와 같은 데이터는 다변수 회귀분석 방법을 이용하여 분석할 수 있다. 그림은 기계학습 분야에서 일반적으로 많이 쓰이는 서포트 벡터 머신[68]의 학습을 위한 입력 데이터이다.

68) Support Vector Machine (SVM) : 주로 데이터 분류와 회귀분석을 위해 사용하는 패턴 인식과 데이터 분석을 위한 학습모델이다.

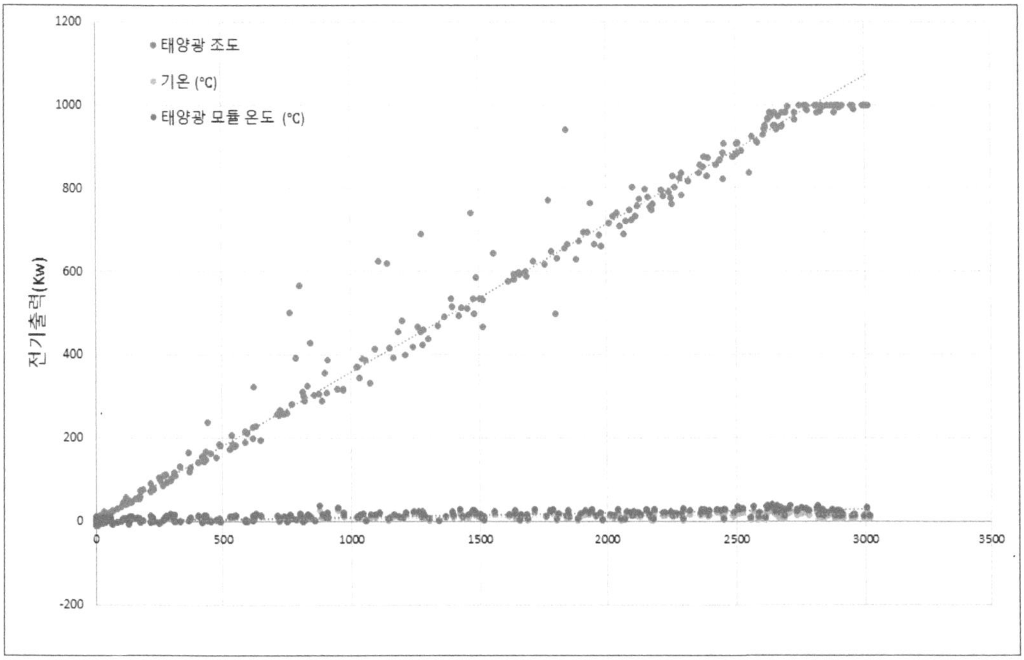

SVM 학습을 위한 입력 데이터 세트

❖ 화력발전소는 미세먼지의 주범인가?

미세먼지가 전국을 덮고 있다. 질소산화물(NOX)는 미세먼지와 오존 생성 원인 물질이다. 화력발전소 운전 중 많이 발생하는 산화물은 질소 이외에 황산화물(SOX)도 있다. 정부는 질소산화물을 배출하는 사업장에 대기 배출 부과금을 부과하기로 했다. 여기까지는 팩트다. 그러면 화력발전소는 진정 대기 미세먼지농도를 높이는 주범인가?

진보언론의 보도에 의하면 화력발전소를 중단하면 초미세먼지가 하루 최대 18%가 준다고 한다. 그러나 내 생각으로 한반도가 아무리 작다고 해도 발전소 굴뚝 몇 개에서 나오는 초미세먼지의 양이 18%까지 이를 것 같지는 않다. 의문을 가지고 충남연구원에서 발표한 석탄화력발전과 미세먼지[69]라는 문서를 읽어 보았다.

이 문서에서 얘기하는 PM2.5는 2.5 μm 이상의 초미세먼지이고, PM10은 10μm 크기의 미세먼지 또는 황사이다. 사람의 머리카락 굵기가 50~70 μm 정도이니 얼마나 작은 크기의 입자인지 이해가 될 것이다. 이 보고서에서 인용한 국립환경과학원의 전국배출원별 미세먼지 배출량 추이는 2004년부터 2013년까지 도표로 표시되었다. 그런데 이 그림에는 석탄화력발전소에서 얼마만큼의 미세먼지와 초미세먼지가 나오는지에 대한 통계가 보이지 않는다. 그럼에도 왜 우리나라에는 미세/초미세먼지를 둘러싼 선무당들만 판을 치는 것일까? 다음 그림을 잠깐 보기만 해도 석탄 화력이 전체 배출에서 차지하는 비율이란 것이 그리 많지 않다는 것을 알 터인데 말이다.

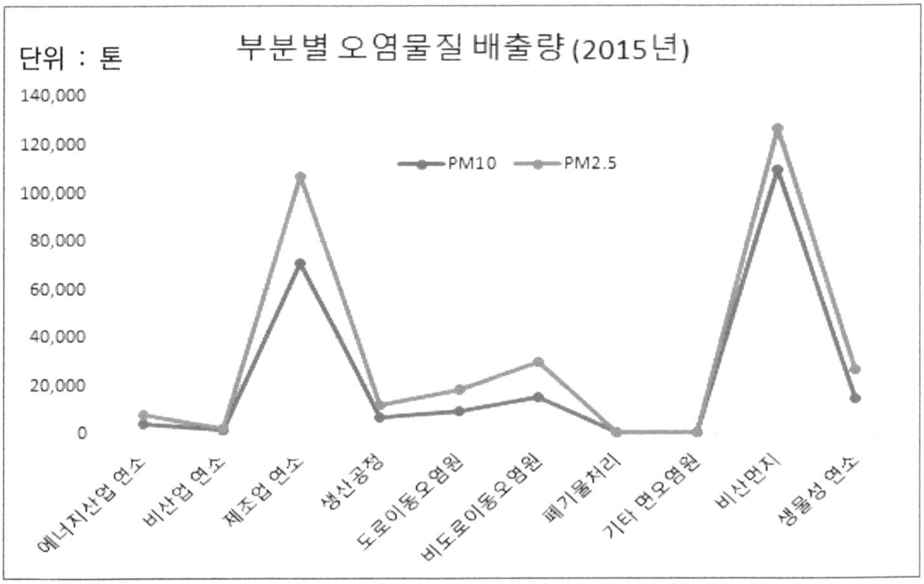

배출원별 미세먼지 배출량 추이

69) 충남연구원, 석탄화력발전과 미세먼지, 2016. 6

석탄화력발전소는 발전, 난방, 정제시설을 모두 포괄하는 에너지산업 연소의 카테고리에 포함되어 있다. 그림을 통해 인지할 수 있듯이 미세먼지 초미세먼지 할 것 없이 제조업의 연소 가스와 승용차, 택시 등의 운송수단이 일으키는 비산먼지가 가장 큰 발생원이다. 서울의 경우 에너지산업의 미세/초미세먼지 배출량은 4% 정도였고, 충남의 경우는 7% 남짓이었다. 그러나 석탄발전소의 배출량이 에너지 산업 전체의 미세/초미세먼지 배출에서 차지하는 비율은 통계마다 차이가 있어 정확한 판단이 어려웠다. 여기에 더해 충남의 미세먼지 측정망이 주로 당진시, 서산시, 천안시 등 주로 석탄화력발전소 인근 지역에만 설치되어 측정 결과를 왜곡시키는 것이 아닌지 의문이 든다. 현 정부에서 석탄화력발전소를 미세먼지 발생의 주범으로 무리하게 몰아붙이고 발전 정지 또는 폐쇄까지 언급하는 것이 합리적인가를 생각해 봐야 한다. 그러나 서두에서 언급했듯이 LNG를 포함한 모든 화력 발전소의 굴뚝을 통해 배출되는 질소산화물은 대기와 화학반응을 일으켜 미세/초미세먼지를 생성한다. 정부나 언론에서 미세/초미세 먼지 대책을 거론할 때면 빠지지 않고 석탄화력발전을 지목하지만 이를 입증할 기술적 자료가 많지 않다는 것은 아이러니하다. 우리가 해야 할 일은 미세/초미세 먼지를 이 땅에서 몰아내는 것이지, 석탄화력을 LNG 발전소로 바꾸자는 합리적이지 않은 주장을 받아들이는 것은 아닐 것이다. LNG를 이용한 복합화력발전소 또한 1년에 한 달 정도는 고농도의 먼지를 배출하는 것으로 조사[70] 되었기 때문이다. LNG는 또한 질소산화물도 배출하므로 광합성에 의한 초미세/극미세 먼지 발생도 파악해야 한다.

70) 공부주 외, 인천지역 LNG 개스터빈발전소의 미세먼지 배출량 평가 및 주변 대기질 영향 분석, 한국대기환경학회지, 제 31권 5호, 2015

미세먼지 이슈는 이 책의 범위를 벗어나므로 다음과 같은 제안만 여러분께 드려본다. 우선 데이터가 공개된 석탄화력발전소의 질소/황산화물과 미세먼지의 변화를 기계학습을 통해 분석해 보는 것이다. 석탄화력발전소만 폐쇄하면 미세먼지량을 18%까지 줄일 수 있다는 진보언론의 기사 역시 사실 여부의 분석을 통해 알아볼 수 있을 것이다.

❖ **문제의 정의 :**

- NOX, SOX 배출량과 미세먼지 변화추이를 기계학습 방법으로 분석한다.

❖ **문제의 해결 과정 :**

- 동서발전에서 공개한 석탄의 종류와 질소/황산화물의 배출량과의 상관관계를 분석한다.
- 기상청의 지역별, 일별 미세먼지 분포 자료를 분석하여 추세를 구한다.
- 두 자료의 연관성을 일자별로 파악한다.
- 특정 유연탄이 미세/초미세먼지에 미치는 영향을 식으로 표시한다.

❖ **기계학습 도구 :**

- 데이터 분류 및 회귀분석을 위한 기계학습 도구는 인터넷 공간에 공개되어 있으므로 무상으로 사용할 수 있다. MS Azure, Tensor Flow, R-Studio 프로그램이 주로 사용된다.

바. 전력에너지의 프로슈머 세상을 만드는 디지털-그리드 기술

현재의 전기 망은 전국의 발전소가 모두 연결된 그물망으로 구성되어 있다. 이러한 그물망은 석탄이나 LNG를 연료로 하는 발전소가 부하에 따라 수요를 조절하면서 일정한 주파수와 전압을 유지시킨다. 최근 들어 태양광과 풍력발전 비율이 늘어나고 전기의 공급과 수요를 분산하자는 움직임이 커지면서 디지털 그리드를 기반으로 한 실시간 전력 판매 기술이 발전하고 있다.

작은 단위의 마을에 신재생에너지와 기존의 배전망을 더해 자립형 분산 전원 장치를 만드는 것이 마이크로그리드이다. 이 마이크로그리드는 전력의 생산과 소비가 동시에 이루어지므로 특정 시간대에는 전기가 남아돌고, 또 다른 시간대에는 전기가 모자란다. 아파트 단지를 예로 들면 전력 수요가 많은 저녁에 비해 직장인들이 출근하고 아이들이 모두 등교한 아침부터 오후 시간대에는 전력 수요가 크게 줄어들게 된다. 이러한 불규칙한 수요 패턴의 해법은, 서로 다른 소비패턴을 가진 마이크로그리드를 연결하여 해결할 수 있다. 학교에 마이크로그리드를 설치하면, 저녁 시간부터 다음 날 아침까지는 전력 수요가 거의 일어나지 않는다. 물론 학생들이 등교하지 않는 휴일과 방학 중에도 전력 수요가 없다. 그 시간대에 학교는 작은 규모의 발전소가 된다. 만일 학교에서 생산한 전기를 인근의 아파트에 공급하면 어떨까? 아파트 단지의 전기 소비패턴은 학교와 반대이기 때문이다. 이렇듯 서로 다른 전기소비 패턴을 가진 두 곳을 마이크로그리드로 만들고, 이를 연결한다면 한전과 발전사들은 이 두 곳을 위해 예비적인 발전소를 유지할 필요가 없고, 전력계통의 주파수도 안정 상태를 유지하는 효과를 가져 온다.

이럴 때 사용하는 기술이 바로 디지털-그리드다. 즉, 여러 곳의 마이크로 그리드를 서로 연결하여 분산된 전원끼리 전기를 사고팔게 하는 기술이다. 이 디지털-그리드는 서로 연결된 마이크로그리드가 많아질수록 더욱 안정되어 전기회사의 입장에서는 대형 발전소의 가동 시간을 줄여 비용이 절감되므로 디지털-그리드는 효자 역할을 단단히 한다. 자 어떻게 효자 역할을 할 수 있는가?

내가 근무하는 KINGS의 건물 옥상에는 약 50 kW의 전력을 생산하는 태양광 패널이 설치되어 있다. 이 태양광 패널은 연료전지 발전기와 연동되어 학교에 필요한 전기를 생산할 수 있다. 태양광 패널은 날씨가 화창한 낮에 많은 전기를 생산하고, 날씨가 흐리거나 밤에는 전기 생산량이 급격히 줄어들어 공급 안정성이 떨어진다. 학교가 가장 전기를 많이 사용하는 시간대는 태양광 패널에서 전기가 가장 많이 생산되는 낮이다. 이 시간대에는 강의뿐 아니라 강의 지원을 위한 행정직원들의 업무 활동도 이뤄지므로 태양광 패널과 연료전지를 사용하여 자체적인 전력 수요를 충당할 수 있을 것이다. 그러나 학교는 일 년에 두 번 방학이 있고, 이 기간에는 전력 수요가 거의 일어나지 않는다. 또한 주말이나 휴일에도 전력 수요가 매우 낮다. 즉, 년 단위, 시간대 단위로 보면 일정한 전력 소비 패턴이 존재한다.

종래에는 태양광 패널에서 나오는 전기가 수요보다 많을 경우, 이를 배터리에 충전하는 ESS[71] 설비를 태양광 설비와 함께 설치하여 공급 초과 문제를 해결하고자 했다. 그러나 최근에 빈번히 발생하는 화재 문제를 차치하고라도 이온 리튬 배터리를 갖추기 위해서는 많은 비용이 소요된다. 또한 배터리에 충전된 직류 전기를 교류 전기로 바꿔야 하니 인버터 설비 역시 필요하

71) Energy Storage System : 주로 리튬-이온 배터리를 사용한다.

다. 이래저래 많은 예산이 필요하게 되니 정부의 지원예산이나 정책적으로 추진하지 않고는 민간 부분에서 도입하기는 쉽지 않을 것이다. 이럴 때 전기의 수요와 공급을 디지털-그리드에 맡기면 어떨까?

❖ 디지털-그리드를 위한 핵심 기술

디지털-그리드 기술의 핵심은 무엇인가? 먼저 수요와 공급 간의 거래를 원활하게 지원하는 스마트 전력 거래 기술이다. 여기에는 거래정보에 해커가 침입할 수 없도록 하는 암호화 기술도 필요하다. 양자 블록체인은 공개 거래장부를 기반으로 하므로 해커가 모든 장부를 해킹할 수 없다는 장점이 있으며, 또한 공개키 기반의 암호화는 공인인증서와 같은 거래를 스마트 계량기가 자동 생성하여 정보를 상대방에 전달하여 현재의 기술로는 뚫기 힘든 튼튼한 방벽을 세울 수 있도록 한다. 아무튼 가까운 장래, 각 가정이나 아파트단지에서 연료전지나 태양광에 의해 전기를 생산하게 되면, 이러한 소형 분산 전원인 마이크로 그리드 간에 전기를 직접 사고파는 것이 가능해져 현재 운영되고 있는 국가 단위의 그리드는 더욱 규모가 축소되고 거미줄처럼 연결된 송전선도 많이 줄어들 것이다.

서로 다른 전기소비 패턴을 보이는 공장과 아파트단지, 학교 등에 신재생에너지를 중심으로 소형 발전설비를 설치하고 서로 사고팔게 한다면 새로운 사업도 창출될 수 있을 것이다. 문제는 여기에 필수적인 디지털-그리드 핵심 기술을 어떻게 개발할 것인가이다.

올 1월 동경에서 만난, 일본 중부발전 출신으로 동경대에서 학생을 가르치기도 했던 아베[72] 교수는 마이크로그리드보다 더 작은 셀-그리드의 가능성에 주목한 선도자이다. 그는 전기에 캐리어를 실어 셀 간에 전기를 사고파는 시스템을 개발하고 실증 시험을 하고 있다. 이 시스템의 개념은 비교적 간단하다. 자체 발전설비에서 생산된 전기 중 소비하고 남은 전기를 필요한 곳에 보낸다는 아이디어다. 처음에는 꼬리표를 달아 택배를 보내듯 보낸다는 줄로 알았으나 그런 것은 아니고 캐리어 토큰을 달아 전기를 유통시키는 방법을 이용하고 있다. 약 100세대 정도의 마을을 대상으로 하나의 디지털-그리드를 구성하는데, 각 세대는 태양광이나 연료전지 발전설비로 발전을 하여 전기를 자체적으로 조달한다.

나는 아베 교수의 캐리어 주파수 방식과는 다른 블록체인 거래 방식의 아이디어를 제안한다. 1990년대 말 우리가 연구해서 실용화 단계까지 갔던 전력선 통신과 블록체인 기술을 결합하여 소규모 전기를 유통시킨다면 전력계통의 안정성과 함께 대규모로 운용되고 있는 부하 조절용 예비 발전소의 수를 크게 줄일 수 있을 것이다. 마이크로그리드간 거래를 좀 더 상세히 살펴보자. 만일 주택 'A'에서 100 kWh의 전기를 초과 생산했다면 거래를 통해 전기가 모자라는 'B'에 공급을 한다. 두 주택 간의 거래에는 블록체인이 이용된다. 이 그리드의 장점은 전력의 안정성이 매우 높아 자체 디지털-그리드로도 주파수와 전압을 유지할 수 있다는 점이다. 이러한 전기를 자립하는 마을이 많아지면 장래에는 전기를 대량 생산 하는 발전설비가 필요하지 않게 되고, 배전망을 크게 줄일 수 있다. 즉, 전기를 중앙공급하던 체계가 분산형 전기자립 체계로 바뀌게 된다. 전기 생산이 분산형으로 바뀐다는 얘기는 언제

72) 일본 중부전력에서 근무하였고, 동경대학교에서 디지털-그리드를 가르치고 연구했으며, 현재는 디지털-그리드 주식회사를 운영하고 있는 이 분야의 권위자다. 저서에 '디지털-그리드'가 있다.

어떠한 전기 수요가 생길지 몰라 대형의 LNG 발전소 여러 개가 즉각 전기를 생산할 수 있는 준비 상태에 있을 필요가 없다는 뜻이다. 따라서 대형 발전소에 대한 설비 투자가 줄어들고, 전기의 생산과 소비가 작은 단위에서 이뤄지므로 도시 단위의 광범위한 정전 가능성도 크게 낮아진다.

❖ 디지털-그리드에 적용되는 두 기술 : 전력선 통신과 블록체인

우리가 사용하는 전기는 교류다. 일 초에 60번 플러스와 마이너스로 전극이 바뀌는 것이다. 즉 전기의 주파수는 60 Hz다. 여기에 수십 kHz에서 수 MHz의 높은 주파수의 신호를 섞어 송전선에 실어 보내는 통신방식을 전력선 통신이라고 한다. 이미 전국의 변전소와 한전을 엮는 통신 방식의 하나로 사용되고 있다. 수신하는 측에서는 벌집처럼 생긴 주파수 여과기를 설치하여 60Hz 성분을 제거하면 음성과 데이터 등을 통신요금 걱정 없이 보낼 수 있다. 이 통신기술을 이용하면 전기를 생산하는 사람과 사용하는 사람 간의 거래가 가능해진다. 마치 내가 사용하고 남는 전기에 꼬리표를 달아 필요로 하는 사람에게 보내고, 또한 내가 전기가 모자랄 때 다른 번호의 꼬리표가 달린 전기를 사들여 사용하는 것이다. 이 과정에서 정보보안 기술이 필수적으로 적용된다, 거래를 분산 장부에 기록하는 블록체인기술이 필요한 이유다.

1000개의 마이크로그리드가 있다고 가정해 보자. 이 마이크로그리드가 연결될 수 있는 경우의 수는 적어도 999,000이다. 즉, 1000개의 마이크로그리드가 1초마다 거래를 만들어나간다고 가정하면 해커는 매초 100만 개의 마이크로그리드의 거래내역을 모두 해킹해야 한다는 얘기가 되는데 이는 이론적으로도 실제적으로도 가능하지 않다. 이렇듯 블록체인은 분산화된 환경에서 거래의 위험성을 크게 낮추면서도 가장 빠르게 거래를 만들어나갈 수 있는 기술 중 하나다. 이 기술을 이용한 디지털-그리드의 거래 기기들이 이미 시판되고 있으니 참 빠르게 변화하는 세월이다.

사. 정보의 유통을 책임지는 블록체인 기반의 디지털 트랜스포메이션 기술

'블록체인 혁명'을 쓴 돈 탭스콧[73]은 이 책의 1장 제목을 '정보의 바다에서 가치의 바다로'라고 붙였다. 블록체인은 기본적으로 신뢰의 프로토콜을 기반으로 하고, 정보를 구조적으로 기록하여 새로운 가치를 만들어 낸다. 블록체인이 가상화폐인 비트코인이나 전력거래의 형태로 구현되든 간에 기본적으로 블록체인은 신뢰도 높은 분산 환경을 지원한다.

분산 환경이란 무엇인가? 누군가 중앙에서 개인 간 거래를 확인하여 줄 필요가 없다는 것이고, 소비자와 공급자의 경계가 무의미하다는 얘기다. 돈 탭스콧의 얘기를 좀 더 들어 보자.

"새로운 플랫폼 덕분에 실시간으로 이루어지는 거의 모든 것의 디지털 기록이 한데 융합될 수 있다. 실제로 이 세상에 존재하는 수십억 개의 스마트 디바이스들이 감지하고, 응답하고, 소통하고, 필요한 전기를 구매하고, 중요한 데이터를 교환하는 것은 물론, 환경을 보호하는 일에서부터 건강을 관리하는 일까지 모든 일을 하게 될 것이다."

이와 같이 에너지의 분산화는 대형 그리드의 역할을 분담하고, 마이크로그

---

73) Don Tapscott, 블록체인 혁명, 을유문화사, 2018. 12

리드 내에서 수요와 공급을 이룰 수 있고, 노드 단위의 마이크로그리드에서 전력 공급의 안정성을 유지할 수 있다면 더 이상 대형 발전소는 필요 없어진다는 것이다. 이 그림은 내가 구상한 아파트 마이크로그리드이다. 8만여 세대의 가구로 이루어진 부산 기장군 정관 신도시는 아파트 마이크로그리드를 실현하기에 이상적인 조건이다. 약 1000세대 정도의 단지로 나뉘어 있어 자체적인 전력 소비도 상당하다. 내가 사는 정관의 아파트는 924세대로 구성되어 있고, 2019년 4월의 전력소비량은 329 MWh 였다. 각 세대의 평수가 서로 다르긴 하지만 평균 250 kWh 정도의 전력량을 사용하였다. 만일 이 소비량을 자체적으로 충당할 수 있다면 한전에서 보내주는 전기는 비상용도로만 사용할 수 있다. 문제는 어떻게 전력수요를 충당하는가 하는 것이다.

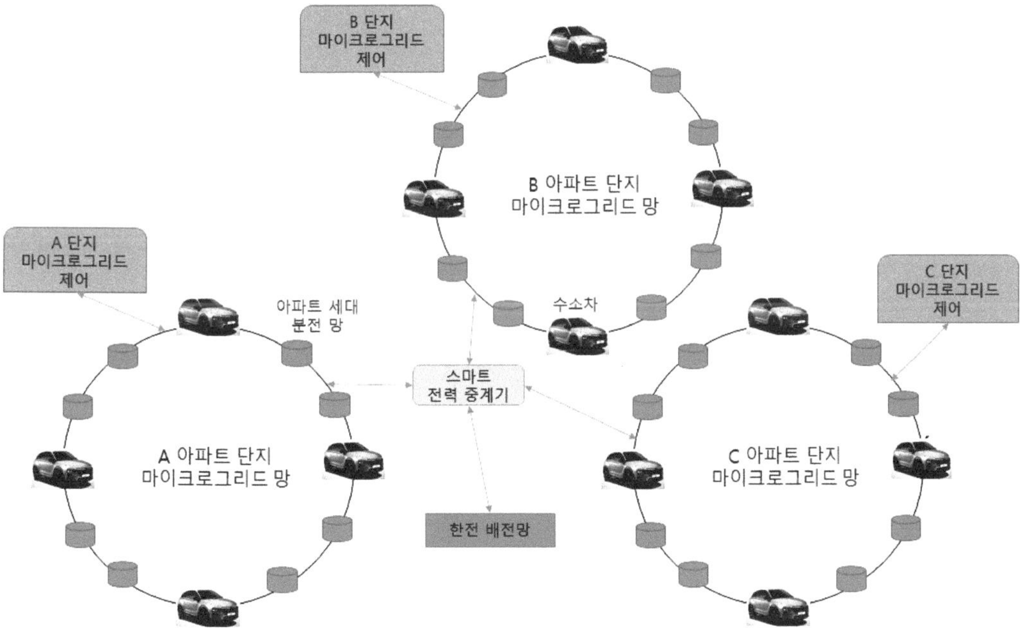

수소차로만 이루어진 마이크로 그리드
(스마트 전력중계기에는 블록체인 기술이 필요하다)

곰곰이 생각해 본 결과, 수소 자동차를 이용하면 좋겠다는 생각이 들었다. 전체 거주자의 80% 이상이 3040 세대이고 이 중 많은 수가 부산이나 울산의 제조업체로 출퇴근을 한다. 고리 원자력단지에 근무하는 많은 직원도 정관 신도시에 산다. 이 경우 수소차 충전소는 직장에 위치시키면 된다. 만일 아내들이 전기자동차를 갖고 있다면, 남편의 수소차에서 아내의 전기차를 충전시킬 수도 있다.

또 하나의 아이디어는 아파트와 공장을 묶는 것이다. 정관 신도시 외곽에는 산업단지가 형성되어 있다. 달음산과 망월대 사이의 경사지를 시작으로 공장이 오밀조밀하게 세워져 있고, 가운데 평지에는 아파트가 건설되었다. 마치 고구마 모양으로 길쭉하게 생긴 정관 신도시는 외곽은 공장, 내부는 아파트 단지가 형성되어 있다. 주목할 점은 아파트와 공장이 소모하는 전기의 소비 패턴이 다른 것이다. 이를테면 아파트는 아침 7시부터 9시 이전까지의 시간과, 남편들이 퇴근하는 저녁 7시 이후에 취사, 조명, 냉난방을 위한 전력 소비가 급증한다. 반면 제조업체는 주간 전력 소비가 야간에 비해 상대적으로 많다. 따라서 이러한 전력의 수요와 공급을 안정적으로 제어한다면 '분산 에너지' 체제가 가능해지고 돈 탭 스콧이 얘기하는 '블록체인 기술'이 아파트 단지 내, 단지 간, 또는 제조 공장과 아파트 단지 간에 적용될 수 있다. 다만 블록체인은 암호화되고 분산화된 거래장부를 이용하므로 외부로부터의 해킹에 안전하다는 장점이 있을 뿐 그 자체가 마이크로그리드를 제어하지는 못한다.

❖ 디지털 변환[74)]의 효과성

시장조사기관 IDC와 마이크로소프트는 한국을 포함한 아태지역을 대상으로 '디지털 변환으로 국가와 기업이 얻을 수 있는 효과'에 대해 조사했다. 이 조사에서 2020년 이후에는 디지털 변환을 진행한 기업에서 전체 GDP의 60% 이상이 나올 것이란 결과가 나왔다. 기업은 이 기술의 적용을 통해, 영업 이익이 증가되고, 생산성이 향상되며, 비용을 절감할 수 있다는 것과 함께 신규 사업진출이 가능하다고 한다. 그렇다면 디지털 변환의 리더는 누구인가? 이는 전체 매출의 1/3 이상이 디지털 제품과 서비스에서 나오는 기업을 의미한다. 이들 리더 기업의 특징은 데이터 중심의 비즈니스 의사결정을 하고 있다는 특징이 있다. 이들 기업은 고객, 파트너, 기업 구성원을 디지털 기술을 이용해 하나로 아우르는 통합 비즈니스 모델을 구축해 나가고 있다. 특히 이 분야의 리더 기업들은 클라우드, 빅데이터 분석, 전자상거래, 보안, 소셜 미디어 분석, 모바일 등의 핵심기술을 이용하여 기존 비즈니스를 혁신하고 있으며, 인공지능, 로봇, 사물인터넷, 가상현실, 블록체인 등 신기술을 이용한 새로운 비즈니스 기회를 창출하고자 노력한다는 특징이 있다.[75)]

"디지털 리더 기업이 다른 기업과 차별화되는 점은 기술을 바라볼 때 기술 그 자체가 아니라 비즈니스를 어떻게 변화시킬지를 먼저 살펴보는 것이다. 즉, 고객 경험, 운영 프로세스, 비즈니스 모델의 3가지 측면에서 해당 기술이 도입되었을 때 얼마나 기업을 변화시킬 수 있는지를 보고 투자를 결정하는 것이다.[76)]"라는 견해도 참고할 만하다.

---

74) 디지털 트랜스포메이션 (Digital Transformation) 이라고 부르기도 한다.
75) IT 동아 강일용 기자, 2018. 4. 16일자에서 발췌 요약
76) 디디에 보네, 디지털 트랜스포메이션, e비즈북스, 2017. 1

린(Lean) 프로세스와 애자일(Agile) 프로세스를 활용한 상품과 서비스의 개발, 그리고 업계를 파괴하는 비즈니스 모델도 디지털 리더가 된 전통기업의 성공법칙인데 기술적 변혁과 비즈니스 모델의 변혁이 순차적으로 일어난다.[77] 린은, 생산라인에서 낭비, 모순, 부당한 요구사항을 완전히 제거하여 좋은 품질의 제품을 효율적으로 생산하는 것을 목표로 한 토요타의 Just-In-Time의 철학에 뿌리를 두고 있다. 민첩성으로 해석되는 애자일은 기본적으로 리스크 관리이며, 시간, 비용, 능력의 예측성과 범위 등을 측정 지표로 한다.[78]

이렇듯 비즈니스를 어떻게 변화시킬지 생각하는 기업과 기술만을 따라가는 기업이 얻게 되는 최종적인 가치는 매우 다를 것이다. 이러한 변화에 주목하면서, 우리 정부가 비즈니스 마인드로 무장하여 4차 산업을 맞이하고 있는지 궁금했다.

일전에 지방자치단체의 미래 신산업을 담당하는 공무원들과 광역시에서 생각하는 미래 신산업이 무엇인지에 관해 얘기를 나눈 적이 있다. 공무원의 명함에는 3D 프린팅과 인공지능 등 부서의 담당 업무가 나열되어 있었다. 공무원들은 이 업무 정의가 모호하여 많은 어려움을 겪고 있다고 토로했다. 또한 공무원들은 이른 시일 안에 이러한 요소기술이 내재된 비즈니스를 창출하기 위해 인프라를 구축하고, 단지를 조성하여 유관기관을 모으는 일에 정성을 기울이고 있다고도 말했다. 나는 공무원들의 업무가 왜 미래 신산업을 통

77) 김진영 외, 디지털 트랜스포메이션 어떻게 할 것인가, e 비즈북스, 2017. 12
78) 린 방법론은 "낭비를 최소화하여 수명주기 가치가 최대화된 복잡 시스템을 인도한다"는 목적과 이를 위한 신속함에 특징이 있다. 에자일 방법론은 시스템과 이의 개발과정에 내재된, 예측불가성, 불확실성, 변동성 등의 조건하에서 효과적으로 대응할 수 있는 능력을 부여하는 것을 특징으로 한다. 시스템엔지니어링 핸드북 4.0판 번역본 (시스템엔지니어리협회) 9.8장과 9.9장에서 관련 기술에 대한 요약된 내용을 얻을 수 있다.

해 얻게 되는 가치에 중심을 두지 않는지 궁금했다. 우리 지자체에는 이러이러한 기업이 제조 활동을 하고 있고, 제조 기업들이 원하는 3D 프린팅 기술은 어떠한 것이 있으며 기존의 제조 프로세스와 비교하면 어떠한 장점이 있고, 이에 의해 유발될 수 있는 비즈니스적인 가치는 얼마나 되는지를 상세히 조사하는 과정이 선결되어야 할 것 같은데 말이다. 조사된 가치는 제조업체를 디지털 변환에 참여하게 하는 촉매가 될 것이다.

2014년 당시 미래창조과학부에서 펴낸 보고서[79] 6장에 3D 프린팅 서비스 비즈니스 모델과 방법이란 주제가 내 눈길을 끌었다. 요약하면, 이 기술을 활용하여 제조기술 혁신 컨설턴트가 생겨난다는 것과, 모델링 서비스가 가능하다는 것이었다. 반도체 제조, 자동차 분야, 의료분야 등에 활용될 수 있다는 내용도 있었다. 하지만 정부 중앙부처의 보고서라기에는 내용이 빈약했다. 정보통신산업에 특화된 기관이 연구를 주도했기 때문인지 모르겠으나 3D 프린팅을 이용해 반도체, 자동차 등의 산업 분야에서 어떠한 기자재 또는 소비재를 대체할 것인지를 조사하여 수록해 주었다면 이 보고서를 입수하여 새로운 비즈니스를 창출하거나, 해당 제조업체가 미래의 전략을 수립하는 데 큰 도움이 되지 않았을까 생각되었다. 물론 2014년은 우리나라가 이 기술에 입문하는 초기 단계여서 아직 전반적인 합의 도출이 어려웠겠다는 생각도 함께 들긴 했다. 하지만 그 당시 우주인 후보였던 '고산'씨는 세운상가에 입주하여 이미 3D 프린터를 만들어 내고 있었다. 역시 우주인 후보는 뭔가 다르다.

79) 정보통신산업진흥원, 미래창조과학부, 3D 프린팅 신규서비스 모델개발 연구, 2014. 12

❖ 디지털 혁신기술의 응용 : 디지털 그리드의 핵심, 직류 배전망

또 하나 가능성 있는 분야는 가정의 전기 소비를 직류 기반으로 바꾸는 것이다. 냉장고나 에어콘 등 모터가 사용되는 가전제품을 제외하고 모든 제품에는 소형 변압기가 있어 가정용 교류를 직류로 바꿔 TV나 컴퓨터 같은 기기가 작동할 수 있도록 한다. 물론 에어컨이나 냉장고에 붙어있는 모터를 직류로 가동시킬 수도 있다.

지금이야 전국의 전기가 교류로 통일되어 있지만 사실 우리나라의 전기사업은 에디슨 전기회사의 직류발전기 도입을 통해 처음 시작되었다. 이 땅에도 에디슨과 테슬라의 전기 전쟁이 치러졌다. 한전은 에너지 공기업으로 100년이 넘는 기업경영을 통해 경복궁 안의 건청궁을 밝히기 위한 직류발전을 시작으로 화력과 수력 발전, 원자력발전을 통해 지속해서 새로운 가치를 창출해왔다. 그러나 원자력과 수력발전 부분이 한수원으로 분사되고, 화력발전은 4개 화력발전사로 나누어진 가운데 이제 전력의 판매와 공급만이 한전의 사업영역으로 남았다. UAE 사업으로 대표되는 원자력의 해외사업 영역도 있으나 이마저도 한수원과 지역을 분할하고 있고, 일부 신재생 사업에도 참여하고 있으나 모든 사업영역을 지배하고 있던 한전의 위용은 이미 사라진지 오래다.

나는 한전의 위기와 기회는 지금부터라고 생각한다. 바로 V2L[80]이다. 수소차와 전기차가 마이크로 그리드를 형성하여 전기 공급을 개시한다면 한전의 송전, 변전, 배전으로 구성된 사업망은 더욱 줄어들 것이다. 우리나라의 모든 전기는 한전으로 모이고 커다란 망에 연결되고 다시 수요자에게 교류로 공급

---

80) Vehicle to Load

된다. 교류 공급망을 배전망이라고 한다. 이 배전망은 수요처의 요구에 따라 다단계의 전압으로 구분되어 공급된다. 삼성전자와 같은 곳에는 154 kV 전원이 공급되고, 아파트에는 22.9 kV가 공급되는 식이다. 아파트 단지 내에도 전기실이 있어, 이 전기를 220 V 가정용 교류 전압으로 낮춰 각 세대에 공급한다.

지금 여러분의 주위를 둘러보라. 내가 이 글을 쓰고 있는 시간에 돌아가는 전기기기는 냉장고, 전등, 오디오 시스템 등이다. 인켈의 구형 인티앰프와 역시 인켈의 CDP가 존 윌리엄스의 기타 소리로 바흐의 4개의 류트 모음곡을 들려주고 있다. 핸드폰은 충전기와 연결 중이고, 이 글을 쓰는 노트북도 역시 충전기와 연결되어 있다. 앰프의 내부를 살펴보자. 220 V 가정용 교류 전기를 35 V 직류 전기로 바꾸는 커다란 변압기 두 개가 들어있다. 여러분의 앰프가 무겁다면 이는 이 변압기 때문이다. 이 앰프의 무게는 약 20 Kg이고 이는 대부분 변압기 무게다. 물론 이 변압기의 손실도 무시할 수 없다. 노트북과 휴대폰의 충전기도 크기는 그리 크지 않으나 내부 손실이 있다. 그렇다면 이러한 손실은 필수적인가? 답은 '그렇지 않다'이다. 어떻게 가능한가? 직접 직류를 공급하면 된다. 교류가 필요한 기기에는 교류를, 직류가 필요한 기기에는 직류를 공급하는 것이다.

발전소의 경우는 어떠한가? 기존의 수력, 화력, 원자력뿐만 아니라 급작스런 전기의 변화량을 제어하기 위해 많이 쓰이는 가스 터빈 발전소도 모두 교류 발전을 한다. 발전소에 가면 싱크로미터가 패널에 부착되어 있다. 발전한 전기는 기존 망과 동기가 되어야 투입할 수 있다. 그러나 신재생에서 생산되는 전기는 좀 다른 특성을 갖는다. 태양광 발전패널은 직류 발전을 한다. 풍력발전기는 직류 발전을 하거나 교류를 발생시켜 이를 직류로 변환한 후 다시 교류로 재변환하여 전력망에 공급한다. 바람의 세기에 따라 주파수가 변화하므로 바로 전원으로 사용할 수 없기 때문이다. 또한 전기자동차나 수소자동차 역시 직류를 사용한다.

여기에 의문도 있고, 개선할 점도 있다. 현재는 직류로 발전도 하고 있고, 직류로 변환하여 사용도 하고 있다. 왜 배전망을 직류로 구성하면 안 되는 것일까? 1.5 V짜리 배터리를 직렬로 연결하면 전압을 얼마든지 늘릴 수 있다. 전기의 용량인 전류를 늘리려면 이를 병렬로 연결하면 된다. 시중에서 구매할 수 있는 리튬이온 배터리의 전압이 3.6 V 정도이니 이를 100개 연결하면 전기차를 움직일 수 있다. 직류는 전압조정이 교류보다 간단하다. BMS라고 부르는 배터리 관리시스템을 이용하면 직·병렬로 연결된 배터리의 연결을 간단히 조정하여 공급전압을 바꾸고 자동차 모터의 속도는 전압에 따라 변화하므로 높은 효율의 속도제어가 가능하다. 이론적인 내용은 여기까지 설명하고 직류의 배전을 통한 신사업을 어떻게 일으킬 것인가를 한전이라는 에너지 공기업의 관점에서 생각해 보자. 이 과정은 시스템엔지니어링 핸드북 4.1절의 사업·임무 분석 프로세스를 적용하였다.

ISO/IEC/IEEE-15288 표준은 이 프로세스의 목적을 다음과 같이 기술한다.

사람이나 임무 관련 문제나 기회를 정의하고, 해결방안 공간의 특성을 규정하며, 문제를 해결하고, 기회를 유리하게 이용할 해결방안 유형을 결정하는데 있다.

간단히 기술하면, 현재의 임무가 가진 문제가 무엇인가를 정의하고 그 해결책을 내는 것이다.

재생 에너지가 지속해서 증가하면 무엇이 문제인가? 에너지 변환단계가 늘어난다. 우리가 내고 있는 전기요금에는 변환단계에서 발생하는 모든 손실 비용이 청구된다. 직접 사용하는 유효전력뿐만 아니라 배전계통에서 발생하는 전력변환 단계의 손실도 비용으로 청구된다. 따라서 변환손실과 무효전력에 의한 손실을 원천적으로 배제할 수 있는 직류 마이크로그리드가 확대될 것이라는 주장이 가능하다. 이를 위해서는 '국내 에너지 정책의 검토, 국내외 마이크로그리드 현황, 국내외 직류 배전 현황으로 뒷받침하고, 실제 현장에서 마이크로그리드 구축에 직류 배전을 적용하기 위한 방안[81]'에 대한 고려가 필요하다.

한전의 관점으로 돌아가 보자. 한전의 사업·임무는 질 좋은 전기를 값싸게 공급하는 것이다. 명확한 임무지만 정부정책에 따라 탈원전이 계속되고 미세먼지 이슈를 들고나온 정부의 환경정책으로 인해 석탄화력발전도 위협받고 있다. 값 싸게 공급하려면 값싸게 전기를 사야 한다. 그런데 값싼 전기가 모자라니 할 수 없이 비싼 LNG로 생산된 전기를 산다. 비싼 전기는 함부로 비싸게 팔 수도 없다. 수십 년간 전기요금은 싸다는 인식이 콕 박혀 있는 대중에게 비싼 요금을 청구했다가는 한전과 정부 모두 공격받기 쉽다. 조 단위 적자가 누적되는 이유다.

시스템엔지니어링 핸드북에서 얘기하는 문제의 정의가 끝났는가? 천만의 말씀이다. 전통적인 전기사업이라면 문제는 여기에 있겠지만 새로운 문제가

81) 이순명, 김정욱, 마이크로그리드의 직류 배전 적용 방안, 한국에너지학회지 제25권 제1호, 2016. 3

돌출하고 있다. 재생에너지와 V2L의 부각이다. 전기자동차와 수소자동차는 곧 전력산업 전체를 흔드는 게임체인저가 될 것이다. 현대차의 아이오닉 5와 기아차의 EV5는 출시와 동시에 2만 대 이상 사전예약이 이루어졌다. 이러한 추세라면 폭스바겐이 2026년 이후 더 이상의 내연기관차를 생산하지 않겠다는 계획이 전혀 허황된 것이 아니다. 생각해 보자. 전기차나 수소차가 마이크로그리드의 핵심이 될 것이라는 예상은 아파트 지하주차장을 한번 둘러보면 금세 이해가 된다. 세대마다 대략 두 대의 차량을 보유하고 있고, 두 차 모두 수소차나 전기차라면 여기서 나오는 전기는 아파트 세대의 전기 수요를 충당하고도 남는다. 전기차는 방전 후에 충전하는 것이 문제인데, 전기요금이 낮아지는 심야에 충전하고 비싼 주간에는 발전을 하니 남는 장사다.

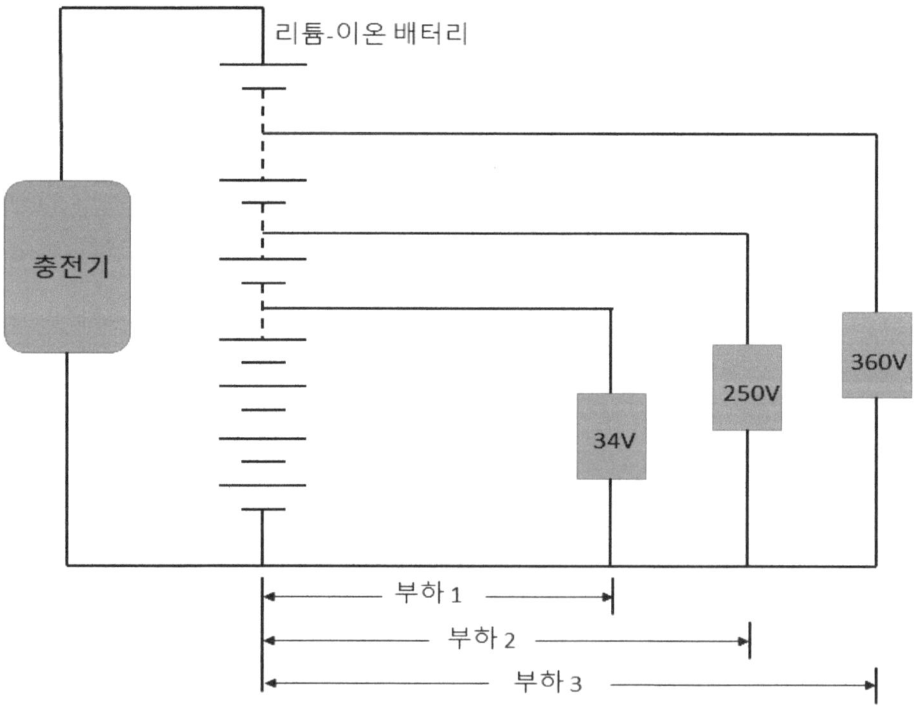

배터리를 이용한 직류배전망 개념도

그럴 때 필요한 것이 블록체인 기반의 스마트 전력 제어기다. 물론 가정용 전기는 모두 직류로 변환된다. 현재 시중에서 구매가 가능한 배터리의 전압은 3.6 V 정도이므로 여기에 맞춰 사용하면 된다. 예를 들어 내 인티앰프가 요구하는 35 V 직류전압은 배터리 10개면 쉽게 얻을 수 있다. 앰프를 직류로 작동시키면 음질이 크게 향상된다. 교류의 지저분한 잡음 성분이 없어지기 때문이다. 다만 배터리의 충전과 적정한 용량을 내기 위해 병렬로 연결하는 데 필요한 배터리 개수는 별도로 고려해야 한다. 또한, 전압이 낮을수록 부하는 전원 장치와 더 가까이 설치되어야 한다.

그렇다면 한전에는 기회가 없는가? 우리나라의 모바일 통신 분야는 세계 첨단을 달린다. 전기품질 역시 세계적 수준이다. 한전은 또한 전국적 배전망을 갖추고 있다. 여기에 직류망을 구성하는 데에는 큰 인프라 설비가 필요하지도 않다. 좋은 계획과 좋은 실행이 요구될 뿐이다. 한전에 주어진 디지털 전환의 시간은 10년 정도일 것이다. 좋은 결정을 하느냐 아니면 공룡의 멸종과 같은 위기를 맞느냐는 한전의 선택에 달려 있다.

인터넷 검색을 통해 '문제'라는 단어를 찾아보면 다음과 같은 설명이 나온다.

알려지지 않은 어떤 것 또는 이해하거나 풀기 어려운 것을 통틀어 부르는 말[82]'

맞는 말이다. 이해하기 쉬우면 누구나 문제의 본질을 알았을 것이고 이에 대한 해결책을 제시했을 것이다. 그래서 문제 정의는 더욱 필요하고 이를 위해 사업과 임무 관점의 높은 수준의 관찰이 요구되는 것이다. 직류발전과 배전에 대한 상세한 설명은 인터넷에 많이 소개되어 있으니 이 책에서는 문제만 제시하는 것으로 만족하자.

---

82) https://ko.wiktionary.org/wiki 참조

❖ 디지털 변환을 위한 리더의 역할

커터는 '리더는 진정 무엇을 하는 사람인가' 라는 글에서 리더와 관리자의 차이를 다음과 같이 규정한다.[83)]

리더는 변화를 다루지만, 관리자는 복잡성을 다룬다.
리더는 방향을 제시하지만 관리자는 계획과 예산을 세운다.
리더는 사람을 하나로 단결시키지만, 관리자는 조직을 만들고 직원을 뽑는다.
리더는 사람들에게 동기를 부여하지만, 관리자는 통제하고 문제를 해결한다.

리더의 역할이란 큰 그림을 보고 비전과 행동 경로를 설정하는 것이다. 그러나 대한민국의 디지털 변환 기술은 올바른 리더 없이 아직도 흔들리고 있다. 단순히 '창조경제'에서 '4차 산업혁명'으로 모자만 바꿔 쓴 채. 문제의 복잡성이 어디에서 연유한 것인지를 세심히 살펴 문제를 잘 정의하고 이에 대한 적절한 해결책을 내는 관리자 역시 정부 기관에서 찾기 힘들다. 각, 연구소, 지방자치단체의 테크노파크마다 억대가 넘는 고가의 3D 프린터가 넘쳐나도 이들 기기가 실제 현장 제품개발에 사용되고 있다는 반가운 소식은 가뭄에 콩 난다는 정도다. 모든 디지털 기술의 가치는 현장에 적용함으로써 생겨난다. 10년 이상 연구실에서만 조몰락거리는 기술이 과연 언제 햇살 좋은 세상에 나와 쓰이게 된단 말인가? 혁신적인 리더의 역할을 기대한다.

---

83) J. Kotter, What Leaders Really Do, Harvard Business Review, 2001, 시스템엔지니어링 핸드북에서 재인용

아. 기기의 연결성을 보장하는 사물인터넷(IoT)[84] 기술

사실 모든 설비에 인터넷을 연결한다는 아이디어는 어느 날 갑자기 생긴 것이 아니다. 이동통신의 데이터 처리속도가 빨라져, 음악과 영상을 실시간으로 전송할 수 있게 되면서부터 무선망의 능력은 무한히 확장되었다. 무선망을 이용해 설비를 관리하는 기술 역시 상용화 제품이 나온 지는 꽤 되었다. 대략 1990년대 초중반에 PDA와 결합한 무선 진동감시 센서를 보았으니 결코 새로운 기술이 아닌 것이다. 그러나 무선통신이 5세대로 넘어가 실시간으로 데이터를 전송하는 것이 더 이상 특정 분야에서만 사용할 수 있는 기술이 아닌 일반화된 기술이 되었고, 전송에 소요되는 비용 역시 매우 저렴해졌다. 또한 사물인터넷에 사용되는 센서 역시 극소형 모듈형 소자가 다양하게 개발되고 비용도 무척 싸져 광범위한 분야에 적용되고 있다.

내가 쓰는 삼성 휴대폰은 광센서와 자이로 센서가 기본으로 달려 나온다. 광센서는 스트레스 측정과, 심박 수, 산소포화도를 동시에 측정할 수 있어 건강관리에 유용하고, 자이로 센서는 만보계로 활용하고 별도의 앱을 깔아 자기장계(磁氣場計)와 수평계로도 사용한다. 이와 같이 인간의 5감을 모방한 센서기술과 무선통신 기술이 결합하고, 빅데이터와 기계학습 기술이 연결되면 종래에는 얻지 못했던 다양한 설비 관리 기법이 구현된다.

IoT 기술 구현의 첫 번째 단계는 다양한 센서가 무선통신을 할 수 있도록 만드는 것이다. 무선통신 전용의 센서의 값이 획기적으로 저렴해지면 종래에는 경제적인 이유로 육안점검에 의지했던 많은 현장 계측기들을 무선통신망으로 연결할 수 있게 되어, 플랜트에서 얻는 정보량이 많이 증가한다. 두 번

84) Internet of Thing

째 단계는 다양한 통신 프로토콜을 이용하여 데이터를 전송하는 서로 다른 제작사의 계측기를 공통의 포맷을 가진 데이터로 변환하여 처리를 쉽게 하는 기술이 도입되는 것이다. 주로 OPC[85]와 같은 미들웨어를 사용하는데 데이터 변환의 속도와 데이터 전송시 손실이 없어야 한다는 조건이 붙는다. 세 번째는 데이터의 무선 송수신에 따른 사이버 보안이다. 사이버적 침투로 플랜트가 파괴되고 도시에 대규모 정전이 일어나는 영화 '다이하드 4.0'와 같은 일은 이제 현실적인 걱정거리가 되었다. 다음 단계는 빅데이터와 기계학습을 통한 진단이다. 그러므로 일부에서는 IoT를 빅데이터와 기계학습의 카테고리에 넣기도 한다.

사실 원자력발전소와 같이 안전성을 강조하는 복합 시스템에서 사물 인터넷과 새로운 기술을 받아들이기 위해서는 많은 분석이 필요하다. 사물 인터넷이 원자력발전소에 도입될 경우, 현재 사용하는 분산제어설비[86] 기반의 유선망보다는 무선 인터넷을 주로 사용하게 될 것이다. IoT 센서가 증가하면, 유선망으로는 데이터 전송이 쉽지 않기 때문이다. 무선망을 구성하기 위해서는 감시하고자 하는 대상 기기에 고유의 IP 주소가 할당된 장치를 추가 설치하는 것이 필요하다. 이 경우 두 가지 우려 사항을 해결해야 한다. 첫째는 외부 해킹으로부터 안전하다는 것을 보증하는 것이고, 또 하나는 무선기기로부터 방출되는 전자파가 제어설비를 포함한 발전소 내 각종 기기에 영향을 주지 않는다는 것을 입증하는 것이다.

---

85) OPC(OLE for Process Control) 기반의 미들웨어는 서로 다른 형식을 가진 데이터를 중간 거래자인 미들웨어를 이용하여 이더넷과 같은 공통적인 데이터 형식으로 변환해 준다.

86) Distributed Control Sytem: 원자력발전소에서는 하나의 제어루프 내에서 모든 제어를 수행하고 이에 대한 데이터만 상부 서버에 기록한다. 물론 단일 제어루프를 가동하고 관리하는 기능은 상부 서버에 주어진다.

그러나 무선 인터넷의 도입은 이미 대세가 되고 있고, 낮은 출력의 전파로 안전하게 근거리 통신을 할 수 있는 많은 기술이 개발되고 있으므로 이러한 우려는 조만간 사라질 것으로 보인다. 그렇다면 에너지 분야에서 사물인터넷은 어떻게 정의할 수 있을까?

❖ 에너지 분야의 사물 인터넷 기술 도입

에너지경제연구원에서 펴낸 '사물인터넷을 통한 에너지신산업 발전 방향 연구'보고서를 살펴본다. 부제가 좀 어려운데, '텍스트마이닝을 이용한 미래 신호 탐색'이다.[87] 이 보고서에는 2010년부터 2015년까지의 1,119건의 뉴스 기사를 대상으로 사물인터넷을 필수 검색어로 하여 분석한 결과가 담겨있다. 2차 검색어는 스마트그리드나 에너지, 석탄/가스/석유 발전, 원자력발전과 같은 단어가 사용되었다. 여기서 저자들은 본 기술의 발전단계가 초기의 기술개발단계를 넘어 현재는 기술의 응용과 부가가치의 창출을 강조하는 서비스 단계에 진입했다는 신호를 발견하였다.

저자들은 '소프트웨어, 솔루션, 플랫폼'을 키워드로 사용하여 에너지 분야에 다가오는 미래의 신호를 포착했고, 빅데이터 분석을 통해 서비스의 효과성과 효율성을 높이는 것이 필요함을 인지하였다고 한다. 즉, IP 주소를 가진 기기를 더 많이 에너지 설비에 깔아, 운영성과 정비성을 높임으로써 설비 운용의 효율성을 최적화하는 방법은 이미 구현의 단계를 넘어 가치를 생성하는 단계로 이미 들어서고 있다는 얘기다.

---

87) 박찬국, 이현재, 사물인터넷을 통한 에너지신산업 발전방향연구-텍스트마이닝을 이용한 미래 신호 탐색, 에너지경제연구원, 2015. 12

여러분께 드리는 질문이다. 사물인터넷이 이전에는 없었는가? 답은, '그렇지 않다'이다. 1990년대에 이미 무선망 기반의 각종 센서 네트워크 상용 품이 시장에 있었다. 주로 펌프나 모터의 표면에 안테나가 달린 무선 장치를 설치하고 이 데이터를 종합 관제실에서 받아 진동이나 온도 등을 측정하곤 하였다. 1990년대 들어선 가격도 기존 센서들과 경쟁을 할 만큼 싸져 제철소나 발전소 일부에서 사용했다. 그러나 많은 데이터가 생성되는 반면 이를 기존의 신호들과 복합적으로 분석하는 단계가 아직 준비되지 않아 많이 확산되지는 못했었다. 2000년 이후 다양한 모듈화된 초소형 센서[88]가 개발되고, 무선 인터넷 기술이 일반화된 이후 이 기술은 본격적으로 확산된다. 이러한 기술의 발전은 가격파괴를 가능하게 하고, 이를 통해 새로운 가치를 시스템 운영단계에 부여하는 선순환의 역할도 하고 있다.

KINGS가 개발한 원자력발전소 사고감시용 IoT 시스템 예를 이용해 사물인터넷이 플랜트에 어떻게 사용될 수 있는지를 살펴보자. 원자력발전소의 감시시스템은 유선 네트워크 기반의 통신망으로 연결되어 있다. 유선망의 경우 정상적인 운전상태에서는 다중화된 설비에 의해 작동되므로 불능 상태에 빠질 확률이 매우 낮다. 그러나 후쿠시마 원전의 사례와 같이 설계기반을 초과하는 엄청난 사고가 닥쳤을 경우, 이에 대한 회복력까지 고려한 설비는 아직 고려되지 않고 있다. 플랜트의 회복력은 사고의 범위가 커지지 않도록 플랜트의 상태를 정확하게 감시하는 것으로부터 시작한다. 또한 회복력은 만일 사고가 발생했을 때 현장의 상황을 정확히 파악할 수 있는 임시계측기를 이용하여 높일 수 있다.

---

88) MEMS, Micro Elctro Mechanical Systems : 고성능, 고집적, 초소형화의 특징을 지닌 센서기술이 주로 개발되고 있으며, 기존 센서시장을 대체하고 기존에 생각지 못했던 분야에도 적용되고 있다. 기존의 압력, 가속도, 자이로 센서 등의 개발을 시작으로 최근에는 바이오, 가스탐지, 광센서 등이 개발되어 시판되고 있다. 우리가 사용하는 휴대폰에도 다양한 MEMS 센서가 이미 적용되었다.

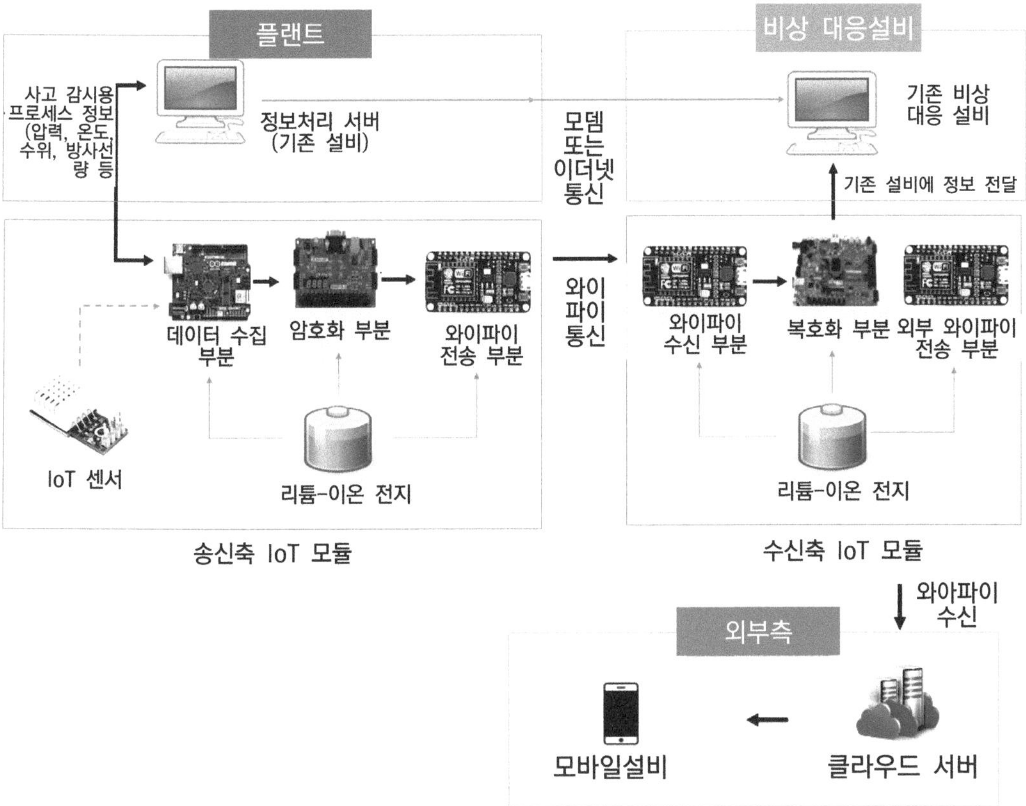

KINGS가 개발한 원자력발전소 사고감시용 IoT 시스템

그림을 다시 살펴보자. 이 사물인터넷 설비는 리튬-이온 기반의 배터리가 동력을 제공해, 원전 기술자가 사고에 대한 적절한 대책을 수립할 수 있을 때까지 감시기능을 유지한다. 송신 측 IoT 모듈에 설치된 IoT 센서는 온도, 압력, 진동, 방사능 등 원전의 비상 상태를 인지하고 수집된 신호를 데이터 수집 부분에 보낸다. 이 그림에서 배터리는 원전 안전성 분석 보고서 등의 자료를 참조하여 전원을 IoT 센서와 통신 모듈, 그리고 암호화 모듈에 10시간 동안 공급할 수 있는 용량으로 선정하였다.

IoT 센서는, 소형 모듈화된 것을 사용하여 전원 사용량을 최소화하고 사고 영향을 완화하는 데 필수적인 변숫값을 정확히 측정되도록 구성한다. 플랜트에 사고가 발생하면, 사고 현장에는 각종 대응설비에 의한 전자파 장애가 국부적으로 발생할 수 있고, 해커 등에 의한 사이버 공격도 일어날 수 있다. 이를 방지하기 위해 본 IoT 모듈에는 FPGA (현장 프로그램이 가능한 게이트 어레이 소자)를 이용한 하드웨어 기반의 암호화 기술을 적용하였다. 암호화 프로토콜로는 미국 안보국에서 공인한 AES-128 기반의 128비트 암호화 기술을 이용하였다. 이 암호화 프로토콜을 FPGA로 구현할 경우, 외부로부터의 사이버 공격과 중간자에 의한 공격[89]을 원천적으로 차단할 수 있어 강력한 사이버 보안책이 될 수 있다. 사이버 공격에 대한 강인성이 보장되면 사고의 범위와 확산 정도를 정확히 파악하고 통제할 수 있기 때문이다. 그림에서 와이파이 수신 모듈을 통해 전송된 암호화 코드는 복호화를 거쳐 일상적인 정보로 환원된다. 암호화된 코드는 플랜트 사고 현장으로부터 멀리 떨어진 비상상황 대책반에게 정확하고 변형이 없는 플랜트 정보를 제공한다.

❖ IoT가 발생하는 신호를 빅데이터로 분석한다.

센서와 무선 인터넷이 결합되어 초당 엄청난 데이터를 보낸다고 생각해 보자. 이전에는 현장 기술자가 일일이 용지에 기록하거나, 휴대폰 앱에 기록했던 많은 정보가 센서로부터 실시간으로 중앙제어실에 보내진다면 더 이상 이를 화면에 펼쳐보면서 펌프나 전동기와 같은 기기의 상태를 감시하고 진단하는 일이 불가능하게 된다. 워낙 처리하고 분석해야 할 데이터가 많기 때문이

89) MITM : Man-in-the-Middle

다. 이때 적용될 수 있는 기술이 빅데이터이다.

실시간으로 쏟아지는 각종 데이터를 저장하고 관리하고 분석하는 일이 더 이상 인간의 힘으로는 불가능하므로 컴퓨터에 이 일을 맡겨야 한다. 전국에 확산되고 있는 태양광 패널의 경우, 사물인터넷에 의한 감시와 진단이 바로 적용될 수 있는 분야 중 하나다. 태양광을 전기로 바꾸는 태양광 패널과 직류 전기를 교류로 바꾸어 전송하는 인버터 설비에 사물인터넷 기술을 적용하면 발전효율은 높아지고 운영과 정비에 필요한 비용은 감소하는 효과를 얻을 수 있다. 또한, 대부분 소규모 사업자가 운영하는 태양광 사업의 특성상 사물인터넷에 의한 관리를 전담하는 회사가 생겨 새로운 일자리도 열린다. 이처럼 사물인터넷은 새로운 가치를 분명하게 제공할 수 있다. 그렇다면 이 기술은 어떠한 문제점을 해결해야 확산될 수 있을까?

이미 얘기했듯이 무선 기반의 사물인터넷은 보안에 취약하다. 해커가 개입할 여지는 유선의 경우보다 기하급수적으로 늘어난다. 유선 인터넷에 연결된 컴퓨터의 경우도 악성 코드에 감염되어 남의 좀비 PC가 될 가능성이 크다. 따라서 무선의 경우, 전파의 전송범위를 좁게 유지하고, 양자화된 통신망을 제공하여 사이버 보안에 강인성을 갖게 하는 노력도 필요하다.

다음은 데이터의 처리 및 분석능력이다. 하버드 비즈니스 리뷰는 데이터 분석 및 처리의 3단계를 다음과 같이 설명한다[90]. 1단계는 데이터를 분석해 '비즈니스 지식화[91]'를 이루는 것이다. 앞에서 데이터가 정보로, 다시 정보가 지식의 단계로 변환되어 가치를 창출하는 과정을 설명했다. 과거에는 데이터를 정보로 처리하는데도 많은 비용이 들었고, 컴퓨터 성능이 그리 좋지 않아

90) IDG Tech Focus, 실시간 & IoT: 빅데이터 분석의 새로운 도전과 해법에서 재 인용
91) Business Intelligence

일부 샘플링 데이터만 사용하는 한계가 있었다. 이 단계가 비정형적인 빅데이터를 처리하는 2단계를 지나면 실시간으로 빅데이터를 처리하고 의사결정까지 자동화하는 단계인 '애널리틱스 3.0[92]'으로 발전한다. 실시간으로 데이터를 처리하여 자동화된 설비 관리를 이루게 되면 서비스의 품질이 좋아진다. 원자력발전소 계측제어설비를 예로 들어보면 대부분의 기기 작동 신호가 0.1초 단위로 감지되고 이 신호는 분산제어기에 수집되어 1초 단위로 중앙의 서버에 전송된다. 중앙 서버는 바로 수 초 이내에 결과를 분석하여 운전원에게 제공한다. 사실 이 정도의 실시간 감시와 처리로도 충분한 서비스를 제공할 수 있다.

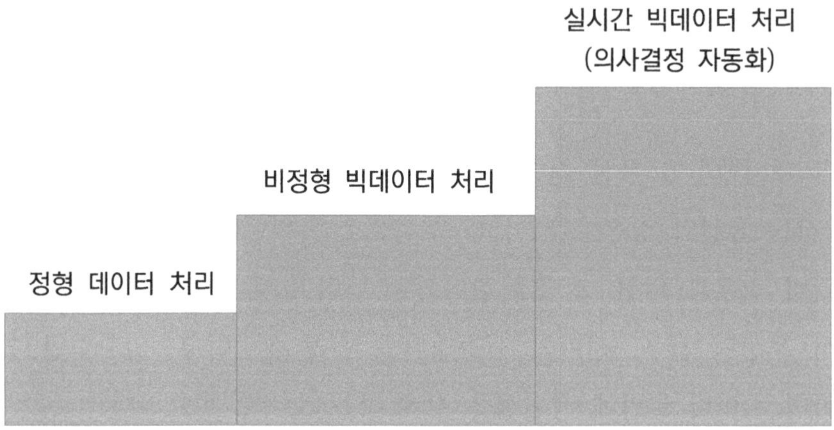

데이터 처리의 진화 3단계

문제는 빅데이터가 쌓일 경우 이를 분산제어기가 1초 단위로 처리할 수 있겠는가이다. 이러한 문제는 데이터 처리, 분석을 분산화하여 결과 위주로 중앙의 서버에 전송해 해결할 수 있다. 또한 양자암호라는 기술을 이용할 경우, 도청자

92) Thomas H. Davenport, Analytics 3.0, Harvard Business Review, 2013. 12에서 인용하였다. 데이븐 포트의 저서 "Competing on Analytics"에서 유래하였다.

가 난입해도 그 존재가 드러나며, 신호가 왜곡되어 도청자는 정확한 정보를 얻을 수 없게 된다.[93] 아무튼, 디지털화 기술의 개발 속도가 빨라짐에 따라 설비 구축과 프로그램 개발에 필요한 비용이 더욱 낮아지고, 이에 따라 전체 설비의 총소유비용[94]을 낮추어 결과적으로 에너지 생산과 유통비용도 낮아지는 선순환 효과가 얻어진다. 다만 이러한 기술이 아직은 성숙 단계에 접어들지 못했다는 점은 고려해야 한다.

2000년대 초에 많이들 예로 들었던 회사가 GE의 항공기 엔진 정비와 Airbus 사의 Airman이다. 비행기가 이륙하여 운항을 시작하면 다음 목적지에 있는 정비 서버는 위성을 통해 비행기 엔진과 동체의 정보를 실시간으로 수집한다. 대륙을 횡단하는 비행에는 10시간 이상이 소요되므로 분석에 필요한 시간은 충분하다. 수집된 데이터는 자동으로 처리되어 목적지 공항에 착륙했을 때 필요한 정비항목을 결정하고, 교체 예비품을 준비하거나 정밀한 진단계획을 세우게 된다.

역시 2000년대 초반에는 엘리베이터 제작사인 Otis가 그 당시 전통적인 제조업체에서 일괄 승강기 서비스 회사로 전환하여 제작에서 얻는 수익보다 엘리베이터 사전 서비스에서 올리는 수익이 더 많다는 기사가 게재되기도 했다. 그러나 20년 가까이 지난 현시점에도 에너지 분야의 베스트 프랙티스는 아직 발표되지 않고 있다. 이를 뒤집어 생각하면 우리가 선도자가 될 수 있는 분야가 남아 있다는 얘기고, 더 많은 노력이 이 분야에 집중되어야 한다는 것을 의미하기도 한다. 그런데도 한전을 비롯한 에너지 회사에서 들려오는 소식은 대부분 독일 지멘스의 'PLM' 플랫폼이나 GE의 'Predix' 솔루션을

93) 양자암호 (Quantum Cryptography): 위키백과 참조 인용
94) Total Cost of Ownership : 기업이 특정 기술에 대한 구현비용을 결정하기 위한 직간접비용들을 분석하는데 사용하는 기법이다. 위키백과 참조

도입한다는 것일 뿐 자신의 정형, 비정형 데이터를 기반으로 분석을 실시하여 가치를 창출할 수 있는 플랫폼을 개발했다는 소식은 들리지 않는다.

빅데이터는 인공지능기술과 접목될 때 더욱더 빠른 판단과 의사결정을 내릴 수 있다. 앞서 살펴본 대로 빅데이터를 처리하기 위해서는 인공지능의 힘을 빌려야 한다. 정확하게 얘기하면 빅데이터의 처리는 딥 러닝 기술을 어떻게 적용하느냐에 달려있다.

사물인터넷 센서와 네트워크를 통해 엄청나게 밀려오는 데이터를 딥 러닝을 통해 처리하고 최종적인 의사결정을 위해서는, 딥 러닝의 핵심인 과거의 이력 데이터를 기계가 알아볼 수 있게 학습시키는 것이 필요하다. 사람의 판단이 추상화된 메타 지식을 뇌의 신경망에 의한 병렬처리로 가능해지는 것을 모방한 이 기술은 얼마 전까지 개와 고양이를 구분하는 데도 어려움을 겪었었다. 그러나 알파고의 사례에서 보듯이 이미 학습된 결과를 출력하는 일은 심화된 학습을 기반으로 하는 딥 러닝이 훨씬 빠르다. 문제는 학습되지 않은 영역에 대한 것이다.

1982년 작 '블레이드 러너'를 최근 케이블 TV를 통해 보았다. 젊은 해리슨 포드가 복제 인간(레플리컨트)을 좇는 형사 '블레이드 러너'로 나온다. 영화가 나온 지 정확하게 37년 후인 2019년을 예측한 이 영화에는 이제는 사라져버린 초기 CRT 모니터가 나오고, 유치하기 이를 데 없는 그래픽이 등장한다. 마치 이제는 박물관에서나 볼 수 있는 초기 비디오게임인 테트리스를 다시 보는 것 같다. 내 흥미를 끌었던 영화의 한 장면은 인간 형사가 복제 인간을 심문할 때다. 일반적인 질문에는 조리 있게 답변하던 복제 인간도 맥락이 연결되지 않는 질문을 주자 전혀 엉뚱한 내용의 대답을 했다. 비록 유사한 기억이 저장되어 있다고 해도, 학습되지 않은 영역이나 서로 연결성을 가지지 않는 지식에 대한 질문은, 도저히 기계가 답변할 수 있는 것은 아닌 것이다.

자. 스마트-디지털 기술의 든든한 방패 사이버 보안 기술

스마트-디지털 시대는 데이터로 모든 것이 가능해지는 시대다. 3D 프린터에 의해 데이터가 생물을 제외하고는 거의 모든 것을 출력해내는 광경을 목격하는 것은 더 이상 신기한 일이 아니다. 일상적으로 반복되는 힘든 일은 대부분 인간이 아닌 컴퓨터나 로봇의 힘에 의지하고 있고, 이를 가능하게 하는 것이 부호화된 데이터다. '0'과 '1'로 구성된 이산 데이터는 무엇이든 처리하고, 보내고, 받는다. 영화 '스타트랙'에 나온, 사람이 공간을 이동하는 기술은 아직 없지만 조만간 아바타 로봇을 뇌파로 조종하여 인간의 역할을 원격에서 대신시키는 광경을 종종 보게 될 것이다. 그러나 만일 원격 아바타가 해킹된다면? 해킹된 아바타가 나쁜 일에 쓰인다면 이에 대한 관리적, 윤리적 책임은 누가 지게 될까? 사이버 보안은 사물인터넷 환경과 같이 데이터를 전송, 수신하는 과정에서 해커가 무단으로 데이터를 가로채거나 개입하는 것을 막는다. 그러나 모순(矛盾)이란 단어가 창과 방패에서 비롯되었듯이 해킹을 막는 방패인 사이버 보안 역시 모순적 존재가 될 수 밖에 없는 숙명을 지니고 있다.

안랩의 V3와 같은 백신이 아직도 사용되고 있는 것은 우리나라 공인인증서 체계에서 비롯된 바가 크다. 만일 더 센 놈이 해킹해 온다면 이러한 보안이나 백신 체계가 무용지물이 되는 것은 시간문제다. 나도 학교 PC가 랜섬웨어에 감염되어 PC에 들어있던 모든 데이터를 통째로 날리는 경험을 했다. 한번 감염되면 내부 파일의 확장자를 통째로 바꿔버리니 손써볼 방법이 없었다. 잘 아는 어떤 이는 해커가 지정한 계좌로 송금을 하고 비밀번호까지 받아서 복구를 시도했지만, 절반의 파일도 건지지 못했다고 한다. 내 경우는 외국에서 특급배송으로 부품을 하나 받을 일이 있었는데, 당시 이 배송 건과 유사한 송장이 이메일로 전송되었기에 열어보다가 사단이 발생했다. 물론 이 이메일에는 랜섬웨어가 들어있었고 파일을 열자마자 내 PC의 모든 파일은 열 수 없는 확장자로 통째로 바뀌었다. 이렇듯 공격하는 자와 지키는 자의 싸움은 치열하지만 끝나지 않고 있다. 데이터를 양자화해 해킹을 근원적으로 방지할 수 있는 기술이 개발되고 있지만, 상용화까지는 아직 시간이 걸리는 모양이고, 설령 상업화하여 모든 PC에 깔린다 해도 해커 또한 새로운 침투 방법을 찾을 테니 끝이 나지 않는 지리한 싸움이 될 것 같다.

양자화 데이터 전송 방법을 제외하고 일상적으로 사용할 수 있는 데이터 보안 방법은 무엇이 있을까? 최근 계속되는 발전된 형태의 지속 위협(persistence treat)은 사이버 위협의 주요 유형이 되고 있으며 특히 원자력 발전소와 같은 대형 플랜트를 대상으로 하고 있다. 대표적인 사이버 공격인 2010년 이란의 부쉐르 원전에 대한 스턱스넷(Stuxnet)은 웜바이러스를 이용한 전형적인 인간을 매개로 한 MITM 공격[95]이었다. 원전의 제어설비를 관리하던 관리업체 직원이, 정기보수 기간 동안 보안 패치를 하거나 기존 시스템을 업그레이드하는 과정에서, 인가되지 않은 USB를 사용했고 이 USB에 들어있던 바이러스가 제어 시스템을 파괴했다. 이처럼 시스템 접근 권한을 가진 사람에 의해 인가되지 않은 소프트웨어 매체를 통한 접근이 이루어지

95) Man-in-the-Middle Attack: 공격자가 통신 중간에 사용자 정보를 훔쳐보거나 갈취하는 공격행위

면, 네트워크 취약성이 상대적으로 높아져 사이버 공격을 받을 수 있다.

내가 이 글을 쓰면서 사용하고 있는 컴퓨터도 윈도 운영체계를 사용한다. 이 운영체계는 보안 패치를 주기적으로 수행하고 있다. 내가 전에 사용하던 연구실 컴퓨터는 운영체계인 윈도 7의 패치 서비스가 더 이상 제공되지 않자, 컴퓨터 자체를 모두 바꿔야 했다. 사이버 보안에 대한 우려 때문이었다. 이러한 불편함 이외에도 운영체계를 기반으로 하는 사이버 보안은 많은 약점을 지닌다. 이를 근본적으로 해결하기 위해 사용하는 방법이 하드웨어 기반의 보안 솔루션이다.

❖ 하드웨어 기반 보안 솔루션

다음 그림은 내가 학생들과 개발한 하드웨어 기반의 보안 솔루션 시작품의 모습이다. 이 시작품은 HDL 코드 개발 도구를 사용하여 하드웨어 논리 소자에 직접 보안 코딩을 한 것이다. 암호화에는 앞에서도 설명한 AES-128[96] 고급 암호화 표준을 사용하였다. 이 암호기는 대칭키를 쓰는 128비트 블럭 암호로서 안전성이 높고 속도가 빠른 장점이 있다. 이 암호화 알고리즘은 국가 안보국(NSA)이 공식적으로 승인하여 일급비밀 데이터 전송에 사용되고 있다.

`96) Advanced Encryption Standard

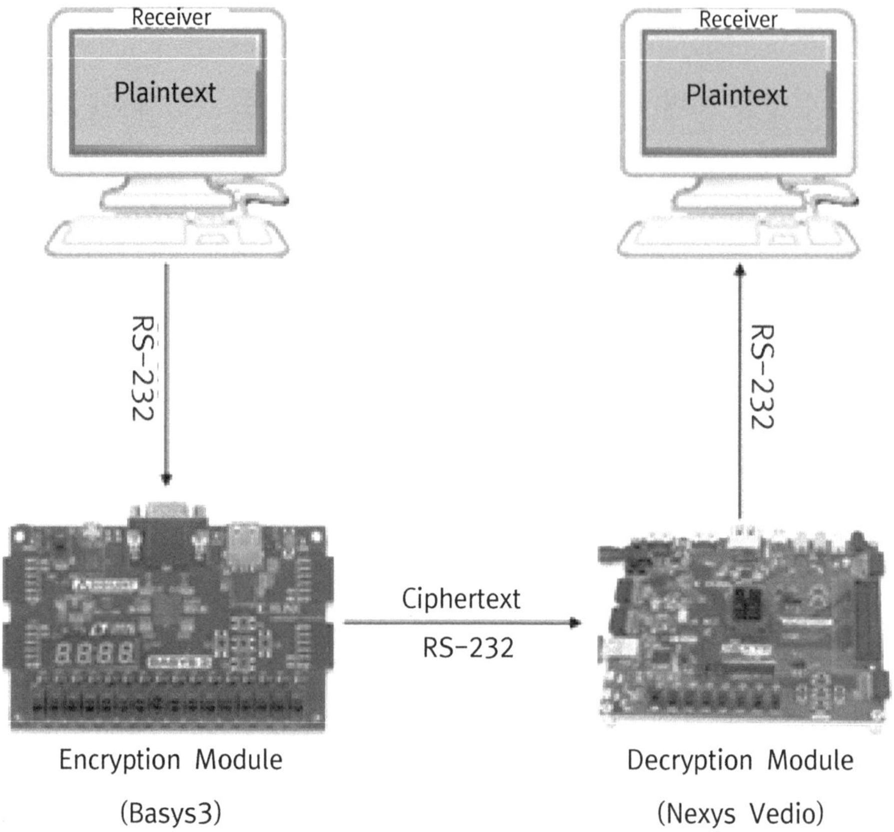

원자력발전소 사이버 보안을 위한 FPGA 하드웨어 기반 암호/복조기 시작품

이 암호기의 암호화와 복호화 과정은 다음과 같다. 10번의 데이터 라운드 과정(숫자를 바꿔서 암호가 풀리지 않도록 한다)을 거쳐 암호화가 진행되고, 다시 이의 역순으로 복호화가 진행됨을 알 수 있다. 이때 중요한 것이 확장키(Expand Key)이다. 이 키가 없이는 암호화된 내용을 해독하는 것은 불가능하다. 부정적으로 표현하면 암호키 관리에 실패하면 타인이 해독할 가능성이 커진다.

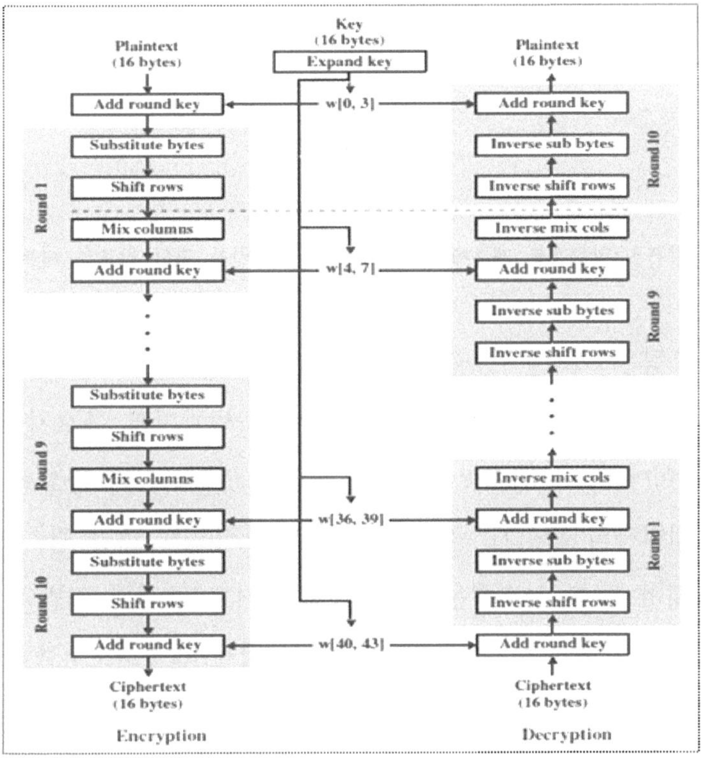

AES-128의 암호화/복호화 과정

❖ 원자력발전소 안전계통을 위한 하드웨어 기반 보안 솔루션의 활용

원자력발전소 계측제어 시스템은 안전에 중요한 설비와 그렇지 않은 비안전 계통으로 크게 구분된다. 안전에 중요한 설비인 경우, 운영자나 정비원에 의해 생성되는 정보가 연속적으로 감시되어야 한다. 그러나 이들이 감시해야 하는 안전계통 기기들은 외부로부터의 사이버 침입을 완벽하게 방호해야 한다. 마치 칼과 방패와 같이 상충되는 두 개의 요구사항이 존재한다. 데이터는 외부로 완벽하게 전송되어야 하고, 이 과정에서 생길 수 있는 외부로 부터의 침입은 막아야 한다.

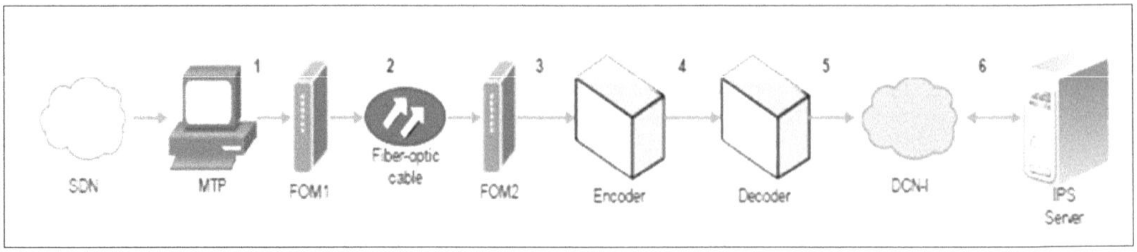

원자력발전소 안전계통 계측제어시스템 데이터 보안을 위한 암호화 체계 구성 개념도

위의 그림은 이러한 상충된 두 가지 요구사항을 모두 만족시키기 위해 개발된 시스템 개념도이다. 하드웨어 기반의 암호기와 복호기를 전송 측과 수신 측 사이에 두어 방벽으로 삼는 특징이 있다. 이때 중요한 것은 시스템을 개발한 개발자의 확장키 관리이다. 만일 관리자가 개인 암호키를 잃어버리면 이 하드웨어 암호 시스템은 쓸모가 없어진다. 개인키 기반의 암호화냐 공개키 기반의 암호화냐에 대한 결론은 아직 나지 않았다. 정보를 지키려는 자와 이를 깨려는 자의 대결이 계속되고 있기 때문이다. 좀 더 지켜보아야 할 것 같다.

차. 경험자료의 지식화 과정

다음의 글은 참고도서 '알기 쉬운 LOD (연결된 공개 데이터)[97]에서 얻어 온 것이다. 시멘틱 웹과 온톨로지가 이해하기 쉽게 설명되어 있어 옮겨 본다. 서울의 기온 예보가 아래의 표와 같은 공개 데이터 형태로 제공되었을 때 컴퓨터가 이 데이터를 어떻게 이해할 수 있을까?

97) 미래창조과학부, 한국정보화진흥원, 알기 쉬운 Linked Open Data, 2015.4

연결된 공개 데이터 예

날짜	최저기온 (℃)
2019년 5월 28일 화요일	15
2019년 5월 29일 수요일	13
2019년 5월 30일 목요일	14

독자들이 이 표만 보고는 이 단계가 데이터의 문맥과 배경 제공을 위한 다른 종류의 데이터와 연결되었다는 것을 알 수 없을 것이다. 그러나 이 데이터가 다음과 같은 소스 코드를 기반으로 하고 있다면 이 데이터가 URI를 이용하여 다른 데이터(데이터베이스)와 연결되어 있고 이를 바탕으로 정의가 이루어짐을 쉽게 알 수 있을 것이다.

```
<h1 property="dcterms:title">서울 기온 예보</h1>
<div id="data" about="#Seoul" typeof="meteo:Place">
<span rel="owl:sameAs" resource="http://dbpedia.org/
resource/Seoul"></span>
```

상기의 소스 코드에서, 'Seoul'이라는 지명은 dbpedia에서 정의하고 있는 'Seoul'과 동일한 지명으로 정의하였다. 이제 컴퓨터는 dbpedia에 수록된 정보를 이용하여 이 데이터의 문맥을 쉽게 이해할 수 있을 것이다. 다음의 소스 코드를 살펴보자.

<div about="#temp">최저
<a rel="rdfs:seeAlso" href="http://ko.wikipedia.org/wiki/기온"
resource="http://dbpedia.org/resource/
Temperature">기온</a>
(<span rel="owl:sameAs"
resource="http://dbpedia.org/resource/Celsius">℃
</span>)

마찬가지로 최저라는 것이 '기온'을 나타내고 wikipedia, dbpedia에서 관련정보를 확인할 수 있으며 기온을 나타내는 단위인 '℃'가 dbpedia의 Celsius와 동일하다고 정의하여 모호성을 제거하였다.

이러한 기본적인 지식을 가지고 플랜트의 데이터를 처리하는 방법에 대해 논의해 보자. 현재 원자력발전소에서는 형상 관리의 일환으로 요건을 관리하고 있다. 이 요건관리는 요구사항 분석과 추적성 분석을 위주로 진행하고 있다. 이러한 작업을 시맨틱웹[98]과 온톨로지 기반의 자동화된 요구사항 분석과 추적성 분석을 통해 수행할 수 있다면 이는 공개 데이터의 조건인 가용성과 접근성, 재사용성과 재배포성, 그리고 이용의 무제한성을 충족하는 LOD의 정보 기술적인 측면과 정보 문화적인 측면을 모두 만족시킬 수 있을 것이다.

웹의 고안자인 버너스-리에 의하면 웹은 인간이 읽을 수 있도록 디자인되어야 하는 것뿐만 아니고, 기계(컴퓨터)가 읽고, 분석하고, 추론하고, 이해하

98) SematicWeb : 데이터를 웹으로 연결하여 데이터베이스화 하는 기술이다.

고, 처리할 수 있도록 디자인되어야 한다. 이러한 작업을 위해 다음과 같은 3형식의 문장을 RDF[99]로 표기한다. 이 RDF는 기본적으로 주어, 술어, 목적어로 구성되어 인터넷상의 리소스가 어떤 값을 갖는지 서술하는 형식을 갖는다.[100]

그림의 문장형식은 원자력발전소 요구사항을 나타내는 문장형식으로 많이 쓰인다. 다음의 문장을 보자. 원 문장은 다음과 같다.

"MMIS 상세설계는 발전소 설계요건과 기타 설계요건에 부합함을 입증해야 한다."

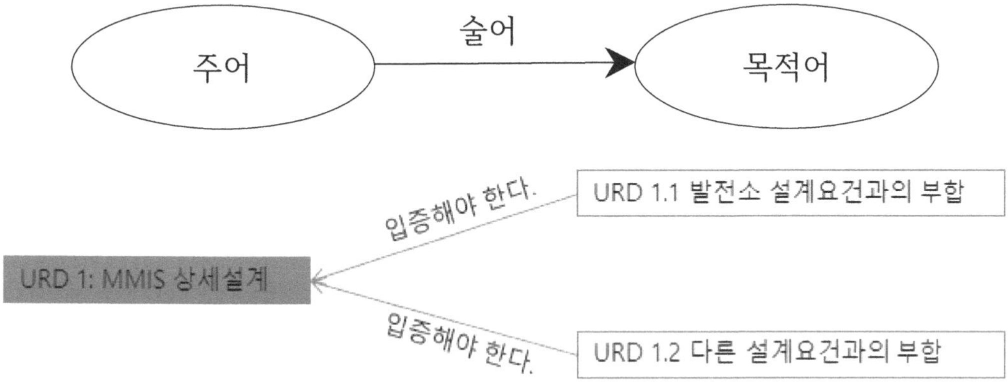

MMIS 상세설계 요건을 단문형태로 도식화한 것이다.

위 그림은 위 문장을 3형식의 단문 형태로 도식화한 결과이다. 여기서 URD1은 주어이고 URD1-1과 1-2의 두 목적어를 갖는다. 대부분의 플랜트 요구사항 문서는 하나의 요건을 하나의 문장으로 표현하도록 요구되고 있으므로 이 예제와 같이 기계가 분석하고, 이해하고, 처리하고, 추론할 수 있다.

99) Resource Description Framework, 웹상에 존재하는 기계 해독형 정보를 교환하기 위해, 메타데이터간의 효율적인 교환 및 상호호환을 목적으로 한다. XML 형식의 구조화된 의미표현을 사용하기도 한다. 위키백과에서 인용, 정리하였다.

100) 이영환. 웹 3.0 세상을 바꾸고 있다, 보문각, 2010. 6

기계가 이해하도록 하기 위해서는 RDF 형태로 처리되어야 한다. 여기서 해결해야 할 사항은 대부분의 요구사항 문서는 자연어를 기반으로 하고 있고 다양한 형태로 저장되거나 관리된다는 점이다. 또한 문서 내에 요건과 비 요건이 혼재되어 작성되고 있어 기계 학습이 쉽지 않다. 이러한 점이 기계가 인간의 문서를 이해하는 장애 요인으로 작용한다.

- 문서 유형이 다양함. 아래 한글, MS-Word, PDF 등으로 작성됨
- 문서 내 요건/비요건 구분이 혼재되어 있음. 영문 문서의 경우 요건은 shall, should, must 등으로 나누어 기술함.

문서의 각 개체(주어, 술어, 목적어 등)를 식별하기 위해서는 URI를 사용하는 것이 필요하고, 데이터의 문맥과 배경을 제공하기 위해 다른 데이터와 연결되어 있어야 한다. 그러나 실제 플랜트에서 사용하는 문서는 전혀 이러한 준비가 되어 있지 않다. dbpia와 같은 URI가 원자력발전소와 같은 플랜트의 기술 용어를 얼마나 제공할 수 있을지도 의문이다. 그러므로 현재의 문서를 이용하여 컴퓨터가 이해할 수 있고 처리할 수 있는 데이터로 바꾸기 위해서는 먼저 구문분석[101] 작업을 해야 한다. 다음 그림은 구문분석을 위한 작업 과정의 흐름도이다.

101) 영어 parsing으로 표기하며, 문장을 구성 성분으로 분해하고 그들 사이의 위계 관계를 분석하는 작업을 말한다.

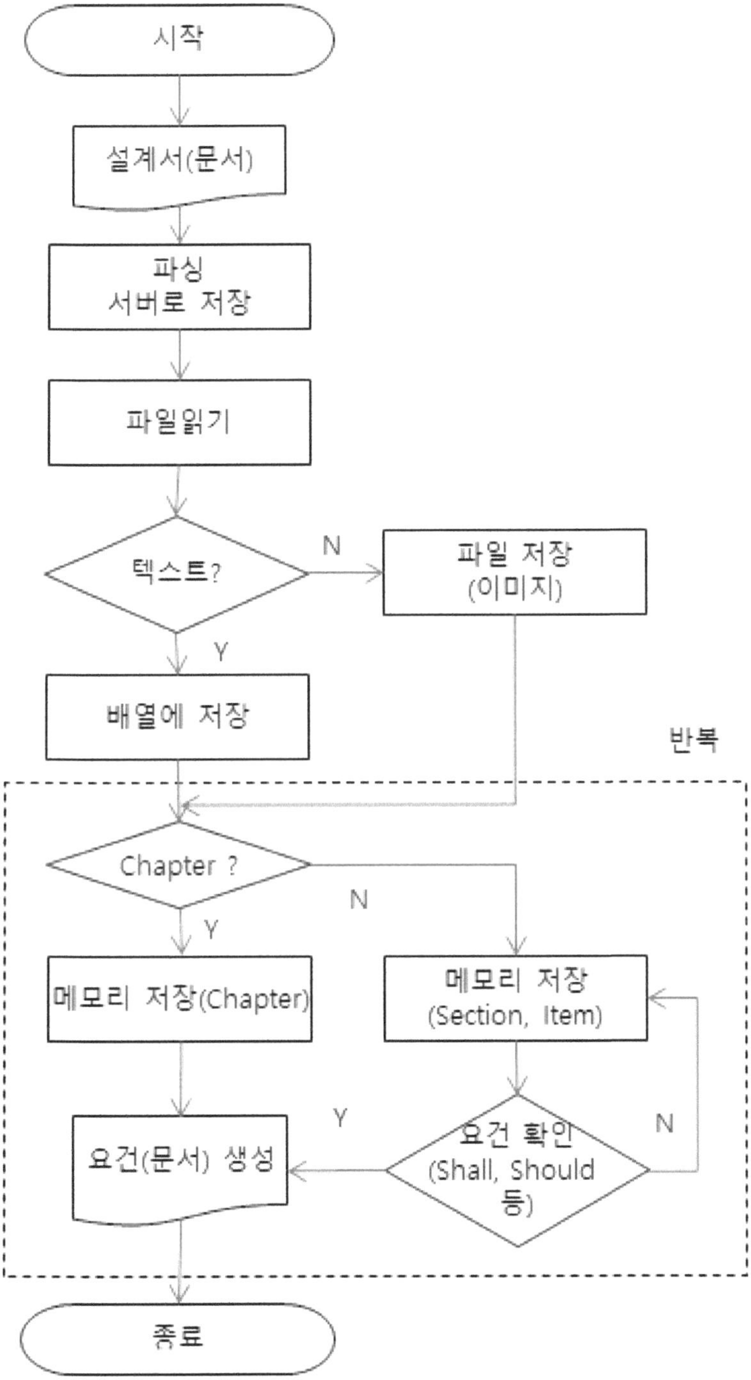
시작
설계서(문서)
파싱
서버로 저장
파일읽기
텍스트?
N
파일 저장
(이미지)
Y
배열에 저장
반복
Chapter ?
N
Y
메모리 저장(Chapter)
메모리 저장
(Section, Item)
Y
요건 확인
(Shall, Should
등)
N
요건(문서) 생성
종료

구문분석을 위한 흐름도

이러한 과정을 소프트웨어로 구현하는 과정을 표현한 것이 다음 그림이다. 위에는 이의 분석절차를 명기하였고, 아래에는 실제 프로그램에 어떠한 모듈들이 개발되어 실행되었는지를 보여준다.

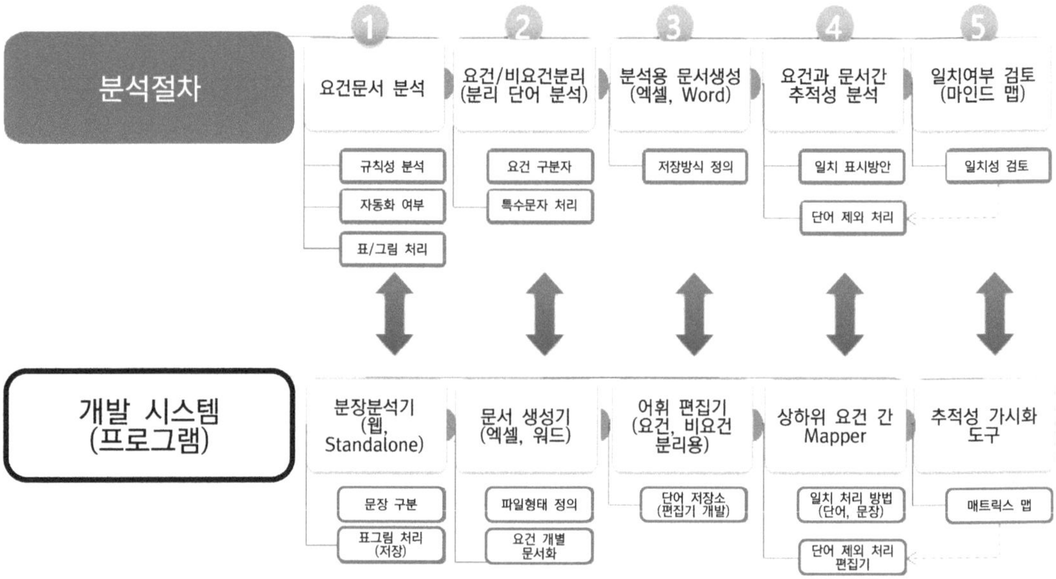

요건분석 자동화 소프트웨어 개발 프로세스

모든 문서는 장, 절, 내용으로 나누어 구분되고, 세 절에는 요건과 비요건이 각각 기술되어 있다. 영문으로 작성된 문서에서 조동사는 문장이 요구사항인지 아닌지를 판별하는 기준이 된다, 아래의 품질 규격에서 컴퓨터는 문장이 조동사 'shall'을 포함하고 있는지, should나 must로 쓰인 구문인지를 분류하고 요건을 추출한다. 'shall' 구문을 찾기 기능을 이용하여 자동 추출하는 분석과정은 그리 어렵지 않게 수행된다.

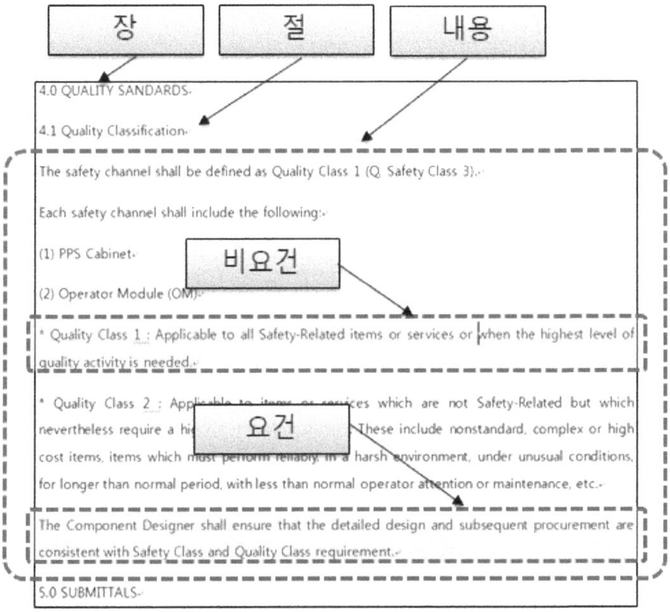

어휘 편집기 프로그램 실행의 예
(문서에서 요건과 비요건을 식별)

다음 그림은 요건이 있는 부분을 처리하고 이에 식별번호를 부여한 결과다.

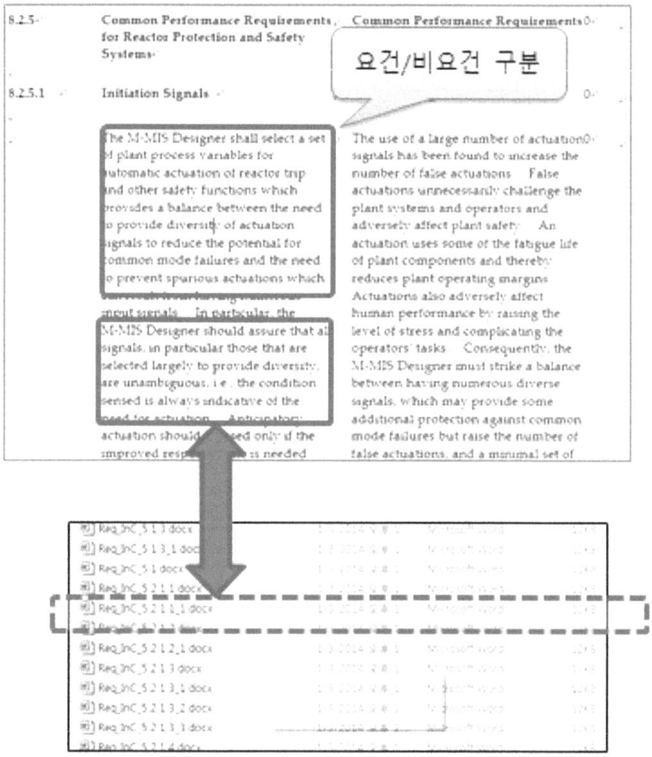

요건을 식별한 후 이를 식별번호로 부여한 결과

다음 단계인 추적성 분석 단계에서 컴퓨터의 한계가 명확히 드러났다. 요건이 포함된 상위문서의 문장 하나에 수많은 하위 요건이 일치한다고 컴퓨터가 판별한 것이다. 이는 일반적으로 플랜트 문서의 경우 상위문서의 요건은 하위문서의 요건과 1:1 또는 많아야 1:5 정도로 연결성을 갖는다. 셀 수 없이 많은 결과를 토해내는 컴퓨터의 단순비교는 활용할 수 없을 정도로 부정확하였다. 전문가에 의해 일치율을 분석해 보니 2% 미만의 낮은 결과가 나왔다.[102)]

---

102) 김은희, 송덕용, 황진상, 정재천, "비정형화된 문서간 추적성 분석 및 그 가시화 방안 제시", 시스템엔지니어링 학술지, 2014. 6 월호에 자세한 과정과 결과가 수록되었다.

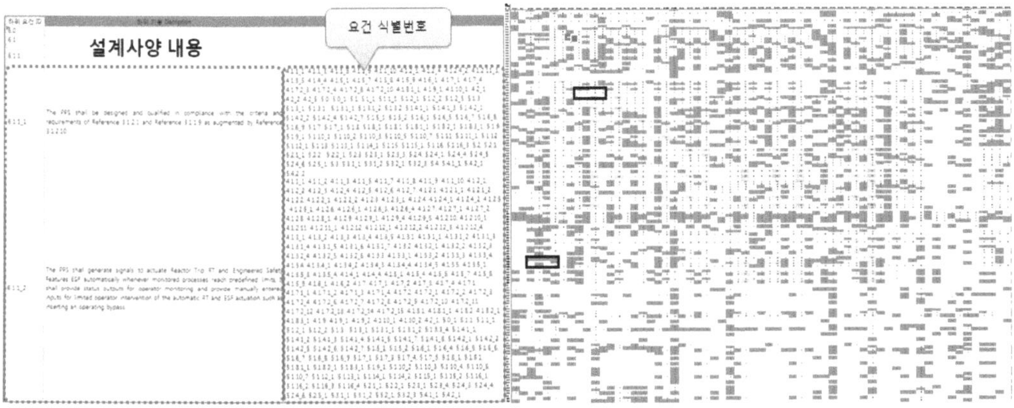

상 하위 요건간 매핑을 수행한 결과 (왼쪽)와 이를 적색으로 가시화한 결과

위 그림은 두 개의 요건문서를 컴퓨터에 입력시키고 이 문서의 상위 요건과 하위 요건을 식별하여 자동으로 추적성 매트릭스를 작성시켜본 결과다. 프로그램에는 단어와 문장 간의 일치를 처리하는 방법과 제외해야 할 단어를 미리 지정하는 단어 편집기 기능을 부여하였다. 오른쪽 그림은 요건 간 일치된 부분이 있으면, 가시화를 위해 색으로 표시하도록 한 결과다. 대부분 문장이 서로 연결되고 있다고 알려주는 이 프로그램은 문서의 자동화가 얼마나 어려운지를 일깨운 도저히 사용할 수 없는 엉터리였다. 그렇다면 개선의 여지는 없는 것인가?

일단, 이 연구에서 성공적이었다고 생각되는 부분을 식별해 보았다. 우선 정형화되지 않은 PDF, 이미지 형태로 저장된 문서들로부터 텍스트 형태의 문서정보를 추출하는 과정은 정확도가 매우 높았다. 또한, 요건 문장과 비요건 문장을 구분하여 요건 식별번호를 부여하는 과정도 어렵지 않게 수행되었다. 즉, 비정형의 문서를 정형화된 문서체계로 만드는 작업은 특별한 기술이나 dbpia와 같은 특별한 데이터베이스를 이용하지 않고도 자동화가 가능하였다. 문제는 각 문장에서 기술된 주요 단어들을 활용하여 문서 간의 일치성을 자동으로 검사하는 것이었다.

분석대상 단어만을 이용하여 문장 간의 일치성과 추적성을 컴퓨터의 고속 연산능력을 이용하여 반복적으로 수행시킨다고 해서 추론 기능이 없는 기계가 인간과 같은 성능의 결과를 내주지는 못한다. 그렇지만 단어 위주의 비교가 아닌 정형화된 형태의 문장을 데이터베이스화시켜 URI를 부여한 후 이와 링크시키는 방법을 사용할 수 있었다면 일치성과 추적의 정확도는 매우 높아졌을 것이 틀림없다. LOD는 비록 웹 3.0에서 제시한 방법이긴 하지만 웹 5.0을 거론하는 이 시대에도 낡은 기술이 아니라 적용 가능한 기술이다. 여기에 더해 기계학습 과정을 덧붙인다면 더 나은 결과를 얻을 것이다. 이 기술발전에 여러분의 많은 참여가 기대된다.

3
chapter

스마트-디지털 기술의 핵심 가치와 이를 달성하기 위한 전략과 전술

3.1 세 가지 핵심가치

3.2 전략의 수립

3.3 전략을 이루기 위한 다섯 가지 전술

3.1 세 가지 핵심가치

현 시점에 우리가 산업 분야 혁신을 강조하는 이유는, 복제와 모방 단계를 거쳐 발전한 국내 산업체가 기존의 빠른 추격자 전략을 계속 유지해서는 세계 일류 주자와의 경쟁은 물론이고 중국으로 대표되는 후발 추격자와의 경쟁이 더는 불가능하기 때문이다. 또한, 모방의 단계가 갖는 기술적, 기술관리적 한계를 기존의 방법으로 뚫고 나가기가 곤란함을 대기업과 중견기업 모두가 절감하고 있기 때문이기도 하다.

최근 LG전자는 모바일 제품 제조를 국내에서 하지 않기로 결정을 내려 큰 파장을 일으켰다. 이와 같이 빠른 추격자형 산업은 국민소득 3만 불 시대의 국내에서도 점점 설 자리를 잃어가고 있다. 이러한 위기의 경고등은 기업으로 하여금 혁신 선도기업의 위치에 진입하지 않고는 생존 자체가 불가능함을 알려주고 있다. 주 52시간 근무, 기본급여 인상 등은 복제나 모방을 중심으로 하는 낮은 생산성의 제조업에 심각한 타격을 주고 기존 방식의 제조업을 통한 일자리 창출을 매우 어렵게 한다. 따라서 제조혁신을 통한 기술과 경영의 선도자 위치에 올라서지 않고는 해마다 줄고 있는 국내 일자리 감소 추세를 다시 끌어 올리기가 무척 어려울 것이다.

국내 산업, 특히 제조업이 안고 있는 근본 문제를 해결하는 하나의 방편으로 스마트-디지털 기술이 적용될 수 있다. 그렇다면 이 기술이 적용되면 어떠한 실질적 가치를 산업체에 제공할 수 있을까? 아마도 산업체에서 스마트-디지털 기술을 적용하는 목적은 새로운 가치를 이 기술로부터 얻기 위해서일 것이다. 많은 가치가 정의될 것이나 내 견해로는 다음의 세 가치가 좀 더 중요할 것으로 생각되어 좀 더 살펴보았다.

❖ 스마트-디지털 기술이 제공하는 세 가지 핵심 가치

- 가치 1 : 산업기술의 선도자가 된다.
- 가치 2 : 제조 분야의 신산업을 창출한다.
- 가치 3 : 안전하고 신뢰할 수 있으며 누구나 일하고 싶은 산업체가 된다.

가. [가치 1] 산업기술의 선도자가 된다.

그렇다면 스마트-디지털 기술은 산업분야 혁신에 어떠한 긍정적 영향을 끼칠 것인가? 그리고 혁신은 어떠한 가치를 우리에게 제공할 것인가? 먼저 스마트-디지털 기술은 기업이 더는 추격자 위치에 안주하지 않고 선도자의 대열에서 경쟁할 수 있도록 할 것이다. '강소기업'이라는 단어가 의미하듯 혁신을 마친 강소기업은 그 자체로 누구나 가고 싶어 하는 좋은 사업장이 된다. 이를 통해 중소제조업의 고질적 문제인 인력과 기술의 후진성을 일거에 극복할 수 있을 것이다.

정주영은 현대전자를 세우게 된 배경을 설명하면서 그의 생각을 우리에게 다음과 같이 전한다. "나는 종래의 기술 도입-기술 소화-기술 개발의 순서로 반도체 첨단 사업을 해서는 선진국과의 현격한 기술 격차를 단시일에 극복하는 것이 불가능하다는 결론을 내렸다. 날아가고 있는 비행기에 뛰어올라 같이 타고 가는 길 외에는 없었다.[103)]" 어렵고 힘든 일이겠지만 선진국의 반도체 기술이 발전하고 있는 그 시점에 기술발전에 동승하는 것을 목표로 삼아

---

103) 정주영 자서전, 이땅에 태어나서에서 인용

야 한다고도 했다. 모두 눈만 뜨면 인공지능이 가져올 새로운 시대를 얘기한다. 그러나 속살을 들여다보면 미국에서 개발한 알고리즘을 이용한 응용 측면만을 강조한다. 날아가는 비행기에 뛰어오르기는커녕 달리는 차에도 선뜻 뛰어오르지 못하고 머뭇거리는 우리를 보고 정주영이 다시 채근한다.

"경영자가 할 일은 자기 능력에 대한 흔들림 없는 자신감으로 사기를 올리면서 목표를 향해 매진하는 것이다."

나. [가치 2] 제조 분야의 신산업을 창출한다.

스마트-디지털 기술이 열어줄 새로운 산업 형태는 구글이나 페이스북과 같은 소프트웨어 기업은 아닐 것이다. 우리가 잘할 수 있는 제조업 파워를 소프트 파워로 변환하는 것이 목표이기 때문이다. 지난 50년간 땀 흘려 이룩한 제조 위주의 산업 운영을 통해 수집되었던 데이터와 정보를 이용한 새로운 산업을 만드는 것이 핵심이다. 대표적인 참조 사례가 GE[104]가 내놓은 프레딕스(Predix)라는 플랫폼이다. 비행기 엔진과 발전기 사업을 위주로 하던 제조업체 GE는 2015년 GE 디지털을 설립하고 소프트웨어 플랫폼 사업을 개시했다. 프레딕스를 통해 GE는 제트엔진, 가스터빈, MRI 스캐너 등에서 데이터를 안전하게 수집하고 분석한 후, 그 결과를 활용하여 기기를 더 효율적으로 운영할 수 있도록 지원했다. 기존에 확보한 디지털 트윈 기술과 방대한 빅데이터 분석, 그리고 사물인터넷 기술이 적용되어 새로운 가치가 창출되었고 150억 불의 새로운 사업을 열었다.[105]

104) General Electric : 토마스 에디슨이 세웠다.
105) 오늘날 Predix라는 도전과제는 분사되고 매각되어 더 이상 GE 소유가 아니다.

우리에게 GE의 프레딕스는 시사하는 바가 매우 크다. 우리 주위로 눈을 돌려보자. 포스코에 쌓여 있는 철강회사의 개념 수립부터 건설 운영과정의 데이터와 정보, 한수원의 원자력발전소 수명주기 데이터, 현대차와 중공업의 자동차 국산화 과정의 각종 데이터가 새로운 가치를 창출하지 못하고 쌓여있다. 특히 문서화되고 정리된 정보 수준의 자료가 아닌, 전 현직 직원들의 머릿속에 있는 무형의 '데이터'와 '정보'를 어떻게 하면 기업의 곳간을 채우는 새로운 수익원으로 만들것인가가 요구되는 핵심 비즈니스 가치다. '무에서 유를 창조'한 우리의 산업화 경험지식은 개발도상국에 공급할 수 있는 확실한 비즈니스 아이템이다. 다만 무형의 데이터는 가공단계를 거쳐 정보 단계로 바꿔야 하고, 이를 지식화해야 그림과 같이 가치를 생성할 수 있다.

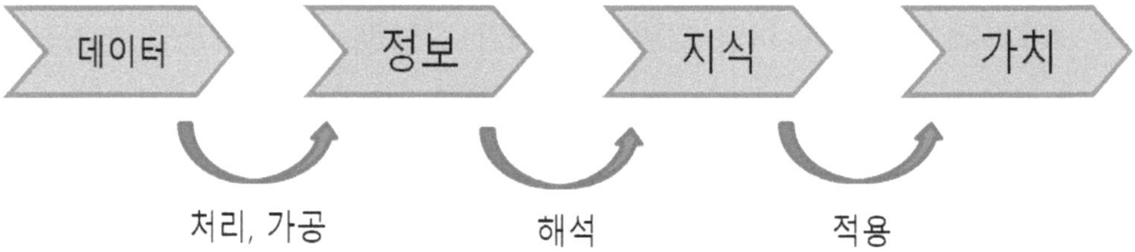

데이터를 정보로 정보를 지식으로 변환하여 적용을 통해 새로운 가치를 창출하는 지식 사슬.

새로운 디지털 기술을 창의적으로 개발하기 위해서는 정보의 가공과 활용이 필수적이다. 이 과정이 없으면 지식으로 변환되지 못한다. 그러나 정작 지식체계로 변환되어도 활용과 적용을 통해 새로운 가치를 생성하지 못하면 이 지식은 영영 정보와 다를 바 없게 된다. 우리나라가 2000년대 초반부터 지식경제, 창조경제를 강조했지만 손에 쥘만한 성과가 없는 것도 바로 가치에 기초하지 않고 정보를 가공하는 방법론에만 머물렀기 때문이다. 문제는 기존 대학 시스템에서도 가치를 중심으로 하는 교육이 그리 강조되지 않는다는 것이다. 한전이 여러 가지 논란 속에서도 새로운 교육방법을 위해 에너지 분야에 특화된 한전 공대를 설립하는 배경도 여기에 있다고 생각된다. 가치가 중심에 있지 않고는 스마트 기술이건 디지털 변환이건 방법론의 수준에 그칠 뿐이다. 문제를 정의하고 해결하는 능력이 없이는 가치를 정의하지도 추구하지도 못한다. 그러므로 시스템적인 사고가 필수적으로 요청된다. 시스템 사고를 통한 접근법은 부록에서 상세히 설명한다.

다. [가치 3] 안전하고 신뢰할 수 있으며 누구나 일하고 싶은 산업체가 된다.

필자가 한전의 고리원자력발전소 3, 4호기에서 처음 직장생활을 시작했을 때 청색의 작업복은 젊은 한전 직원들의 자부심을 나타내는 아이템이기도 했다. 해운대 달맞이 고개에서 타고 내리는 통근버스에는 똑같은 작업복과 운동화를 신은 젊은 직원들이 가득했다. 이 작업복을 입고 남포동까지 나가 여대생들과 미팅도 했으니 젊은 날의 치기가 불러온 엉뚱함이었다. 사실 1983년도에 현역을 마치고 복학하여 4학년이 된 대학생들에게는 입사 기회가 비교적 넓게 열려 있어 요즈음과 같이 많은 공을 들이지 않아도 직장을 얻을 수 있었다. 필자가 왜 한전을 첫 직장으로 택했는가는 전기공학을 전공했다는 이유 외에도 한전이 주는 직업 안정성이 높은 데다가 누구나 일하고 싶은 기업이었기 때문이다. 이 같은 이유로 인해 직장에 대한 충성심도 높았고 부산지역에서 청색 작업복을 입고 활보하고 다녀도 부끄럼을 느끼지 않았다.

기업이 클수록 기술직 직원들조차도 기술개발 업무보다는 기술관리 업무에 종사하는 경우가 대부분이다. 평생직장이라는 등식이 사라지고 있는 현실에서 20년을 기술관리 업무에 종사하면서 자신만의 전문성을 닦지 않은 대기업

출신과, 일찍부터 기술을 갈고 닦은 중소기업 직원의 경쟁력은 퇴직 시점부터 역전된다. 그러나 이러한 역전이 가능하기 위해서는 중소기업이 일할 만한 스마트-디지털 기업으로 바뀌어야 한다. 특히 기업이 보유한 전문기술이 체계적으로 정리되어 재활용할 수 있게 되고, 안전과 환경이 개선된다면 누구나 선택하는 기업이 될 것이다.

3.2 전략의 수립

세 가지 가치를 얻기 위한 임무는 어떻게 달성될 수 있는가. 다음의 그림을 보자. 새로운 가치를 창출하기 위한 세 가지 전략과 다섯 가지 전술이 소개되어 있다. 관점은 어떠한 새로운 가치를 창출할 것인가에 있다. 오롯이 필자의 시각으로 바라본 것이어서 또 다른 무수한 비전과 전략, 전술이 세워질

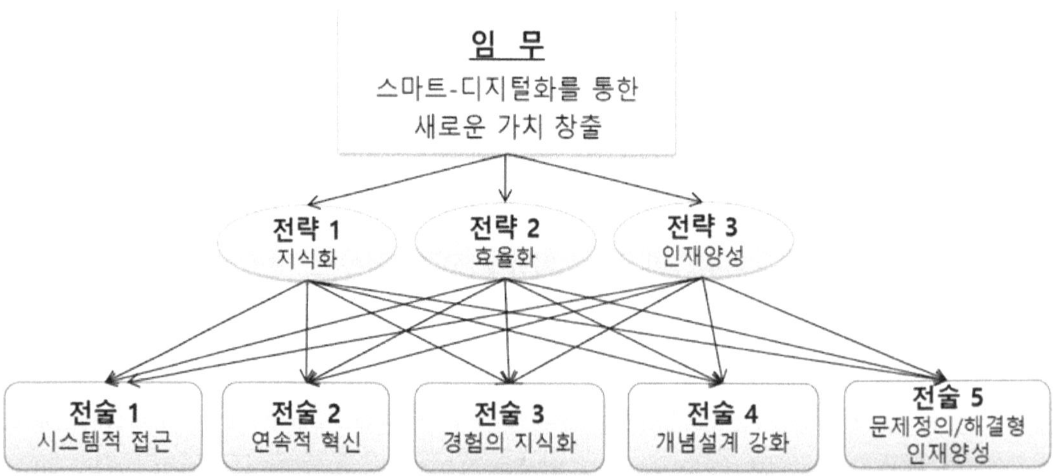

새로운 가치 창출을 위한 스마트-디지털 기술 적용의 임무와 전략, 전술

수 있을 것이다. 독자 여러분께서도 자신의 시각으로 새로운 가치를 정의하고 이를 형상화하기 위한 전략과 전술을 세워보시기를 추천한다.

전략과 전술을 설명하기에 앞서 이전 장에서 설명한 데이터, 정보, 지식이 어떻게 가치를 창출하는지 다시 생각해 보자, 스마트-디지털 기술은 데이터를 처리하고, 정보를 해석하여 지식체계로 변환시키는 데는 탁월한 능력을 제공한다. 그러나 제대로 활용하지 못한다면 아무런 실질적 가치를 우리에게 돌려주지 않는다. 작금의 4차 산업혁명을 둘러싼 정부 주도의 연구개발이 아직 실질적 가치로 환산되지 않는 이유는 가치보다는 방법론을 중심에 두었기 때문이라고 나는 생각한다. 모든 산업활동은 가치를 기반으로 한다. 집을 사고 자동차를 바꾸는 것도 피상적이든, 직접적이든 우리가 기대하는 가치를 기반으로 한다. 그런데 인공지능기술은 공상과학 영화나 만화와 같은 상상력만 제공할 뿐, 가치를 정의하고 이를 얻기 위해 시스템적으로 접근을 하는 사례는 별로 많지 않다.

정부 주도 연구개발과제의 성공률은 90% 이상이다. 과제가 실패로 평가될 경우, 연구책임자에게 페널티가 부가되니 연구자도 실질적인 가치를 기반으로 과제제안을 할 수 없다. 최선의 노력을 하고도 가시화된 가치를 보이지 못할 경우 실패로 평가되기 때문이다. 형상화된 적용성을 보여주지 못하니 대부분의 4차 산업혁명 기술은 방법론의 개발단계인 정보의 단계에 그친다. 지식단계를 위해서는 해석 작업이 병행되어야 하지만 이를 형상화하려면 적용대상이 필요하니 쉽게 접근하지도 못한다. 그렇기에 디지털 기술을 가지고 기존의 연구내용을 재포장하는 내재적 문제가 존재한다. 이러한 부정적인 예는 지식경제, 창조경제를 넘어 디지털 뉴딜을 외치는 현 정부에 이르기까지 무수히 많다. 정부의 정책에 따라 비슷비슷한 과제를 지식경제 기술, 창조경제 기술, 4차 산업혁명 기술로 달콤하게 당의정을 씌워 포장한다. 문제는 이러한 기술개발만으로는 우리의 삶을 바꾸지 못한다는 데 있다. 내재된 문제점은 이 정도로 제기하고 이 문제를 해결하기 위한 전략을 상세히 살펴보자.

임무를 달성하기 위해서는 전략이 필요하다. 큰 그림을 먼저 그려보는 것이다. 우리는 흔히 문제를 해결하기 위해서는 나무만 보지 말고 숲을 먼저 보라고 말한다. 나무만 보면 전체 그림이 없으니 문제 해결 방향을 잘 구상할 수 없고 숲만 본다면 효율성이 떨어지기 때문일 것이다. 그러니 숲과 나무를 같이 보는 능력도 길러야 한다. 전략이 먼저 수립되면 전략을 바탕으로 전술이 따라온다. 이 책에서 소개하는 스마트-디지털을 위한 전략은 다음과 같다.

전략 1 : 지식화를 통해 산업의 부가가치를 창출한다.
전략 2 : 산업의 효율성과 효과성을 높인다.
전략 3 : 산업 현장에서 필요로 하는 인재를 양성한다.

가. [전략 1] 지식화를 통해 산업의 부가가치를 창출한다.

현대그룹의 창립자 정주영은 세계 경제인 중에서 1차 산업, 2차 산업, 3차 산업 시대를 거쳐 온 유일한 인물이다. 풍년이 들면 한해를 견디고, 가뭄이라도 오는 날엔 굶기를 밥 먹듯 하는 농사의 한계를 절감하고 서울로 가출한 그는 2차 산업 혁명의 상징인 조선업과 중공업을 일으키고 난 후 서산 간척지로 돌아갔다. 이곳에서 정주영은 새로운 영농혁명을 일으킨다. 1차 산업으로의 농업이 아닌 2차 산업과 연결된 새로운 형태의 농업을 제시한다. 즉, 기계화와 과학화된 영농, 1.5차 농업이다. "서산농장은 영농의 과학화, 기계화로 농업도 고부가 가치 산업으로 만들 수 있다는 신념으로 벌인 시범사업으로 내가 주력하고 있는 일거리 중의 하나이다[106]." 그가 하고자 했던 일은 서산농장을 스마트 농업을 일으키는 전진기지로 삼는 것이었다.

그가 지금의 우리에게 직접 말을 할 수 있다면, 왜 서산 간척지가 아직도 1.5차 농업지에 머물고 있는지를 책망할 것 같다. 어찌 서산농장뿐이겠는가? 비록 정주영의 발자취는 3차 산업 혁명에서 끝이 났어도 디지털 뉴딜을 통해 4차 산업 혁명을 준비하는 우리에게 그는 '산업에 새로운 가치를 부여하는 지식화'를 강하게 요구한다. "더 하려야 더 할 게 없는, 마지막의 마지막까지 다하는 최선"을 다음 세대들에게 요구하는 것이다.

사막에 4기의 원자력발전소가 우리의 힘으로 제때에 비용증가 없이 지어졌다는 것 자체가 어쩌면 기적에 가깝다. 핀란드 원전을 짓고 있는 프랑스 아레바의 경우 이미 일정과 비용이 두 배 이상 상승해 원성을 사고 있고, 중국에 원전을 짓고 있는 미국의 웨스팅하우스 역시 3년 이상의 공기 연장과 대폭적인 비용 증가로 이제야 준공을 눈앞에 두고 있다. 러시아가 수출한 터키, 이집트, 방글라데시 원전 등도 같은 경험을 하고 있다. 그만큼 외국에 기술 집적도가 높고 자본 수요가 많은 원전을 짓는 사업의 성패는 위험도를 어떻게 줄이느냐에 달려있다. 이 위험도를 줄인 유일한 나라가 대한민국이다. UAE 원전 수출은 우리가 정립한 높은 집적도의 기술과 지식을 외국에 수출했다는 점에서도 큰 의미가 있다.

---

106) 정주영 자서전, '이 땅에 태어나서' 중에서

UAE 원전 수출을 통해 우리는 무엇을 배웠는가? 어떠한 새로운 경험을 하였는가?로 질문을 바꾸는 것이 좀 더 정확한 표현일 것 같다. 먼저 직관적 경험지식을 기반으로 한 암묵(暗默)적인 지식을 형식화되어 처리가 가능한 지식으로 바꿀 수 있어야 새로운 가치를 창출할 수 있음을 체감하였다. 또한, 이러한 지식체계는 플랫폼으로 바뀌어 시스템적으로 업무 프로세스를 지원할 수 있어야 활용도가 높아짐도 인식하였다. 사실 국내 업무환경에서는 눈빛만 보아도 대부분의 의사소통이 가능하다. 그리고 발주자, 계약자로 이어지는 확실한 갑, 을 관계의 계층 간 소통문제 역시 같이 일하는 모두가 같은 식구라는 공통된 생각으로 극복할 수 있다. 건설과정에서 매일 아침 일찍 반복되는 전체회의는 종종 고성이 오가고 발주자의 입에서 온갖 지적이 쏟아지는 전쟁터와 같은 상황이 벌어지지만, 지시 사항을 수첩에 적어 옮기고 실행하는 과정에서 대부분의 문제가 짧은 시간 내에 해결되는 마법과 같은 일이 생기곤 한다.

UAE는 이러한 한국적 건설 업무 프로세스가 효과적이지 않다는 것을 절감한 첫 번째 플랜트였다. 다국적 기술자로 구성된 인력편성은 결코 한국과 같은 눈빛 소통이 먹히지 않는 환경을 만들었다. 여기에 더해 형식화된 업무 프로세스를 강조하는 미국, 캐나다 등지에서 온 외국인 기술자들은 UAE 현지인 기술자들에게 한국 기술자들의 잘못을 지적하여 곤란을 겪게 하는 경우도 많았다. 다국적 업무 환경은 점점 더 자주 우리에게 다가올 것이다. 러시아인 직원과 나이지리아 직원과 함께 사우디아라비아 원전 건설을 같이하는 것과 같은 시나리오는 이미 쓰이고 있다. 이럴 때 스마트-디지털 기술을 기반으로 한 지식화 없이는 새로운 부가가치가 창출될 수 없다.

나. [전략 2] 산업의 효율성과 효과성을 높인다.

❖ 개념 설계에 집중해 수명주기 비용과 프로젝트 실행 위험도를 낮춘다.

플랜트 효과성과 효율성은 어떻게 높아질 수 있는가? 이미 설명했듯이 플랜트 수명주기 중 대부분 비용은 개념설계단계에서 결정된다. 이러한 결정 비용을 줄이기 위해서는 개념설계에 좀 더 집중하는 것이 필요하다. 이 단계에 중요한 도구로 사용할 수 있는 것이 스마트-디지털 기술이다. 특히 모델링과 시뮬레이션을 통해 플랜트의 문제점과 개선할 점을 식별하고 이를 바탕으로 최적화 모델을 제시하는 기능이 필수적이다. 이와 함께 가시화 모델 역시 '손에 잡히지 않는 플랜트를 손에 잡히는 플랜트'로 바꿔 종래에 상세설계 단계에서 제기되곤 했던 발주자 측 수정 요구사항을 대폭 줄이는 효과를 가져와 위험도를 낮춘다.

이러한 노력의 결과로 약 25%의 비용 절감효과와 수명주기 전반의 위험도를 대폭 낮추는 효과를 볼 수 있다. 실제적인 비용 투입이 본격적으로 이루어지지 않는 개념설계 단계에서 모든 문제를 해결하기 때문이다. 특히 플랫폼화한 업무 환경이라면 문서와 데이터, 정보의 수준에서 수정이 발생하므로 물리적인 형상물을 VR 환경과 같은 가상환경으로 대체할 수 있는 전문인력이 필요하고 이 단계의 실행 기간이 좀 더 늘어나긴 한다. 그러나 개념단계의 추가적인 비용과 인력, 기간 투입의 증가 문제는 프로젝트 전체 위험도를 크게 줄이는 효과에 비하면 미미한 수준이다.

❖ 스마트-디지털기술이 접목되어 산업의 효율성을 높인다.

스마트-디지털 기술이 접목된 플랜트를 스마트플랜트라고 하자. 이 스마트 플랜트와 같은 복합시스템에 요소기술들은 어떻게 접목되고, 이 접목을 통해 고도화된 사업장들은 어떤 모습으로 바뀌게 될까? 시점을 2030년 정도로 제한하여 다음의 글상자와 같이 간단하게 예측해 보자. 시점이 이 이상을 넘어서면 예측이 아닌 공상이 될 가능성이 있기 때문이다.

> 새로운 개념의 플랜트가 만들어진다. 생산라인 곳곳에 IoT 센서가 설치되고, 센서들로부터 나온 빅데이터가 광속의 정보통신망을 통해 실시간으로 수집, 처리, 저장된다. 지수적으로 발전해가는 양자컴퓨터 기반의 고도화된 AI 플랫폼은 이러한 데이터를 분석해 생산성을 최대화하는 데 크게 이바지한다. 스마트플랜트의 '눈'이라 불리는 머신 비전/증강현실(AR)을 이용하여 생산 공정이 빈틈없이 관리되고 협동로봇이 분주하게 움직이는 모습이 곳곳에서 관찰된다.

그렇다면 4차 산업혁명 기술은 제조업에 어떻게 활용될 것인가? 다보스 포럼에서 슈밥이 언급한 주요 기술은 사물인터넷, 로봇공학, 3D 프린팅, 빅데이터, 인공지능 등 5대 기술이었다. 주로 ICT 관련 기술이나 물리학, 생물학과 통섭되고 융합되어 스마트 공장, 무인 자율주행 자동차 등 새로운 제품 및 서비스를 창출하는 것이 4차 산업혁명의 특징이라고 슈밥은 강조한다. 또한, 사물인터넷 등 주요 기술이 발전하고, 기술 간의 융합이 활발하게 이루어지면서 4차 산업혁명을 촉발시키고 가속할 것으로 전망했다. 이 전망은 마블시리즈 영화인 '아이언맨'이나 '어벤져스' 한 편을 보는 것처럼 우리의 흥미를 불러일으킨다. 그리고 이러한 기술 중 일부는 우리 곁에서 이미 상용되고 있다.

우리나라 산업 분야의 로봇 도입률이 전 세계 1등이라고 한다. 국내 자동차회사의 용접 라인은 대부분 로봇에 의해 자동화되었다. 무겁고, 힘들고, 더러운 일을 하는 공정에 사람 대신 로봇을 이용하고 있다. 중소 기계 가공업체 역시 과거의 수동 선반 대신 CNC 선반을 사용한다. 인간이 프로그램한 결과를 컴퓨터가 받아 자동화 선반을 움직여 실물을 가공하는 자동화 기술이 핵심이다. 무인 자율주행차 역시 국내에서도 개발되어 시험 주행을 하고 있다. 이렇듯 이미 인공지능이나 로봇공학, 사물인터넷 기술은 우리의 산업 분야에서 광범위하게 적용되고 있다.

전문가가 보는 스마트플랜트의 미래 모습은 어떠한가도 흥미를 끈다. 대부분 스마트팩토리는 4차 산업혁명 기술의 경연장이 될 것이라는 데 동의한다. AI, IoT, 빅데이터, 로봇, 클라우드, 증강현실 등 첨단 기술이 접목된 집합체인 이 플랜트의 주도권을 놓고 기업 간, 국가 간 치열한 경쟁도 벌어지고 있다. 미국 시장조사기관 Market & market에 따르면 세계 스마트팩토리의 시장 규모는 2016년 1,209억 달러(135조 원)에서 2022년에는 두 배 가까이 성장하여 2,054억 달러(240조 원)에 이를 것으로 전망한다. 스마트-디지털 기술의 응용과 관련된 특허기술을 조사해 보았다. 2021년 특허 정보원이 운영하는 특허정보넷 키프리스(KIPRIS)에 지능형 공장, 스마트공장, 스마트팜, 스마트시티를 주제어로 검색해 보면 5월 14일 현재 25,000건이 넘는 특허가 출원되었음을 알 수 있다.

스마트를 검색 주제어로 한 특허 정보넷 키프리스 검색결과

* 2021년 5월 14일 11:25분 기준 (전체 특허 행정상태 기준 검색)

검색 주제어	건수
지능형 공장	1,275건
스마트공장	8,322건
스마트시티	11,065건
스마트팜	4,541건

이러한 특허출원 추세를 종합해 볼 때 제조업의 스마트화는 4차 산업 기술을 접목하여 급성장하고 있고 정부의 중소기업의 지원정책과 맞물려 팽창일로에 있다. 그러나 이러한 성장추세와 함께 생각해야 할 것이 우리에게 스마트제조업을 위한 디지털 플랫폼의 존재 여부다. 여기서 플랫폼이란 기존의 형식지와 암묵지 같은 지식체계를 컴퓨터가 이해할 수 있는 스마트 체계로 바꾸는 디지털 플랫폼을 말한다.

물론 우리에게 이러한 우려를 잠재울 수 있는 디지털 플랫폼이 없는 것은 아니다. 원자력 분야를 좀 더 살펴보자. 1970년대 초 시작된 원자력 프로젝트는 1990년대 초반 본격화된 원전기술 국산화를 통해 원전 건설사업을 지원하는 각종 플랫폼을 개발하여 본격 운영하였다. 이러한 플랫폼은 국내사업 적용을 통한 안정화를 거쳐 UAE 원전사업에도 본격 적용되었다. 이러한 플랫폼이 개발되지 않았다면 일정과 비용의 제한된 여건 내에서 어떻게 원전을 사막에 건설할 수 있었겠는가? 문제는 우리의 사고체계 속에는 지식을 형식화하는 DNA가 서양의 기술자들보다 상대적으로 낮다는 것이다. 국제화된 비즈니스 환경에서 살아남기 위해서는 그들과의 대화방식이 달라져야 한다. 또한, 우리 기술진이 받는 스트레스 요인 중 큰 것 하나는, 외국 관리자들이

우리 직원들에게 기존의 형식지 관리는 물론 암묵지까지도 관리하도록 요구한 것이었다. 이러한 문제에 더해 문화, 언어적 소통의 문제까지 개입되니 현지에 파견된 직원들의 부담감이 컸다.

4개 원전을 짓는 UAE 사업은 2024년 6월 종료된다. 이 사업에서 우리가 얻은 가치는 매우 크다. 큰 이익을 창출해 한전과 한수원을 비롯한 국내회사들의 금고를 채웠고, 이 사업에 참여한 많은 젊은 기술자들이 국제화된 환경을 경험했다. 그러나 가장 큰 가치는 지식화된 플랫폼 없이는 국제적 비즈니스가 불가능하다는 교훈을 체험한 것이다. 귀로 들은 교훈이 아니라 몸으로 느낀 교훈이어서 더욱 가치가 크다.

아무튼 스마트-디지털 기술은 산업 분야업의 생산과정에서 얻어지는 암묵지와 형식지를 ICT 기술 및 통신기술과 결합하여 플랫폼으로 만들어 세계와 공유할 수 있도록 하는 데 가장 큰 의미를 둔다. 이렇게 된다면 제품의 설계·개발부터 생산, 유통·물류까지 산업 분야 전 과정에 걸쳐 지능화, 자동화가 가능해져 생산성을 향상하고 고객 만족도를 높일 수 있을 것이다. 다시 말해 산업의 효율성이 높아지고, 이 기술 적용의 효과가 커질 수 있다.

다. [전략 3] 산업현장에서 필요로 하는 인재를 양성한다.

산업 현장에서 필요로 하는 인재를 양성하기 위해서는 무엇을 해야 할까를 따지기 전에 이러한 일이 왜 필요한지를 생각해야 한다. 한전 김종갑 사장은 현재의 대학교육이 산업 현장에서 필요한 교육을 하지 않는다고 비판한다. 그는 잘못된 교육이란 '지식만 전달하고 문제 해결 능력을 키워주지 못하는 교육'이라고 말한다. 기업에서 필요한 인재를 양성하기 위해 신입사원을 6개월에서 3년 정도 재교육하는 것이 이에 대한 방증이고 우리나라가 교육 열정으로는 세계 1등이지만 교육의 투자 대비 생산성은 가장 낮다고 비판한다.[107] 그의 인터뷰 기사에서 나는 하나의 핵심단어에 주목한다. 바로 '문제해결 능력을 키워주는 교육'이다. 이광형 KAIST 17대 신임 총장은 취임식에서 질문하는 글로벌 창의인재를 양성하는 전략을 강조했다. 이를 위해 인문학을 포함한 학과 경계 없는 융합 교육 과정을 개발하고, 문제 및 프로젝트 중심 교육 등 교육방식의 혁신을 주문했다. 이 총장은 또한 남이 정의한 문제의 답을 찾는 연구에서 무엇을 연구할지 스스로 정의하는 선도적 연구를 요구했다. 추격형 연구를 벗어나 미래연구에 뛰어들게 하자는 것이다.[108]

두 분의 선도자로부터 얻은 키워드는 문제 정의형 인재와 문제 해결형 인재다. 창의성을 좀 더 강조하는 연구중심 교육기관의 총장은 문제 정의형 인재를 좀 더 강조했고, 전력산업을 운영하는 한전의 사장은 문제 해결형 인재 육성을 주문했다. 나는 문제 해결 능력과 함께 문제 정의 능력도 같이 키우는 것이 중요하다는 것에 방점을 찍고 싶다. 문제 정의능력과 해결능력을 동시에 갖추기 위해서는 시스템 사고능력이 필수적이다. 이는 4차 산업의 핵심 기술인 스마트-디지털 기술을 개발하고 활용하기 위해서도 절대적으로 필요한 능력이다. 그렇다면 이런 인재를 어떻게 육성할 것인가? 인적 능력의 개발에 관한 내용은 제4장에서 좀 더 심도 있게 다룰 예정이다.

107) 동아일보, [인터뷰] 김종갑 한전 사장, 2021. 3. 25일자 기사 인용 재구성
108) 동아일보, 동아사이언스, 이광형 KAIST 총장 "포스트AI 대비한 KAIST의 신문화 전략은 QAIST" 2021.03.08.자 기사 참조

3.3 전략을 이루기 위한 다섯 가지 전술

위에 언급한 세 가지 전략을 달성하기 위한 전술에는 어떠한 것이 있을까? 사전에서 전술이란 단어는, '일정한 목적을 달성하기 위한 수단이나 방법'이란 뜻을 담고 있다. 전술은 전략의 하위 개념으로 전술이 단기적이라면, 전략은 장기적이라는 관점에서 서로 다르다. 부산에서 서울로 이동한다고 하자. 전략의 관점에서는 정해진 시간 내에 도착하는 것이 필수적이지만 전술은 버스를 타든 기차를 타든 상황에 따라 서울로 이동하는 목적을 적절히 달성하는 것이 중요하다. 나는 전략을 이루기 위한 방안으로 다음의 다섯 가지 전술을 제시한다.

전술 1 : 문샷이 아닌 시스템적인 접근법에 기반을 둔다.
전술 2 : 파괴적 혁신보다는 연속적 혁신을 추구한다.
전술 3 : 디지털 기술의 발전을 통한 경험의 지식화에 더욱 무게를 둔다.
전술 4 : 개념 정의 단계를 더욱 중시한다.
전술 5 : 문제를 정의하고 해결책을 제시할 수 있는 인재를 양성한다.

가. [전술 1] 문샷이 아닌 시스템적인 접근법에 기반을 둔다.

❖ 문샷과 시스템적 접근법은 어떻게 다른가?

600 kW의 전기를 생산하는 에너지 연 프로젝트

"어렵기 때문에 달에 가겠다"라던 1961년 존 F. 케네디 미 대통령의 '문샷 싱킹(Moonshot thinking)'으로 미국은 과학기술 분야를 선점하며 강한 나라로 거듭났다. 아폴로 계획은 연료전지와 통신, 컴퓨터·로봇 산업부터 고기능 원단 산업이나 동결 건조 식품 분야에 이르기까지 전방위 일자리를 창출하는 구심점이 됐다[109].

문샷 프로젝트란 1960년대 케네디 대통령이 구소련과의 로켓 및 인공위성 개발 경쟁을 벌이던 시대에 1970년대 이전에 달에 사람을 보내겠다는 야심찬 계획을 발표하면서 유명해졌다. 냉전의 논리로 서로를 위협하던 그 시대

109) 조선일보, [데스크에서] 우리에게 문샷은 있는가?, 2019. 5. 27일자 기사에서

에는 미소의 기술경쟁 특히 군비경쟁이 치열했다. 이 과정에서 나온 문샷은 아직도 진행 중이다. 위 그림은 M600 에너지 연(Kites) 프로젝트라고 불리는, 연을 이용해 전기를 생산하는 프로젝트 홈페이지에서 인용한 것이다. 이 연 하나가 600 kW의 전기를 생산해 300 세대에 전기를 공급할 수 있다고 하는데 이것이 실현되면 우리나라 아파트 옥상마다 대여섯 대의 연을 띄워 놓고 전기를 얻는 시대가 올지도 모르겠다.

문샷 프로젝트는 대표적인 '고위험 고수익' 사업이다. 표로 정리했듯이 이 프로젝트는 비판적(Critical), 창의적 사고에 기반을 둔다. 현재에 활용 가능한 기술보다는 획기적이고도 남들이 하지 않는 도전적인 과제에 관심을 기울인다. 스페이스-X 프로젝트와 같이 기발하고 독특한 프로젝트를 사업화까지 연결하는 브렌튼이나 테슬라의 일론 머스크와 같은 인사를 보면 존경스럽기까지 하다. 그리고 이들이 있어 과학기술이 몇 단계 발전한다. 그러나 우리가 다루는 것은 플랜트이다. 플랜트의 속성은 안정성이고 위험을 회피하고, 관리하고 감소하는 전략을 사용하는 것이다. 그러므로 플랜트 설계는 시스템적으로 접근해야 한다. 시스템적 접근을 하는 사람은 큰 그림을 이해하려고 애쓴다. 이러한 '애씀'의 결과로 플랜트 설계 엔지니어링의 위험도는 대폭 감소한다. 또한, 시스템 내의 구성요소들이 시간이 지남에 따라 어떻게 변하면서 일정한 경향과 패턴을 만들어내는지 주의 깊게 관찰한다. 이와 함께 복잡계 시스템인 플랜트가 갖는 복합한 인과관계와 함께 순환적 본질을 찾아낸다.[110]

110) 시스템엔지니어링 핸드북 2.9.2.4, 시스템 시고를 하는 사람들에서 일부 인용, 원래의 글은 Waters Foundation에서 왔다.

문샷 프로젝트와 시스템적으로 접근한 프로젝트의 생존확률과 투자수익률[111)]을 비교해보면 서로 반대가 됨을 알 수 있다. 문샷은 고위험·고수익을 추구하고 시스템적 접근법은 안정성과 지속적 발전을 꾀한다.

유형	문샷 프로젝트	시스템적으로 접근한 프로젝트
사고 (Thinking)	비판적(창의적) 사고	시스템 사고
생존 확률	낮음	90% 이상
투자 수익률 (ROI)	손정의 사장의 알리바바 투자는 약 2890배	2.1배 -7배 (기존 SE 활동 여부에 따라 달라짐)

그렇다면 어떠한 위험과 어떠한 고수익이 문샷 프로젝트에는 존재하는가? 우리나라에서 창업한 기업 10곳 중 6곳은 3년을 넘기지 못하고 문을 닫는다. 벤처기업의 경우 이 생존 확률은 더욱 낮으며, 문샷 프로젝트를 업종으로 하는 벤처의 생존 확률은 더욱 낮다. 반면 스마트팩토리는 90%가 생존한다는 통계도 있다. 투자수익률을 살펴보면, 시스템적 접근법을 중심으로 한 프로젝트의 경우 2배에서 7배까지를 보이지만, 상대적으로 문샷은 확실히 고수익이다. 투자 수익률을 나타내는 ROI(Return of Investment)의 경우는 더욱 극명하다. 소프트뱅크 손정의 사장은 14년 전 알리바바에 205억 원을 투자했고, 2014 증시상장으로 인해 그 가치는 59조 원에 달하게 되었다[112)]. 그러나 벤처기업의 생존 확률을 조사하면 이러한 성공 스토리보다는 실패 스토리가 더 많다. 벤처 생태계가 잘 갖춰진 미국의 경우에도 창업 후 3년 이내 생

111) 손정의 사장의 투자 수익률은 신문기사마다 조금씩 달라 중앙일보의 기사를 참조하였고 시스템적 접근법의 투자 수익률은 시스템엔지니어링 핸드북을 참조하였다.
112) 조선일보 기사 참조, 알리바바 투자 3000배 수익 손정의 회장, 2014.07.16

존률은 58% 정도이고, 한국은 더 어려워서 38%만이 생존하는 것으로 나타났다.

결론적으로 이미 있거나 진보 중인 시스템 개발을 중심으로 하는, 스마트-디지털 기술을 적용한 스마트플랜트는 시스템적으로 접근해야 한다. 문샷 프로젝트가 이슈가 되고 사람들이 열광하는 것은 새로움에 대한 동경 때문이고 천문학적인 고수익의 측면만 바라보기 때문이다. 하지만 실상은 생존확률이 워낙 낮고 고위험성 비즈니스다. 그렇기에 문샷 접근법은 무조건 성공해야 하는 우리에게는 '가까이하기에는 너무 먼 당신'이 아닐까?

스마트-디지털 기술을 통한 가치를 얻기 위해 시스템적 접근법은 왜 필요한가? 시스템적 접근법은 시스템적 사고와 밀접한 관계가 있다. 여기서 시스템적 사고의 핵심은 시스템을 전체론적으로 생각하고, 문제의 경계와 대상이 되는 해결책을 설정하는 것, 그리고 경계 바깥에 있는 결과적인 대상 시스템을 고려하는 것이다[113]. 이 접근법은 시스템을 '부분적인 전체 (Holon)'의 시각으로 본다. 그 자체로서는 전체 시스템이지만, 상호작용하는 부분을 형성하는 동안에는 광대한 환경에서 다른 Holon의 일부분과 관계하는 실체가 된다.

시스템적 사고는 문제 상황을 이해하고 개입하는 것과 연관성이 있다. 이 사고는 시스템 개념을 사용하고 시스템의 기본과 패턴에 대한 기초를 생성한다.

SEBOK에서 인용한 다음 그림은 지식을 어떻게 표현할 것인가에 대한 속성을 축약해서 나타낸다. 시스템 접근법은 개방적인 대상 시스템에 초점을 맞춘다. 이 대상 시스템은 종종 상호작용하는 부 시스템으로 구성되는데, 이

113) Senge, Churchman, Meadows, Systems Thinking,

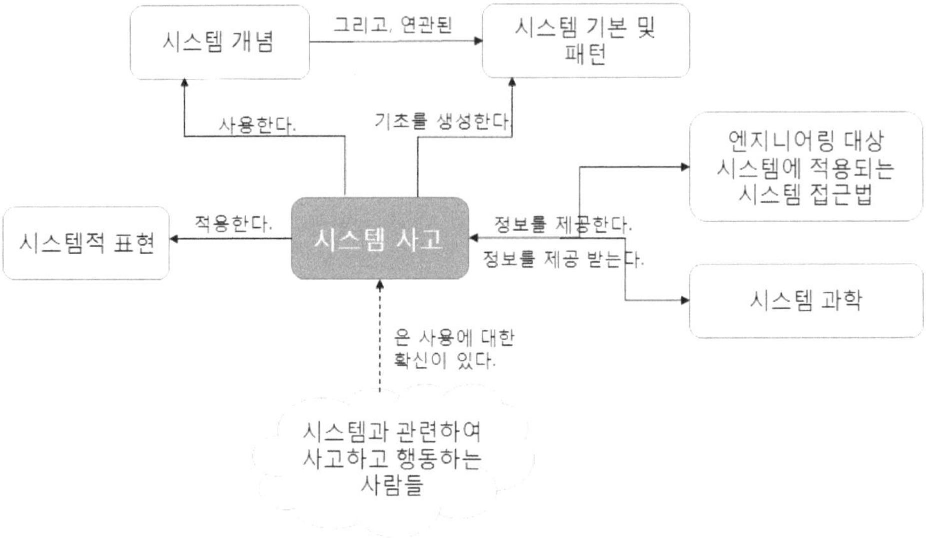

시스템 사고에 대한 개념도

는 전체로서 상호작용하고, 동일한 환경 내에 있는 다른 시스템에 자신을 맞춘다.[114)]

공학을 바탕으로 만들어진 시스템에는 시스템 접근법을 어떻게 적용해야 할 것인가? 이 접근법은 복잡한 문제와 기회를 식별하고 이해하고, 가능한 대안을 조합하며, 최선의 대안을 선정하고, 해결책을 구현하고, 승인하며, 배치하며, 시스템을 지속시키고 사용하기 위한 지침을 제공한다. 공학을 바탕으로 만들어진 시스템의 맥락에서, 시스템 접근법은 시스템의 전체 수명을 범위로 하는 전체론적인 접근법이나, 통상 개발과 운영/지원 수명주기에 적용된다. 이는 또한 공통의 언어와 지적인 배경을 사용하여 시스템 접근법을 정의하고 이를 통해 시스템의 개념, 원칙, 패턴 및 도구가 잘 활용될 수 있도록 한다.[115)]

114) SE Body of Knowldege, 119쪽 번역 수록하였다.
115) SE Body of Knowldege, 157쪽을 번역 수록하였다.

시스템적 접근법의 가장 큰 혜택은 새로이 나타나는 성질인 창발성을 얻을 수 있다는 점이다. 체크랜드는 창발성[116]을 '개체(entities)가 보여주는 특성으로, 부분이 아닌 전체로서의 속성을 가질 때 의미가 있다'라고 정의한다[117]. 새로이 나타나는 시스템의 거동은, 단일한 요소의 작동보다는 시스템 요소 간의 관계와 상호작용의 결과로 보일 수 있다. 이는 시스템 요소들의 복합적인 작동과 특성으로부터 나타나고, 요소들 간의 허용된 상호작용이나 구조로부터 나타나며, 시스템이 놓인 환경으로부터 자극에 의해 영향을 받거나 유발된다. 창발성은 자연 속에서 일상적으로 나타난다.

중요한 것은 시스템이란 것이 시스템 요소 간 상호작용이고 이 작용의 결과로 새로운 성질인 창발성이 생겨나게 하는 것이 스마트플랜트와 같은 결코 실패해서는 안 되는 프로젝트의 접근법이 되어야 한다는 것이다. 시스템의 창발적 특성은 다음과 같이 정의할 수 있다.

> '복잡한 시스템의 특성으로 새로 나타나는 것이라고 불리며, 비록 간략화한 구성으로 특징지어지는 관계나 특성에 기인하긴 하나 결코 예측할 수 있거나, 낮은 단계의 특성으로 나누어질 수는 없다.

이러한 복잡한 시스템의 성공적 구현을 위해서는 이미 설명한 대로 학제[118] 적인 접근을 넘어 초학제적인 방법과 수단이 필요하다.

---

116) 영어 Emergence Property를 창발성으로 번역하였다.
117) SE Body of Knowldege, 87쪽을 번역 수록하였다. 원천문서는 Checkland, Systems Thinking, Systems Practice. John Wiley & Sons, 1999 이다
118) Multi-Disclplinary

그림은 프로젝트 수행능력이 기술과 인력 그리고 프로세스의 벡터 합임을 알려주고 있다. 즉, 훌륭한 인력과 기술력을 갖고도 시스템 개발능력이 낮아진다는 것은 프로세스가 시스템적으로 이루어져 있지 않기 때문이라는 것을 의미한다. 중소기업에서 항상 나오는 현실적 문제는 인력과 기술능력이 대기업보다 낮아 고부가가치의 제품을 생산할 수 없다는 것이다. 이럴 때 이 그림은 프로세스를 먼저 갖춤으로써 이러한 약점을 보완할 수 있음을 보여준다. 또한, 인력과 기술능력은 장기적 관점에서 향상될 수밖에 없는 반면, 프로세스의 개선은 바로 도입하여 실행하면 틀림없이 효과를 볼 수 있다는 교훈을 준다.

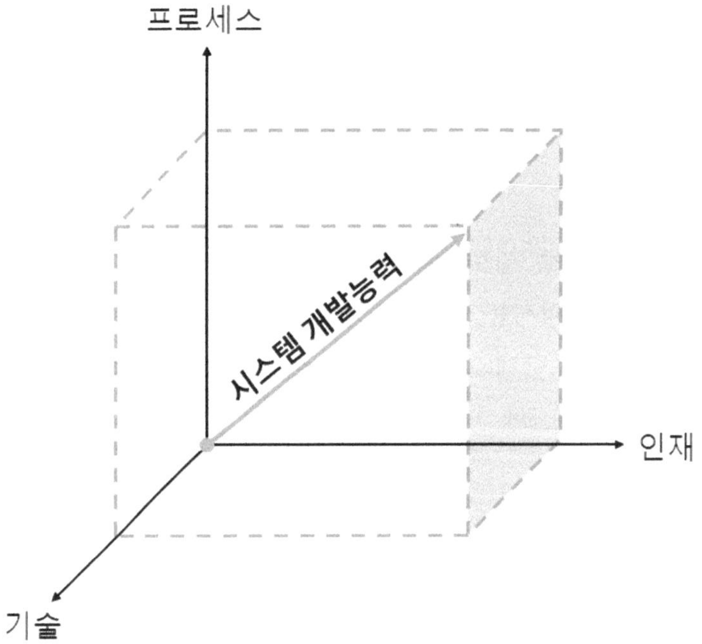

시스템 개발능력은 프로세스, 기술적 수준, 그리고 사람의 3 요소가 벡터적 합을 이룬다.

❖ 프로젝트 성능은 시스템엔지니어링의 수행능력에 따라 달라진다.

다음 그림에서, 프로젝트 성능 항목은 미국 방위산업협회(NDIA)와 카네기 멜론 대학교, IEEE가 공동으로 148개의 개발 프로젝트에 대한 시스템엔지니어링의 효과성을 발표한 것이다. 2012년에 발표한 이 조사결과는 높은 수준의 시스템엔지니어링 전문성과 능력을 투입한 프로젝트의 약 56%가 아주 높은 수준의 성능을 나타냈고, 중간 이상의 성능 역시 13%에 달해, 전체적으로 69%의 시스템 개발 프로젝트가 좋은 성능을 보여주었다.[119)]

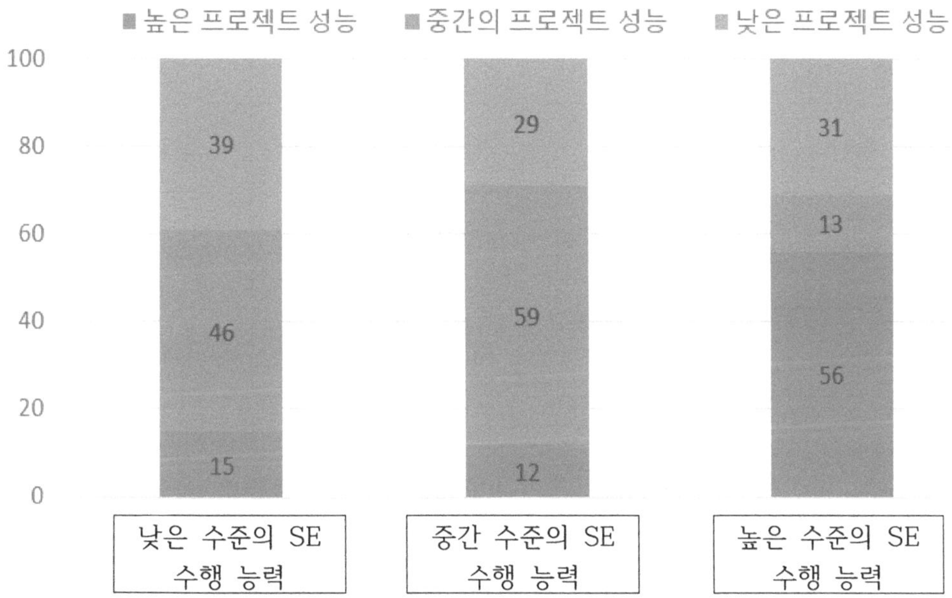

프로젝트에 대한 시스템엔지니어링의 효과성 (NDIA 발표)

119) Elm and Goldenson, 2012, 시스템엔지니어링 핸드북 Ver. 4.0, 2.8.1 시스템엔지니어링의 효과성에서 재인용하여 다시 그렸다.

나. [전술 2] 파괴적 혁신 보다는 연속적 혁신을 추구한다.

파괴적 혁신은 클레이튼 크리스텐슨[120]이 주장하여 유명해졌다. 물론 파괴적 혁신도 기업의 생존과 성장을 위한 방편이다. 그렇다면 스마트플랜트와 같이 안정 속에 발전을 기하는 제조업의 경우 파괴적 혁신이 바람직한가? 그리고 파괴적 혁신 외에 연속적 혁신의 방법은 없는 것이고 이를 채택할 경우 제조업 혁신은 이루기 어려운가? 다음의 표를 보자. 존속적 혁신과 연속적 혁신, 그리고 파괴적 혁신이 비교되어 있다.

혁신의 종류별 대상과 접근법 및 고객의 기대치

유형	대상	접근법	고객 기대치
존속적 혁신	주 고객층	기능, 품질의 고도화	높고 까다로움
연속적 혁신	주 고객 + 신규 고객	가치와 함께 효과성을 함께 고려	높고 효용도 고려
파괴적 혁신	신규 고객	새로운 가치를 창출	궁극적 효용에 집중

존속적 혁신은 기존 고객을 대상으로 한다. 주로 기능과 품질을 높여 까다롭고 높은 고객 기대치를 만족시킨다. 반면 파괴적 혁신은 주로 신규 고객층을 발굴한다. 대표적인 사례가 필름을 사용하는 아날로그 카메라 시장에 집중하다가 디지털카메라라는 파괴적 혁신에 올라타지 못한 코닥사다. 비록 디지털카메라 기술을 개발한 원천기술 소유자였지만 혁신의 물결을 거부하다가 두 사업 모두를 잃는 잘못을 저질렀다. 디지털카메라라는 새로운 가치를 창

120) Clay M. Christensen, 파괴적 혁신, 세종서적

출하고 그의 궁극적인 효용에 집중하여 고객의 기대치에 부합하는 전략이 바로 파괴적 혁신이다. 반면, 이 두 혁신의 장점을 살려 고객의 높은 기대치와 함께 효용성을 높이는 전략을 취하는 것이 바로 연속적 혁신이다. 제조업의 특성을 고려하면 가장 이상적인 하이브리드적 접근법이라고 말할 수 있겠다. 왜냐하면, 주 고객도 관리하면서 신규 고객도 유치할 수 있기 때문이다.

다. [전술 3] 디지털 기술의 발전을 통한 경험의 지식화에 더욱 무게를 둔다.

기존에 발표된 디지털 기술의 여섯 가지 특징 중에서 다음의 네 가지 특징에 대해 언급해 보자.

첫 번째 특징 : 산업과 시장, 소비자의 변화
두 번째 특징 : 파급력
세 번째 특징 : 지식화
네 번째 특징 : 무료화, 대중화

디지털 기술은 기하급수적 성장을 보이고, 어떤 특이점을 보일 때 전혀 다른 특성으로 변화할 수 있다는 점을 앞 장에서 설명하였다. 이를 싱귤래리티라고 부른다. 레이 커츠와일[121]이 '기하급수적 성장이 기대되는 미래기술들'을 적용해 문제를 풀 수 있도록 리더들을 교육하고, 영감을 주고, 힘을 실어주기 위해 세운 싱귤래리티 대학[122]의 안내자료는 그가 디지털 기술의 6가지 특성을 교육의 근본 철학으로 이해하고 있음을 알려준다.

121) Raymond "Ray" Kurzweil
122) 월간 CEO&(http://www.ceopartners.co.kr) 2015.10.01. 기사 일부 인용 재작성

복합 시스템 산업에 축적된 경험의 지식화를 위해서는 다음의 세 가지 능력이 필요하다. 물론 필자의 관점이다.

- 기존 연구개발 성과를 응용하여, 전통적인 제조업을 가치 창출 센터로 변환하는 능력
- 산업화 2세대의 경험에 기반한 암묵지를 IT 플랫폼을 이용한 형식지로 바꾸는 능력
- Know-Why 기술을 깨우쳐 Know-What과 Know-How 기술을 자유롭게 구사할 수 있는 능력

전 장에서도 설명했듯이, 기업의 형식지와 암묵지를 접목하여 전통산업을 지식산업으로 바꿀 수만 있다면 정형적인 데이터는 기업의 고유지식으로 더욱 발전되고 비정형적인 데이터는 정보화와 지식화를 거쳐 기업의 고유지식으로 변환될 수 있다. 암묵지를 형식지로 만드는 과정을 예를 들어 설명하면 다음과 같을 것이다.

- 기존의 문서를 모델로 만들어 문서 상호간의 추적성을 확인한다.
- 각종 법적, 규제적 표준과 현재의 산업과의 연관성과 이로 인해 파생된 각종 문제점을 도식화(圖式化)하고 이를 분석하고 가공할 수 있는 살아있는 지식체계로 만든다. 도식화를 위해서는 가시화도 필요하다.
- 펌프, 밸브와 같은 설비 정보와 제어 메커니즘을 시뮬레이션이 가능한 모델로 변환하여 관리하는 작업도 하나의 사례가 될 수 있다.

이러한 과정에는 스마트-디지털 기술을 이용하여 나와 같은 산업화 2세대의 암묵지를 발굴하는 것이 필수적이다. 마치 가상화폐를 채굴하듯 디지털 플랫폼을 이용하여 Know-Why, Know-What과 Know-How의 세 단계를 형식화된 지식체계로 만드는 것이다. 아쉽게도 이를 지원할 수 있는 ICT 플랫폼은 아직 소개되지 않았다. 기존 경험지식을 형식화하기 위해서는 개방된 데이터 체계를 서로 연결하는 것[123]이 중요하다. 빅데이터 처리를 통해 가치를 얻는 것이 하나의 기업 성공 지표가 되는 21세기에, 사물로부터 인간의 사고로 확장되는 데이터 연결은 공상이 아닌 현실이 되고 있다.

플랜트에서 생성되는 데이터를 연결할 수 있다면 그 활용도는 폭발적일 것이다. 최신의 원자력발전소 한 기를 짓는 데는 수만 건의 설계문서가 필요하다. 이 문서를 관리하고 서로 간의 연결성을 일일이 찾아내는 것은 보통 어려운 일이 아니다. 생각해 보자. 원전의 수명은 통상 60년으로 설정한다. 그러나 철근 콘크리트로 지어진 격납용기와 같은 건축물은 100년을 넘겨도 끄떡없다. 로마의 수도교(水道橋)는 건설된지 이 천년에 가깝지만 그 웅장하고 아름다운 자체를 뽐내고 있지 않은가? 철근 없이 자갈과 원시적인 시멘트를 섞어 만들었는데도 말이다. 현대적인 기술로 지어진 각종 구조물과 기기들의 실질 수명은 100년 이상이다. 1970년대 초에 지어진 미국의 원자력발전소는 최초 40년 수명이 다한 후 20년을 더 연장해 사용하더니 이제는 80년까지 수명을 연장하는 작업이 진행 중이다. 정치적인 이슈에 대해 말하고 싶지는 않으나 국내 고리 1호기나 월성 1호기의 조기 폐쇄 결정은 정말 아쉽다.

123) Linked Open Data

플랜트는 다른 제품에 비해 수명이 무척 길다. 반면 지식관리는 그만큼 어렵게 된다. 이럴 때 활용할 수 있는 현재의 기술이 '연결된 공개 데이터' 개념이다. 이 지식관리의 핵심은 데이터를 구조화시켜 컴퓨터가 인식할 수 있도록 만드는 것이다. 이 공개 데이터와 연결 데이터 두 측면을 강조하는데, 공개 데이터는 가용성과 접근성이 있어야 하고, 재사용성과 재배포가 가능한 형태여야 하며, 모두의 참여가 가능하여 이용에 제한이 없어야 한다는 것이다.[124] 웹을 개발한 팀 버너스-리[125]는 데이터의 공개 단계와 효과를 다음과 같이 설명하고 있다.

1단계 : 데이터를 웹에 공개한 상태 (데이터 포맷과 상관이 없다)
2단계 : 구조화하여 컴퓨터가 데이터를 처리할 수 있는 형태
3단계 : 비독점적 포맷, 개방형 포맷으로 데이터를 개발한 상태
4단계 : 사람들이 개체를 식별할 수 있도록 URI[126]를 사용하고 있는 상태
5단계 : 데이터의 문맥과 배경을 제공하기 위해 다른 데이터와 연결된 상태

---

124) 원천 문서는 Open Knowledge Foundation. (2012). Open Data Handbook Documentation. , http://opendatahandbook.org/en/ 에서 얻을 수 있다.
125) Team Burners-Lee : CERN 연구소에서 WWW 개념의 기초가 된 인콰이어(Enquire)를 개발 하였다.
126) URI : Uniform Resource Identifier, 인터넷에 있는 자원을 유일하게 식별 가능하도록 하는 식별자

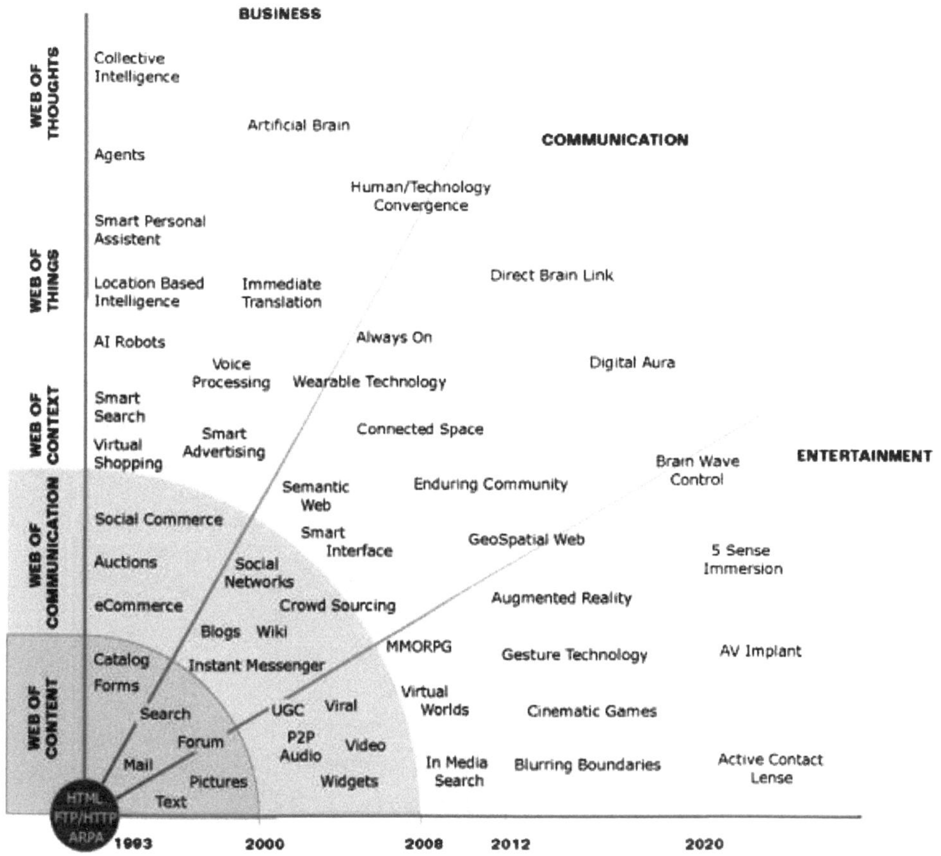

웹의 확장-사물 웹으로부터 사고의 웹 까지

위 그림의 예측으로는 사물을 연결하는 웹이 2020년까지 만들어져 사업과 통신, 오락 분야에 활용되고, 이후에는 인간의 사고가 서로 연결되는 웹이 개발된다. 인간의 뇌가 웹에 직접 연결되고, 인간의 오감이 융합되며, 가상의 뇌가 생겨나는 특이점을 넘어서는 시작점은 바로 올해(2021년)다. 일론 머스크도 뇌와 컴퓨터를 연결하는 기술이 곧 실현된다고 예측하고 있다. 영화 매트릭스와 같은 가상계와 인간계를 넘나드는 일이 벌어진다니 기대도 되고 섬뜩하기도 하다.

라. [전술 4] 개념 정의 단계를 더욱 중시한다.

개념 설계 단계를 중요시하는 이유는 개발 위험도를 낮추고 시스템 개발비용과 개발 기간을 줄이기 위해서이다. 아래 그림은 시스템엔지니어링 핸드북 2.8절에 소개된 누적 수명주기 비용에 설계변경 기회에 대한 곡선을 덧입혀 작성해 본 것이다. 이미 개념설계단계에서 시스템 개발비용의 70% 이상이 결정되므로 이 단계를 무시하고 설계와 개발단계에 들어섰다가는 설계변경으로 인해 개발비용이 늘어나 시스템의 개발 위험도가 높아짐을 알 수 있다.

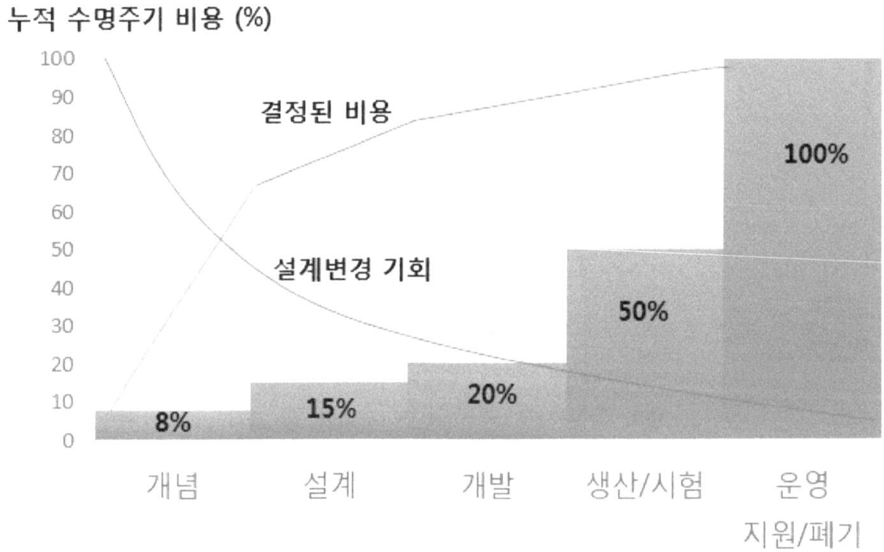

수명주기 단계별 누적 비용과 설계변경 기회의 증가와 감소

그렇다면 시스템엔지니어링에서는 개념설계를 어떻게 진행해야 할까? 이 질문에 대한 하나의 답은, **'시스템적 접근법을 통해 가능하다'**는 것이다. 그렇다면 시스템 접근법을 통해 무엇을 해야 할까라는 질문이 생겨난다. 피터 드러커는, *"자연과학 분야에서는, 필요한 새로운 지식을 '시스템적'으로 접근*

해 창출하는 방법의 개발에서 우리는 큰 진전을 거두었다. 시스템적으로 접근하면, 이후 필요한 기술이 있는 사람들을 작업에 투입해서, 다양한 지식이 있는 사람들과 하나의 팀에서 함께 일할 수 있도록 해준다. 제2차 세계대전 중 원자폭탄을 공동으로 개발한 것은 다만 최초의 사례였을 뿐이다. 뒤이어 소아마비 예방을 위한 백신이 그런 방식으로 개발되었다.[127]"라고 소개한다. 공학적으로 만들어진 시스템에 적용하기 위한 시스템 접근법은 다음의 세 가지 핵심분야에 대한 지침을 제공하는 데 필요하다.

- 복잡한 문제와 기회를 식별하고 이해하며,
- 가능한 대안을 조합하며, 최선의 대안을 선정하고, 해결책을 구현하고,
- 승인하고 배치하며, 공학적으로 만들어진 시스템을 지속시키고 사용한다.

공학적으로 만들어진 시스템의 맥락에서, 시스템 접근법은 시스템의 전체 수명을 범위로 하는 전체론적인 접근법이지만 통상 개발과 운영/지원 수명주기에 주로 적용된다. 시스템엔지니어링은 시스템 접근법에 기반하여 시스템 사고에서 다루는 개념, 원칙, 패턴 그리고 표현법을 사용한다. 히친스는 시스템엔지니어링의 바탕을 이루는 4대 원칙과 '왜, 언제, 얼마나 자주 수행하는지'에 대한 수명주기 사고의 동적 3대 원칙을 다음과 같이 제시하고 있다.

127) 피터 드러커, 단절의 시대, 한국경제신문사

❖ 시스템엔지니어링을 이루는 4대 원칙

- 시스템 접근법
- 조합
- 전체론
- 유기체적 비유

❖ 시스템엔지니어링의 수명주기 사고의 동적 3대 원칙

- 적응적 최적화 : 문제 해결능력이 시간에 따라 증가
- 진보적인 엔트로피 감소
- 적응적 만족성 : 이해관계자의 목적에 기여

마. [전술 5] : 문제를 정의하고 해결책을 제시할 수 있는 인재를 양성한다.

전술 5의 인재양성은 앞에서 논의된 4개의 전술이 융합된 형태로 나타나게 된다. 이 전술은 제4장 '4차 산업혁명 요소기술의 응용을 통한 고등 공학교육 개혁'에서 좀 더 심도 있게 다루고 있으니 참조하시기 바란다.

4

chapter

4차 산업혁명 요소기술의 응용을 통한 고등 공학교육 개혁

4.1 문제정의와 해결이 가능한 인재 양성을 위한 교육개혁 방안

4.2 국제화된 환경에 적합한 인재 양성

4.3 MBTI를 통해 관찰한 총론적 인재와 각론적 인재 구분

4.4 온라인 교육의 함정과 스마트-기술에 의한 공학교육 혁신의 기회

"재즈는 즉흥 연주의 예술이다. 하지만 그 즉흥적인 솔로가 빛을 발하려면 그 주변을 에워싸고 있는 작곡된 부분, 약속된 부분 역시 아름다워야 한다."[128]

새로운 기술의 적용이나 프로세스의 통합 이전에 사용자에 대한 교육과 동기부여가 가장 중요하다는 아이그너 교수의 다음 공식은 기억할 필요가 있다.

$$S = 100E + 10P + T$$ [129]

여기서 S는 제품수명주기관리 프로젝트(PLM)[130]의 성공확률이다. 위 식에서 E(education)은 사용자에 대한 교육과 동기부여이고 P(process)는 조직의 업무처리 과정, T(technology)는 기술이다. 이 식을 보는 여러분은 궁금할 것이다. 왜 아이그너 교수는 기술에는 아무런 가중치를 주지 않고 사용자 교육과 동기부여에 엄청나게 많은 가중치를 주었는가? 사용자의 이해 없이는 어떠한 기술도 그리 효과적이지 않았다는 것은 국내 중화학 공업과 산업 분야가 활성화되기 시작한 1980년 이래 이미 경험한 사항이다. 얼마나 많은 소프트웨어 솔루션이 본격적으로 업무개선에 이용되지 못하고 캐비닛에 처박혀 있다가 쓰레기통으로 들어갔는가? 두 번째로 가중치가 높은 인자는 과정(프로세스)이다. 특히 운용개념이 중심이 되지 않는다면 아무리 화려한 치장을 한 시스템이나 플랜트도 그렇게 성공하기는 쉽지 않다. 공식에서 기술에는 가중치가 없다. 물론 산업 분야업의 특성에 따라 P, T, E의 값이 달라질 것이므로 어떠한 인자가 가장 높은 값을 가질 것인

128) 황덕호, 당신의 첫 번째 재즈음반 12장, 포노

129) Why PLM project (still) fall, ProSTEP Symposium 2009, 스마트공장 경영과 기술 263페이지에서 재전제, 드림디자인

130) Product Lifecycle Management : 2000년 이후에 출현한 제품수명주기관리 솔루션을 통칭한다. 제품과 프로젝트 관리, 비즈니스 협업, 비즈니스 작업장, 재고, 공통 기능 등의 모듈이 일반적으로 사용되며, 비즈니스와 피트니들과의 협업등의 모듈도 제공한다.

지를 쉽게 예단할 수는 없다. 그러나 아이그너 교수가 강조한 순서인 E, P, T는 기억하도록 하자.

4.1 문제 정의와 해결이 가능한 인재 양성을 위한 교육개혁 방안

최고의 운동선수나 음악가에게는 연습을 게을리하지 않는다는 공통의 특징이 있다. 파블로 카잘스에게 젊은 기자가 물었다. "선생님은 이 세상에서 가장 위대한 첼리스트입니다. 그런데도 95세가 되어서도 아직도 하루에 여섯 시간씩 연습하는 이유가 무엇입니까?" 카잘스는 주저 없이 대답했다. "왜냐하면, 내 연주 실력이 아직도 조금씩 향상되고 있기 때문입니다."[131] 세상에서 위대하다는 칭찬을 듣는 모든 인사들은 연습과 몰두라는 두 단어에 가장 가깝게 있는 사람들일 것이다. 남들이 따라올 수 없는 경지에 이미 올라선 카잘스에게 왜 반복적인 연습이 필요할까? 그는 연습을 하면 할수록 자신의 연주 실력이 '조금씩 향상된다'라고 말한다. 반복적 연습은 특정 부위의 근육이 붙듯 인간의 사고를 체계화하고, 조직화하여 논리성을 더욱 굳게 만든다. 이러한 잘 조직된 체계적 논리성은 새로운 문제에 봉착했을 때 더욱 힘을 발휘하는데, 우리에게도 문제를 피하기보다는 뚫고 나갈 힘을 준다.

2020년대 이후 테일러의 과학적 관리법을 따르는 산업 엔지니어 시대가 가고 시스템적 접근법을 구사하는 시스템엔지니어의 시대가 왔다. 지식산업이 고도화될수록 산업 엔지니어보다 넓게 보고 시스템적으로 접근하는 시스템엔지니어의 활동영역이 넓어진 것이다. 소위 디지털 제국이라고 칭하는 구

131) 사이언스 타임스, 2004. 1. 26일자 기사 인용 작성

글, 아마존, 페이스북, 애플, 마이크로소프트 등에서 높은 연봉을 받는 직종이 시스템엔지니어라는 사실은 시사하는 바가 크다.

SYSTEMS ENGINEER

Kylene Eagle and her team send commands to the AEHF satellite during launch and orbit operations. As a Satellite Systems Engineer, she ensures the networks between the ground antennas and the U.S. Air Force are working correctly and troubleshoots any issues.

록히드마틴사 인력채용 웹사이트 기사에서 인용한
키렌 이글의 시스템엔지니어로서의 활동 소개내용

위 사진은 미국 록히드마틴사(LM) 인력 채용 공고문에서 인용한 것이다. LM의 위성 시스템엔지니어로서 그녀는 지상 안테나와 미 공군 간의 네트워크가 올바르게 작동하는지 확인하고 문제를 해결하는 역할을 하고 있다. 그녀에게 요구되는 가장 중요한 자질은 업무의 규모와 관계없이 문제를 창의적으로 해결하는 역량이다. 시스템엔지니어인 키렌 이글의 주요 업무를 사례로 소개되고 있다. LM이 정의하는 시스템엔지니어의 역할은 다음의 글상자와 같다.

시스템엔지니어는 전체 프로그램 수명주기 동안 프로그램을 지원하며, 고객의 우주 및 미사일 방호 시스템 요구사항을 아키텍처 및 요구사항으로 정확하게 변환한 다음 하위 시스템 및 구성요소에 할당함으로써 프로그램이 모든 고객 및 임무 요구사항을 충족하도록 돕는 접착제 역할을 합니다. 시스템엔지니어는 모든 기술 분야가 서로 연계되도록 하여 고객의 가장 어려운 과제를 해결합니다.

그럼 LM의 우주 사업부에서 시스템엔지니어는 어떠한 일을 하고 있을까?

- 모델 기반의 시스템엔지니어링
- 엔지니어링 프로젝트 관리
- 시스템 아키텍처 및 운영개념 수립
- 서브 시스템의 통합을 통한 시스템 개발
- 시스템 요구사항 계획수립 및 검증
- 임무 운영서 개발
- 시스템 모델링 및 시뮬레이션
- 형상 및 데이터 관리

여기서 내가 LM사의 시스템엔지니어 업무를 여러분에게 소개하는 이유는 현재의 대학교육이 산업체에서 요구하고 있는, 창의적 문제 해결 능력을 키우고 있는가를 묻고 싶어서이다. 대학교육은 필연적으로 학제적 모습이 될 수밖에 없다. 단순히 전공 분야를 물리적으로 묶어 수업을 진행하는 다학제적 접근법을 넘어, 융합과 화학적으로 결합된 교육체계를 산업체는 요구한다. 4차 산업 분야에 근무하게 될 젊은 인재들에게는 LM이 나열한 시스템 개발과 운영에 연관된 조직, 계획, 통합, 측정, 관리 등의 능력을 갖추는 것이 필수적이다. 산업과 사회의 변화에 즉각적으로 적응할 수 있도록 인재를 육성하는 것도 중요하다. 미국 우주 항공 분야를 포함한 방위산업 분야에서 시작된 시스템엔지니어링은 원자력과 에너지산업 분야로 확산되었고, 다시 ICT 분야에 급격히 도입되고 있다. 소위 미국의 디지털 5개 제국인 애플, 페이스북, 마이크로소프트, 아마존, 구글 등의 인력 채용 공고에도 시스템엔지니어 채용 기사는 빠지지 않는다. 직장을 찾는 인재는 자신의 시스템엔지니어링 역량을 입증할 수 있어야 한다. 그렇게만 되면 높은 연봉의 직장은 널려있다.

공유차량 분야의 선도기업 우버가 찾는 선임 시스템엔지니어의 역할을 살펴보자.

프로그램 리더, 제품 및 엔지니어링 팀과 협력하여 문제를 정의하고 솔루션을 설계하고 범위를 지정합니다. 전반적인 기술 아키텍처 및 솔루션 에코 시스템을 정의하고 기본 및 혁신 이니셔티브의 실행을 주도합니다. 플랫폼의 워크플로우 기능을 활용하여 시스템 통합 및 프로세스 자동화를 수행합니다. 현재 상태에 대한 포괄적인 이해와 함께 플랫폼 기능에 특정한 미래 상태 전략 개발을 지원합니다. [132)]

132) 우버의 선임 시스템엔지니어 구인공고문, https://www.dice.com/jobs/detail/Sr-Systems-Engineer%2C-ServiceNow-Uber-Corporate-Sunnyvale-CA-94086/90958168/102624

위의 LM과 우버는 각각 방위산업과 운송사업을 하는 회사이지만 회사의 구인공고문은 거의 유사하다. 2021년 4월 22일을 기준으로 미국의 시스템엔지니어 구인공고는 약 1,800개에 달한다. 2009년 CNN은 미국에서 가장 유망한, '하늘을 나는 직종'으로 시스템엔지니어 직종을 소개한 바 있다. 구글을 탐색해 보면 시스템엔지니어 구인 추세는 2016년까지 폭발적으로 증가하다가 현재는 안정세로 돌아섰음을 알 수 있다. 그러나 구인에 비해 자격자의 수가 모자라서 능력 있는 시스템엔지니어를 찾는 구직자 중심의 시장이 여전히 형성되어 있다.

구글의 시스템엔지니어링 직종의 임금분포가 웹사이트에 나와 있어 여러분께 소개한다. 시스템엔지니어의 평균임금은 175,000달러를 넘는다. 하위 25%의 평균 연봉이 1,423,000달러 정도이니 고액 연봉자로 분류될 수 있다.

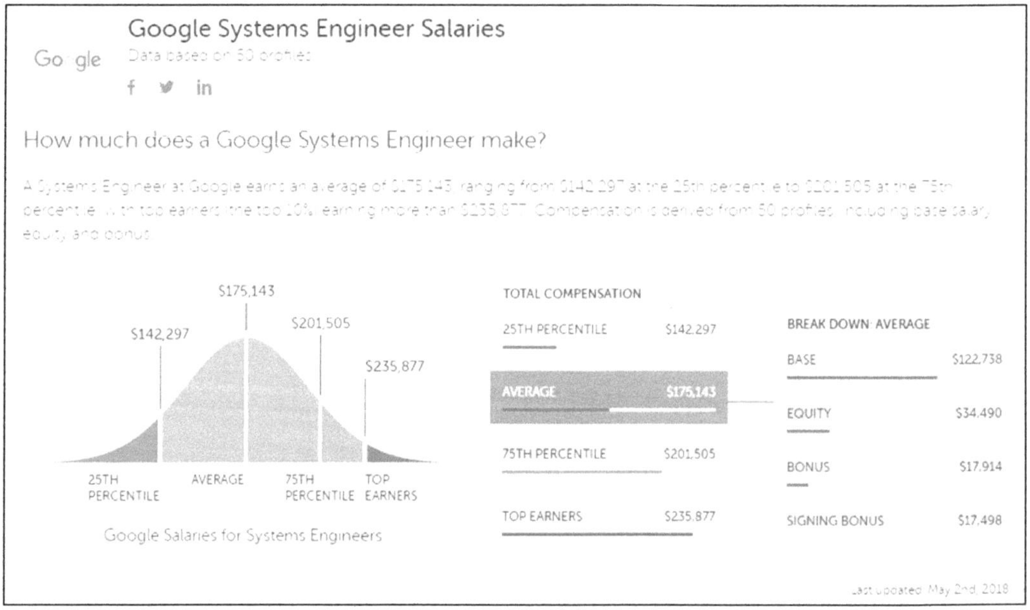

구글 시스템엔지니어링 직종의 임금분포

미국의 경제가 기존의 제조업에서 장기간의 침체기를 거쳐 지식산업으로 변환되는 데 가장 큰 역할을 한 것이 시스템엔지니어링이라면 모두가 동감할지는 모르겠다. 그러나 내가 보는 관점에서는 이 또한 핵심적인 요소로 작용했을 것으로 생각된다.

다시 LM의 시스템엔지니어 업무 분야로 돌아가 보자. 대학, LM에서 요구하는 능력은 사실 모든 엔지니어에게도 공통적으로 요구되는 것이다. **'우주 및 미사일 방호 시스템 요구사항을 아키텍처로 정확하게 변환한 다음 하위 시스템 및 구성 요소에 할당'**하는 업무는 시스템엔지니어뿐만 아니라 일반 기술자들에게도 요구되는 것이다. 그러나 대학이나 대학원 졸업자를 막론하고 이러한 일을 정해진 과정에 따라 잘 수행해 내는 젊은 직원들을 산업 현장에서 만나기 힘든 것은 누구에게 책임이 있는 것일까? 무엇보다 학생을 가르치는 나와 같은 선생과 대학에 일차적인 책임이 있을 것이다.

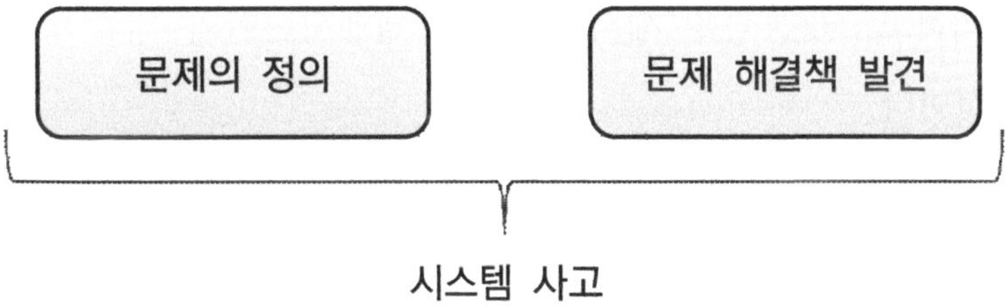

시스템 사고에 기반한 문제의 정의와 문제 해결책의 발견

그렇다면 이를 개선하기 위해 무엇을 해야 할까? 우리 공학교육이 해결해야 할 가장 커다란 문제점은, 우리가 문제의 정의 과정을 배우지 못한 채 문제를 푸는 해결과정으로 뛰어드는 법만을 배운 것에서 비롯되었음을 이미 얘기했다. 왜 이 문제 정의와 해결의 두 영역이 시스템 사고를 기반으로 조화되어야 하는가? 여러분에게 원자력발전소라는 대형-복합 시스템을 개발하는 역할을 줬다면 무엇을 가장 먼저 생각해야 할까? 첫째 이 시스템과 연관이 있는 이해관계자 필요성은 무엇이고 어떻게 만족시킬 수 있을까를 고민할 것이다. 둘째는 발전소의 가동 기간인 60년 동안 일어날 수 있는 각종의 문제를 식별해야 한다. 몇 명의 직원을 채용해야 하는지, 방사성 폐기물은 어떻게 처리해야 하는지, 마지막의 해체 단계에서는 무슨 일 들을 해야 하는지 등등, 고려해야 할 문제가 산더미이다. 셋째에 가서야 이를 체계적으로 해결하는 방책이 제시된다. 즉, 정의되지 않은 문제를 가지고는 올바른 해결책이 나올 수 없다. 사실 대형의 프로젝트, 다양한 시스템이 결합된 복합 시스템이 가진 문제를 정의하는 것은 여간 어려운 일이 아니다. 문제의 정의 과정은 또한 다양성이 커서 쉽게 풀어낼 수 없다. 지난 70년간 축적된 산업화 경험을 토대로 문제를 정의하는 것도 어려운데, 4차 산업혁명이라는 새로운 물결을 타고 스마트-디지털 전환을 이뤄야 하는 대형-복합 시스템의 문제 정의 과정이 절대 순탄치 않은 것은 당연하다. 그렇기에 시스템적 사고를 통해 문제를 정의하고, 해결책을 제시하는 시스템엔지니어의 역할이 무엇보다 중요해지는 것이다.

문제의 정의와 해결이라는 두 영역을 모두 조화롭게 아우르는 방법은 어떤 과정을 통해 습득할 수 있을까? 물론 하나의 방법만이 가능하진 않을 것이다. 앞서 소개한, 'S = 100E + 10P + T' 공식은 교육이 가장 중요하다고 강조한다. 특히 스마트-디지털 기술을 선도할 T-형의 기술적 능력을 갖춘 시스템엔지니어를 육성하는 교육이야말로 가장 중요한 요소가 될 것이다. 나는 이러한 능력의 계발(啓發)에 중점을 둔 교육체계가 성공적으로 개발되고 실행되기를 간절히 바란다. 이런 능력을 갖춘 인재들이 육성되어 본격적으로 실무에 투입된다면 잘 정의된 문제를 바탕으로, 개념설계 단계활동이 성공적으로 수행될 것이고, 또한 모든 문제가 원만하게 해결될 수 있기 때문이다.

가. T-형 기술적 능력을 갖춘 엔지니어

개념단계를 중시한다는 말의 뜻은 전체론적인 관점에서 시스템을 바라보고 문제를 잘 정의하는 능력을 갖춘다는 것이다. 플랜트를 설계하는 엔지니어는 T-형의 기술적 능력을 갖춘 시스템엔지니어여야 한다. 어떠한 능력이 시스템 엔지니어에게 요구되는지 좀 더 알아보자.

첫째, 수직적 전문성이다. 1~2개 기술 분야에 대한 고도의 전문성은 기본이고 여기에 더해 연계되는 기술을 포괄적으로 이해할 수 있어야 한다. 그래야 타 전공 분야 사람들과 원활한 소통이 가능하다. 소통능력은 올바른 의사결정을 내릴 수 있는 기본적이고도 필수적 역량이다.

T-형 기술적 엔지니어에게 요구되는 역량

둘째, 수평적 역량이다. 다시 말해 전체론을 바탕으로 한 포괄적인 업무처리 능력이다. 자신의 전문성과 타 전공 분야에 대한 연계기술 이해능력을 바탕으로 기술개발 업무를 수행하는 것은 물론, 기술관리 업무를 정의하고 해결책을 제시할 수 있어야 한다. 이를 위해 시스템적 사고에 기반한 설계와 개발능력이 필요하다.

독자 여러분도 의문을 가지실 것이다. 과연 우리 주위에 이러한 인재가 있는가? '있기는 할 것이나 많지는 않을 것이다.'라는 답에 여러분도 동의하시리라. 그렇다면 스마트-디지털 시대를 이러한 T-자형 인재 없이 맞을 수 있을까? 아마 매우 힘들 것이다. 현재와 같이 고도로 분화된 전문성 영역 중심의 사고로는 지식의 활용을 통해 가치를 창출하는 스마트-디지털 시대를 이끌어 나가지 못할 것 같다. 그렇다면 기술개발과 기술관리를 전체론적인 관점에서 정의할 수 있고, 해결책을 제시할 수도 있는 인재를 과연 어떻게 육성할 것인가?

나. T-형 엔지니어를 육성하기 위한 프로젝트 기반 학습

프로젝트 기반의 학습은 내가 근무하는 한전국제원자력대학원대학교에서 2012년 3월부터 석사 2년 차 학생들과 진행하고 있는 교육방법이다. 먼저 교수자는 교과 운영계획을 통해 2차 연도에 수행해야 할 프로젝트의 대주제를 정하고, 그 하부에 중주제를, 그 밑에 소주제들을 명시한다. 중주제 밑에 3~4개의 소주제가 편성된다.

하나의 프로젝트는 일 년간 수행되고, 중주제는 한 학기 동안 진행되며 각 소주제는 4주 기간에 완료되도록 한다. 교수자는 프로젝트 수업 착수에 앞서 각 소주제에 대한 계획을 수요자 입장에서 문서로 작성한다. 바로 시스템엔지니어링 계획서(SEP)[133]를 작성하는 것이다.

- 나는 '이러 이러'한 시스템이 필요하다.
- 이 시스템은 '무슨 무슨' 특성을 갖고 있으며,
- 나는 이 시스템의 운용을 통해 '저러 저러'한 혜택을 얻고 싶다.
- 이를 위한 과정은 '그러 그러'해야 하며,
- 이 과정에 '여차한 입력'을 넣어 '이와 같은 출력'을 내야 한다.
- 내가 원하는 결과물은 '다음'과 같은 것이다.

일 년에 8개의 소주제가 운영된다고 하면, 이 SEP 작성에 상당한 시간과 노력이 소요된다. 생각해 보라. 사람이 자기 집을 한번 지으면 모든 에너지와 신경이 고갈되어 폭삭 늙는다는 우스갯소리가 있다. 나도 대전 근교에 집을 개축한 경험이 있는데 인부와 목수 등이 여태껏 만나던 사람들과는 사용하는 언어도 다르고 생각도 달라 무척 고생했다. SEP은 집을 짓는 집주인의 의도를 담은 문서와 같다. 개축할 때 조금이라도 방심하면 방문의 위치가 달라진다. 벽면 한쪽으로 문을 내 달라고 말했는데 퇴근해 보면 이 문은 벽면 딱 중앙에 위치하여 소파를 설치할 수 없게 되는 경우와 같은 일이 무수히 반복된다. 그런데 이런 잘못된 과정에 내 불찰은 없었는가? 도면으로 그려서로 충분히 이해할 수 있게 시간을 갖는 과정은 왜 빼먹었던가? 후회해도 소용없는 일이다. 집주인이 바빠 설계와 감독을 소홀히 하면 그 집에는 하자가 발생한다. 잘 작성된 SEP은 이러한 오류를 방지하기 위한 첫 번째 방벽이 된다.

133) Systems Engineering Plan

다. Open Ended와 Closed Loop 방식의 교육

학생들을 지도하는 것도 마찬가지다. 학생들을 지도하는 방법으로 대비되는 것이 정형화된 폐쇄 루프(Closed Loop)로 구성하는 것과 개방(Open Ended)성을 보장하는 것이다. 폐쇄 루프 방법은 짜인 각본을 중심으로 출력에 포함된 좋지 못한 점을 연속적인 피드백을 통해 수정하는 과정이다. 여기에는 즉흥성이 일부분만 허용된다. 즉, 학생들은 정해진 범위와 수준의 즉흥성만을 가지므로 최종 출력물의 품질이 균일해지는 장점이 있지만 획기적인 아이디어가 도출되기는 어려운 한계가 있다. 반면, 개방성은 그야말로 문샷 접근이 가능하다. 미국의 올린 공대는 Open Ended 교육 방식을 강조해 매스컴의 주목을 받았다. 요즈음 뜨는 미네르바 대학이나 싱귤래리티 대학 등도 개방성과 과정운영의 즉흥성을 강조한다. 학생들의 창의성을 북돋아 주기 위해서란다. 그러나 수업은 일정한 틀 안에서 진행되고 '시간과 학생 수'라는 제한사항이 있으며 '교실 내'라는 장소의 제한사항도 존재한다. 이러한 각종 제한사항을 극복하기 위한 다양한 장치가 교육 과정 내에 녹아 있어야 한다.

재즈 연주를 좋아하는가? 비밥과 쿨, 하드밥, 프리재즈, 퓨전, 현대 재즈로 구분되는 재즈의 역사에서 즉흥연주는 어디까지가 즉흥이고, 어디까지가 사전에 짜인 코드로 진행하는 것일까? 극히 일부를 제외하고 대중들이 좋아하는 재즈 연주에서 사전에 코드 진행조차 협의하지 않고 진행하는 즉흥성은 존재하지 않는다. 각자의 연주 기량을 통해 장식음, 화음, 리듬 등의 즉흥성을 가미하지만 이 연주 역시 일정한 틀 속에서 진행하는 즉흥성을 기반으로 한다. 물론 현대의 프리재즈 연주자 중 극히 일부는 아무런 사전 약속을 하지 않고 진행하기도 하지만 나 같은 보통 사람이 즐길 수 있는 장르는 아니다. 아무튼 Open Ended 프로젝트 교육의 개방성은 이상적이기는 하나 훈련되지 않은 학생을 문제정의와 해결능력이 있는 인재로 훈련하는 데 활용하기는 매우 어렵다. 좋은 재즈 연주와 같이 짜임새 위에다 학생들이 수용할 만큼의 즉흥성만을 허용해야 학생들의 기량이 바르게 향상될 수 있기 때문이다.

Closed Loop 교육은 궤환(Feed-back) 회로를 가진 앰프와 같이 출력의 응답을 개선하기 위해 고려되고 있다. 궤환 회로는 출력 신호 중 작은 신호를 입력으로 다시 돌려보내는 것이다. 이러면 주파수 특성이 좋아져 고음과 저음 모두 잡음 없이 경제적으로 비교적 좋은 소리를 재생할 수 있다. 문제는 세상 어느 것도 장점만 있는 것은 아니다는 점이다, 궤환을 걸면 음악의 빠른 신호를 재생하는 데 약간의 문제가 생긴다. 빠르게 변화하는 주파수 영역의 궤환으로 인해 신호가 미세하게 지연되기 때문이다. 물론 처음부터 잡음이 없는 맑은 소리를 낼 수 있게 설계되었다면 이 궤환 회로는 필요가 없다. 좋은 부품과 우수한 회로를 적용하고도 궤환 회로에 비해 더 우수한 특성을 얻기 힘든 것이 무궤환 회로다. 그렇기에 좋은 무궤환 앰프는 무척 비싸다.

물론 앰프의 궤환 회로와 교육과정은 특성이 다르므로 일대일로 대비시켜 설명할 수는 없겠지만 일반적 특성은 파악할 수 있을 것 같아 설명해 보았다. 아무튼 내 주위에도 올린 공대를 다녀온 후 Open Ended를 강조하여 수업을 진행한 교수들이 몇 명 있었는데, 의미 있는 결과를 내지는 못했다. Open Ended 프로젝트 수업은 Closed Loop 프로젝트 수업보다 많은 준비가 필요하지만 결정적인 문제는 결과물을 사전에 정의할 수 없다는 점이다. 그렇기에 원자력발전과 같은 고도의 정형화를 요구하는 대상에 적용하기에는 적절치 않다는 결론에 다다르기도 한다.

Open Ended와 Closed Loop 교육의 유형별 비교

유형	Closed Loop 교육	Open Ended 교육
프로젝트 수업 운영 특성	시스템 접근법을 적용함	싱귤레리티를 기반으로 함
사고 (Thinking)	시스템 사고	비판적(창의적) 사고
접근법 (Approach)	실무적 접근법	문샷 접근법
관점 (Perspective)	전체론적 관점	우주적 관점
위험 (Risk)	위험 회피, 관리, 감소	위험 감수

표에서 보듯이 Open Ended 교육의 가장 큰 문제는 창의성을 강조하기 위해 위험을 감수한다는 것이다. 이러한 접근법은 여러 차례 치명적인 사고에도 불구하고 달에 우주인을 보내는 문샷 프로젝트와는 다르게, 항상 성공해야 하는 제조업 분야에서는 직접 수용하기가 어려운 방법이다. 실무적이고도 전체론적으로 다양한 관점을 두루 살펴보는 것이 Closed Loop이라면, 문샷이면서 우주적 관점은 Open Ended의 특징이다. 일론 머스크의 스페이스-X 프로젝트와 같이 전혀 새로움을 창조하는 문샷 프로젝트에는 Open Ended 방식의 교육이 적절할지 모른다. 그가 말한 "실패는 하나의 옵션입니다. 만약 실패하지 않았다면 당신이 충분히 혁신적이지 않았다는 것입니다."[134]라는 발언에서 그가 추구하는 성공의 방정식이 무엇인지를 알 수 있다. 우리가 당연하다고 생각하는 것에 끊임없이 의문을 제시하게 만드는 것이 Open Ended 교육이라면, Closed Loop 교육은 정해진 틀 속에서 시스템적인 요소들이 상호작용할 때 창발성이 나온다는 시스템적 접근법을 근간으로 한다. 우리가 다루는 대상 시스템이 제조업에 필요한 것이므로 극적인 창의성 발현을 위해 실패를 용인할 수는 없다. 언제나 성공해야 한다. 따라서 반복적 훈

134) 이코노믹리뷰, 2016.5. 29일자에서 인용, https://www.econovill.com

련을 통해 실패를 줄이는 법을 익히는 궤환적인 Closed Loop 교육이 더욱 중요한 교육 방법이다.

다음의 표는 Open Ended와 Closed Loop 프로젝트 수업의 특성에 대해 내 나름대로 정리한 것이다. 아직 누구에게도 공인받지는 못한 것이어서 소개하기 좀 부끄럽지만 용기를 내어 담아본다.

Open Ended 와 Closed Loop 프로젝트 수업의 특성 비교

비교 항목	Open Ended 프로젝트 수업	Closed Loop 프로젝트 수업
주 적용 분야	문샷(창의적) 프로젝트	엔지니어링 프로젝트
적용 특징	학생 스스로 모험과 도전을 통해 문제를 정의하고 해결	문제는 교수가 제시 문제 정의과정과 해결 과정에 교수가 촉진자[135] 역할 문제 정의 및 해결책임은 학생이 진다
교수자의 프로젝트 수업 참여	간헐적	Session hour (지식전달 목적의 특강형식) + Project hour(학생의 활동 촉진) 로 나누어 진행
입력	교과과정 설명서 (Syllabus)	교과과정 설명서 (SEP)
요구사항	대략 명시	기능과 성능, 제한사항, 연계 요건 등을 정확히 명시
프로젝트 활동	명시하지 않음	세세히 명시
산출물	대략 명시	정확히 명시
프로젝트 지원	학생 책임	교수자 책임
실패 위험도	높음	낮음

135) 촉진자 (Facilitator) : 화학에서 촉매와 같은 역할을 하는데, 프로젝트 참여자가 동등한 참여기회를 갖고 과제에 집중하도록 돕고 합의된 결론에 도달하는 것을 지원하는 역할을 한다. 프로젝트 리더의 역할과는 다르지만 전 프로젝트 수행과정에 참여힌다.

Open Ended와 Closed Loop 프로젝트 수업의 적용 특성은 어떻게 다른가? Open Ended가 문샷을 대상으로 한다면 Closed Loop는 엔지니어링 프로젝트를 대상으로 한다. 학생의 창의력을 키우기 위해 Open Ended 교육은 학생 스스로 모험과 도전을 통해 문제를 정의하고 해결능력이 향상되도록 유도한다. 따라서 요구사항과 출력 산출물은 대략적으로 명시하고, 세부적인 프로젝트 활동은 오롯이 학생들의 몫이 된다. 반면, Closed Loop는 모든 문제의 정의 과정과 해결 과정에 교수자가 촉진자로서 개입한다. 여기서 촉진자는 학생들의 프로젝트 수행과정을 방임하지도 않지만 적극적으로 개입하지도 않는 도우미 역할을 한다. 그러므로 문제 정의와 해결의 책임은 학생이 진다. 또한, 요구사항, 활동, 산출물을 정확히 명시한 SEP 기반의 교과과정 설명서를 학생들에게 제공한다. 실패의 위험도 차원에서 보면 Closed Loop 프로젝트의 위험도가 낮은 것은 당연하다.

라. 프로젝트 수업의 핵심문서 : SEP과 SEMP

다음의 표에서 입력으로 소개된 SEP은 교수가 교육 발주자 입장에서 작성하여 학생들에게 제공하는 것이다. 반면 SEMP[136]는 문제 정의 단계를 끝낸 후 공급자 입장에서 작성한다. 과제 수행자 입장에서 무슨 일을 어떻게 할 것인지를 기술하는 것이다. 이 문서는 학생과 교수가 같이 검토하여 최종 합의한다. 이 문서에는 소주제의 진행 및 관리방안이 상세히 기술되어 있을 뿐만 아니라 발주자(수업에서는 교수자)가 제공하는 문서인 SEP에서 요구하는 각종 요건들을 어떻게 만족시킬 수 있을 것인지도 명시된다. 특히 발주자가

136) SEMP : Systems Engineering Management Plan

요구하는 산출물의 개발 방법론도 아울러 기술된다. 또한, 팀 구성원 각자는 어떠한 역할을 하고, 책임 사항은 어떻게 되며, 어떠한 일정으로 이 일을 수행할 것인지를 상세히 기록한다.

프로젝트 활동 단계별 SEP 기반 교과설명서 구성

활동 단계		KINGS의 SEP 기반 교과설명서	SEP (DoD 지침[137])
선행단계	계획단계	업무영역 정의 참고문헌 및 데이터 수집	프로그램 전체 관리계획과의 통합 Staff 구성 및 조직 계획
	준비 및 문제 정의 단계	주제 단위 개요서 작성 담당자별 직무 기술서 작성 SEMP의 작성형식 및 포함되어야 할 내용	리스크 관리계획 수립
후행단계	이론적 배경 및 문제 해법	필요 전공 분야 식별 설계에 소요되는 컴퓨터 코드 학습	운영개념서 산출
	설계요건 분석	요구사항 분석 및 확인	기술적 요구사항의 관리
	설계 정의	시스템 아키텍처 및 설계 정의	초기능력문서 작성
	설계 검증	설계 검증 요약문 작성	기술 검토계획

표에서는 발주자의 입장에서 작성되는 SEP의 활동단계를 설명하고 있다. 미 국방성인 DoD의 SEP 지침은 다양한 계획과 관리 단계를 요구한다. 이 표의 가운데 열은 KINGS에서 수행하고 있는 프로젝트 수업에서 학생들에게 제공하는 교과설명서이다. 이 설명서는 SEP 기반으로 작성되었다. 일반 공대에서 학생들에게 제공하는 프로젝트 수업의 교과설명서와 유사한 점이 있으

137) DoD, Systems Engineering Plan Preparation Guide, 2017년 버전 침조

나 SEP의 단계를 포함하고 있다는 점에서 차이가 있다. SEP에서 요구하는 활동단계는, 계획과 준비, 그리고 문제 정의의 선행단계와, 문제 해법을 도출하고 설계요건을 분석하여 정의하고 검증하는 후행단계로 나뉜다. 선행단계의 출력물이 바로 SEMP이고 이 SEMP를 바탕으로 발주자 측인 교수자와 공급자인 학생 간의 협약이 맺어진다.

다음 표는 프로젝트 수업에서 학생과 교수자의 역할이 어떻게 분담되고, 또한 어떠한 성과가 나는지를 보여준다. 일단 SEMP가 작성되고 교수의 승인이 이루어지면, 학생들의 프로젝트 수행에 교수는 과도하게 개입하지 않고 지도와 지원 역할만 한다. 특강이 필요한 경우 외부 전문가를 초청하여 강의를 제공하고, 강의가 필요한 사항은 요점 위주로 짧은 강의를 하며, 과제 수행에 필요한 소프트웨어를 구하고 각종 데이터를 외부 전문가로부터 받는 촉진자 역할을 한다. 학생들은 기존 시스템을 역공학 방법으로 해체하고 조립해 본다. 이 과정에서 기존 시스템의 개선점이 드러나면 이를 대상으로 재공학 방법으로 진보된 시스템을 개발하는 팀 활동을 한다. 여기서 말하는 소주제는 4주의 정해진 기한 동안 이 모든 활동을 마치고 결과물을 생산할 수 있는 작은 단위여야 한다. 그러므로 이 소주제가 실제의 세계에서는 어떠한 기기나 구조물, 단위 시스템의 한 부분인지를 명시하지 않으면 안 된다. 그렇기에 비록 이 소주제에서는 다룰 수 없지만 꼭 필요한 연관 소주제를 명시하는 것도 중요하다. 그 다음, 단위 시스템이 어떻게 다른 단위 시스템과 인터페이스 관계를 갖는지를 파악한다. 전체론적인 접근법은 전공 분야로 나누어 수행한 후 이를 다시 모으는 다학제적 접근법과는 다르다. 4차 산업혁명 시대에 다학제 정도의 접근법으로 헤쳐나갈 수 있는 간단한 문제는 없기 때문이다. 다학제를 넘어 초 학제가 되어 물리적 결합과 화학적 결합을 전공 간에 이뤄내야 뭔가 세상에 도움이 되는 새로움이 생성될 수 있을 것이다.

프로젝트 수업의 학생과 교수자 역할 분담

비교 항목	주체	내용
SEP	• 교수가 작성 • 교수가 학생에게 설명하고 이해시킬 책임을 짐	• 수요자의 입장에서 소주제의 필요성과 산출물에 대한 기대 사항을 명기한다 • 소주제 수행과정과 지원 사항을 명기한다
SEMP	• 학생이 작성 • 교수와 학생 합의	• 발주자의 입장에서 소주제를 진행하고 관리방안 명기, 역할 분담과 책임 사항, 일정 등을 명기한다
팀 활동	• 학생 • 교수는 촉진자 역할	• 기존 시스템의 역공학[138]을 통해 시스템에 내재된 문제점을 발굴한다. • 문제점을 해결하기 위한 재공학[139]을 수행한다.
산출물 시험 및 평가	• 학생 • 교수는 촉진자 역할	• 학생에 의한 자체 산출물 시험을 실시한다 • 평가는 작성된 절차서에 따라 진행한다.
산출물 검증 및 승인	• 교수	• 교수는 독립적 검토와 검증을 하고 승인한다
학생 성취도 평가	• 교수	• 프로젝트 수업마다 BSC[140]에 의해 성취도를 평가하고 이를 QFD[141] 방법으로 계량하여 성적을 부여한다.

138) 역공학 : Reverse Engineering
139) 재공학 : Re-Engineering
140) BSC : Balanced Score Card
141) QFD : Quality Function Deployment

이 프로젝트 수업 과정 중 특이한 것은 수업을 통해 산출되는 출력물 시험 및 평가를 학생이 주도한다는 것이다. 이때도 교수자는 다만 촉진자 역할에 머문다. 자기주도 학습이 강조되는 부분이다. 단, 산출물 검증 및 승인은 교수자의 몫이다. 교수자는 학생의 산출물에 대해 독립적인 검토와 검증을 하고 최종 승인을 한다. 최종의 활동은 학생에 대한 성취도 평가이다. 매 주제 단위마다 BSC에 의해 성취도를 평가하고 이를 QFD 방법으로 측정한 다음 학기별로 최종 성적을 부여한다.

마. 역공학과 재공학 방법의 프로젝트 수업 적용

다음 그림은 엔지니어링 전문가를 육성하기 위한, 역공학을 통한 재공학 교육과정 개념을 원자력 엔지니어링 분야를 예로 들어 그려본 것이다. 그림에서, 역공학은 기존 시스템의 문제점 발견을 위해 설계기준과 기존 설계와의 일치성을 검토하고, 시스템 설계과정과 시스템 아키텍처를 통한 설계 정의과정을 거친다. 여기서 설계 정의란 아키텍처를 위해 평가된 다수의 대안 시스템으로부터 선정된 하나의 시스템 설계옵션을 결정하는 과정이다. 재공학은 발견된 문제점이 해결된, 시스템 개선을 위해 수행된다. 여기에서는 설계에 대한 기술적 과정 수행을 통해 시스템을 다시 구현하고 이 구현된 결과물을 분석하는 작업까지 진행한다.

프로젝트 수업에서 문제점을 발견하기 위해 역공학 방법론을 이용하고 발견된 문제점을 개선하기 위한 해결책을 내기 위해 재공학이 사용된다는 점은 이미 설명했다. 그렇다면 프로젝트 수업에서 역공학과 재공학은 어떻게 수행되는가에 대한 의문이 생긴다. 다음의 표는 프로젝트 수업에서 사용하였던

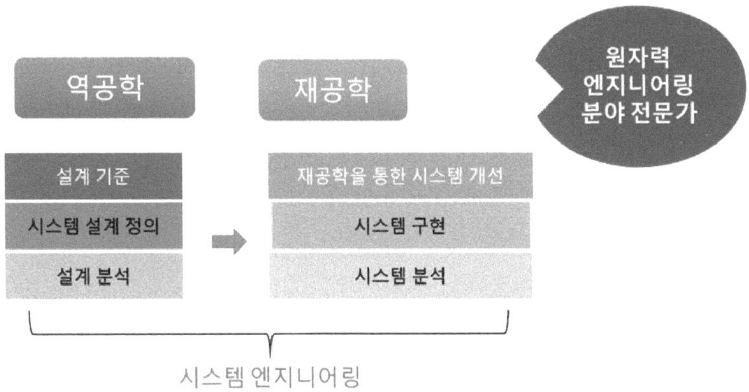

엔지니어링 전문가 육성을 위한 역공학과 재공학 교육과정 (예; 원자력분야)

역공학과 재공학 방법론의 기본 개념을 보여준다. '무엇을 설계할까?', '어떻게 설계할까? '그뿐만 아니라 왜 재설계를 하는가?'를 알아봄으로써 문제에 대한 정의가 가능하다. 다만 백지에서 시작하는 프로젝트가 아니라 이미 잘 알고 있는 시스템을 재공학 방법에 따라 수행하므로 역공학을 통해 정의된 문제점과 함께, 설계기준과 이의 검증방안에 대한 검토를 추가하여 좀 더 현실적인 문제 정의 과정을 거치는 것이 다르다. 여기서 '왜 재설계를 하는가?'에 대한 질문은, 달리 표현하면 역공학을 통한 문제 정의 과정을 마친 연후에 문제 해결형 과정에서 설계의 기준과 검증 방법을 추가하여 문제 정의를 완성하는 과정이라고 말할 수 있다.

프로젝트 수업을 위한 역공학과 재공학 방법론

무엇을	왜	어떻게	부연설명	사용 도구 (예)
역공학	문제점 발견을 위해	시스템 디자인 프로세스를 통해	기존 시스템 설계 프로세스를 그대로 재현한다.	RVTM[142)] QFD
재공학	발견된 문제점을 개선하기 위해	시스템 디자인 실행을 통해	새로운 시스템 설계 프로세스를 정의하고 이를 실행한다.	RTM[143)]

이상의 내용을 종합하여 안전성 관련 계측제어시스템 설계과정 프로젝트 수업을 재공학 방법으로 구성해 보면 다음 그림 같은 모양이 된다.

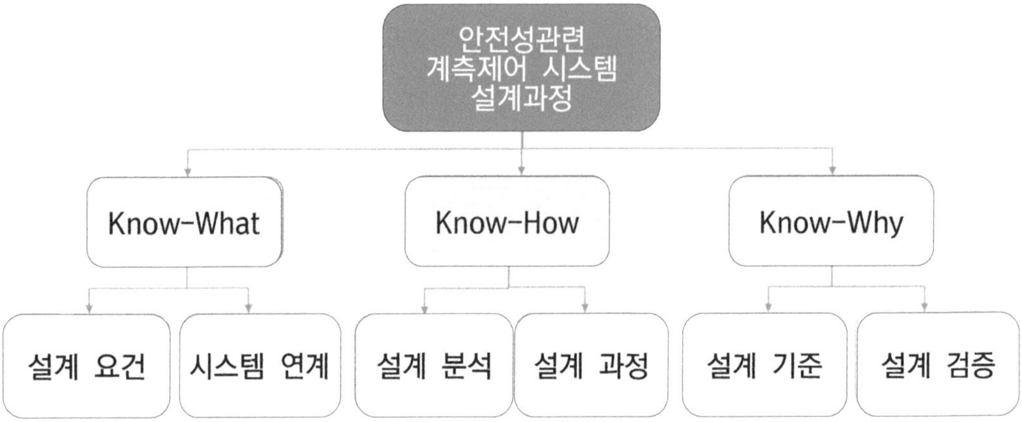

재공학을 통한 시스템 설계과정 개념도(예 : 원전 계측제어 시스템 설계과정)

4.2 국제화된 환경에 적합한 인재 양성

앞에서도 얘기했듯이 산업 분야에서 선진국이 우리의 경쟁자가 될수록 우리의 젊은이들은 국제화된 환경에서 일하게 된다. 스코틀랜드 출신의 아프리카 탐험가 리빙스턴이 오지에 발을 들여놓았던 것처럼 이 국제화된 환경이란 것은 안락함이나 편한함과는 거리가 있다. 1980년대 오일쇼크를 이길 수 있었던 힘이 중동에서 땀과 열정을 바쳐 오일달리를 걸어 들인 부모 세대에게서 나왔다면, 2020년대의 경제 부흥은 외국에서 일하는 우수한 우리의 젊은 인재가 이뤄낼 것이다. 하지만 우리나라를 포함해 세계 28개국에서 온 500여 명의 석사과정 학생들을 10년째 가르치고 있는 나는 우리나라 교육방식을

142) RVTM : Requirements Verification Traceability Matrix
143) RTM : Requirements Traceability Matrix

획기적으로 바꾸지 않고는 젊은이들에게 장밋빛 기대를 거는 것이 쉽지 않겠다는 생각이 든다. 그러나 한 가지 희망은 연령층이 낮아질수록 영어라는 언어적인 장벽에서는 벗어나고 있다는 긍정적 신호다.

가. 국제화된 인재는 기술관리자 역할이 가능해야 한다.

아랍에미레이트에서 원자력발전소 건설사업에 참여하는 우리나라 기술자들은 영어를 공용어로 하는 미국, 영국 기술자들로부터는 통제를 받고, 영어가 공용어가 아닌 인력을 관리하는 중간관리자로 일하는 경우가 많다. 이런 환경에서 일차적 제약사항은 물론 언어의 문제로부터 발생한다. 그리고 이차적으로는 일하는 방식의 차이에서 비롯된 사소한 문제에 많이 노출된다. 그러므로 국제화된 환경에 최적화된 인재는 중간관리자의 역할을 잘 수행할 수 있는 역량을 지녀야 한다. 중간관리자는 전문적인 기술업무를 직접 수행하기보다는 기술관리 업무를 진행하는 경우가 대부분이다. 시스템엔지니어링 핸드북 5장은 기술관리 프로세스에 관한 것으로 세부 프로세스가 설명되어 있다.

5.1 프로젝트 계획수립
5.2 프로젝트 평가 및 통제
5.3 의사결정 관리
5.4 리스크 관리
5.5 형상 관리
5.6 정보 관리
5.7 측정 (효과성, 성능, 기술성능 등)
5.8 품질보증

즉, 국제화된 인재에게 요구되는 역량은 이러한 프로세스의 전문성이다. 위의 글상자에 표기된 세부 기술관리 프로세스 중 프로젝트 관리와 품질보증은 별도의 전문가 영역과 중첩되므로 국제화된 업무환경에서 근무할 기술관리자들은 의사결정 관리와 형상 관리, 정보관리 및 측정 프로세스에 대한 역량을 키우는 데 좀 더 노력을 기울여야 한다. 이 네 영역은 외국인들과 협업을 하는 기술관리자들에 필수적으로 요구되기 때문이다. 각각의 세부 프로세스에 대한 자세한 설명은 시스템엔지니어링 핸드북을 참조하는 것이 좋겠다. 이 책에서는 국제화된 환경과 이러한 기술관리 활동과는 어떠한 연관성이 있는지, 그리고 이 활동을 성공적으로 수행하기 위해 요구되는 역량은 무엇인지 살펴보고자 한다.

의사결정 관리는 설계를 정의하기 위해 수행되는 대안의 생성과 평가에 직접 연관되는 활동이지만 이를 통해 불확실성이 식별된다. 또한, 이해관계자들이 원하는 것이 무엇이며, 그것을 성취하기 위해 기꺼이 포기해야 할 것이 무엇인지를 알게 한다. 의사결정을 위해서는 목표가 수립되어야 하고, 측정지표가 만들어져야 한다. 이 과정에서 창의적 대안이 생성되고 결정론적 분석을 통해 다양한 대안이 나온다. 이때 필요한 기법들이 리스크 및 민감도 분석이다. 이 프로세스는 시스템엔지니어링 핸드북 3.2.2의 의사결정 게이트와도 연관된다.

시스템엔지니어링 핸드북이 형상 관리과정과 활동에 관해 기술하고 있다면, 원자력발전소와 같은 플랜트에서 정의하는 형상 관리는 정보와 요건, 물리적 형상물과의 일치성 검증 활동에 좀 더 무게를 둔다. 그렇다고 핸드북 5.5에서 소개하는 형상 관리 프로세스의 전 활동이 생략되는 것은 아니다. 따라서 프로세스 활동에 대해 이해하고 이를 활용하여 요건과 정보, 그리고 물리적 형상물을 확인하고 검증하는 업무에 대해 전문성을 갖추어야 한다. 핸드북 5.6은 정보관리 활동에 관해 서술하고 있고 5.7에서 다루는 측정 프로세스는 효과성과 성능, 그리고 기술성능 척도를 가지고 '올바른 시스템이 제대로 구현되었는지'를 평가하는 것이다. 이 책에서 해외사업을 주도할 기술 관리자에게 요구되는 필수 역량을 설명하는 것은, 기술관리자는 경험적 지식 이외에도 분석기법에 대한 역량을 지녀야 한다는 점을 강조하기 위해서이다.

나. 팀 기반의 협업과 집단 지능 활용 능력을 키우기 위한 엔지니어링 프로젝트 수업

위에서도 설명하였지만, 국제화된 환경에서 중간관리자로 활동하기 위해서는 팀 기반의 협업이 필요하다. 또한, 각종 제한사항 내에서 최대의 효과를 내기 위해서는 팀 구성원의 집단 지성을 활용할 줄 알아야 한다. 이러한 능력을 지닌 인재를 양성하는 빠른 방법의 하나가 엔지니어링 프로젝트를 모방한 주제 단위(Subject Unit) 수업 과정을 개설해서 학생들이 실제 프로젝트를 경험하도록 하는 것이다. 이러한 프로젝트 기반의 학습 과정에서 학생들은 역할 분담에 대해 고민하게 된다. 누가 프로젝트를 리드해야 하는가? 누가 프로젝트를 관리해야 하는가? 누가 요구사항과 정보를 관리하고 리스크를 평가해야 하는가? 등등, 프로젝트 수업 진행 전에 결정해야 할 사항들이 많다.

기술관리자를 양성하기 위한 프로젝트는 설계공학 요소, 전문성공학 속성, 관리공학 활동과 같은 서로 다른 직무영역 활동을 고려해야 한다. 따라서 이 세 공학적 항목들을 재료 수준으로 하고 이를 조합하여 프로젝트를 구성한다. 다음의 백분율 배분은 주제 단위에서 다루는 주제와 성취하려는 목표에 따라 조정이 가능하며 절대적인 할당치는 아니다. 구성 백분율과 각 항목에 대한 설명은 다음의 글상자와 같다. 여기서 주제 단위는 프로젝트를 효과적으로 수행하기 위해 4~5주에 수행할 수 있는 분량으로 프로젝트를 나눈 것이다. 왜 프로젝트를 통으로 수행하지 않고 주제 단위로 나누어 수행하는가? 바로 학생들이 자신이 달성해야 할 목표를 좀 더 직관적으로 알 수 있도록 하기 위해서다. 만일 일년 단위로 프로젝트가 수행되면 학생들이 자신이 어디에 있는지, 무엇을 하고 있는지를 파악하기 어렵게 된다.

❖ 기술 관리자를 위한 교육 과정 설계

- 설계공학 요소(30%) : 주제 단위에서 다루는 기술사양을 생산하는데 사용하는 공학 이론들을 기술하고 실무에 적용하는데 있어 고려해야 하는 가정 조건, 경계 조건, 근사화 방법, 경험식, 컴퓨터 코드 등을 설명,
- 전문성 공학 속성 (40%) : 주제 단위로 생산되는 결과물의 실제 구현과 관련된 전문성공학 분야의 고려사항들에 대해 기술
- 관리 공학 활동(30%) : 주제 단위의 기술적 및 사업적 관리대상 목록들에 대해 관리공학 방법을 적용하여 정리

주제 단위로 프로젝트를 나누어 수행하는 또 다른 이유는 주제 단위를 반복적으로 수행하는 과정에서 저절로 문제의 정의와 해법을 얻는 방법을 체득할 수 있도록 하기 위해서다. 주제 단위 수행과정은 철저한 팀 기반의 협업이 요구되고 리더십과 의사소통 능력이 배양된다. 물론 이 과정에서 서로의 지식을 공유하는 집단 지능의 활용 능력도 향상된다. 주제 단위로 나누어 수

행하는 프로젝트 수업의 또 하나 장점은 시스템적인 사고능력을 키우고 실행을 통해 지식이 축적되는 과정을 학생 스스로가 체험할 수 있다는 것이다. 학생들은 한 학기 동안 3개 소주제를 성공적으로 수행하면서 스스로의 역량이 크게 늘어남을 깨닫게 된다. 문샷 프로젝트의 실패에서 많은 교훈을 얻을 수도 있겠지만, 인간은 역시 작은 성취에서 더 많은 만족감을 느끼는 존재이기에 성공의 긍정학은 중요하다.

2019년 여름방학 동안 KINGS는 하계 강좌로 디지털 기술과정을 개설했다. 전체 과정의 총괄은 내가 맡고, 각 교수들이 사물인터넷, 블록체인, 인공지능, PHM 등으로 분야를 나누어 학생들의 선호에 따라 세부 과정을 고르도록 했다. 나는 전체 총괄책임자 이외에 PHM 과정을 가르쳤는데 콘텐츠의 확보와 활용 과정에서 학생들과 많은 교감을 했다. 그리고 학생들은 내게 배우는 내용 못지않게 서로에게서 더 많이 배웠다. 사실 파이선 언어를 이용한 프로그래밍은 나 같은 올드보이보다 학생들이 더 해박한 지식을 가진 경우가 많다. PHM은 기기의 잔존수명을 예측하는 것이 목표이므로 회전기기의 작동원리, 고장 시의 특이점 판별법, 기존에 활용되는 고장진단 방법 등은 내게 의존하지만, 딥러닝 프로그래밍은 웹에서 제공하는 콘텐츠를 이용하거나 먼저 배운 동료에게 배우는 경우가 많다. 이러한 경험을 통해 학생과 내가 동시에 깨달은 것은 '디지털 기술 교육은 개별 학습으로는 불가능하다'는 사실이었다. 인터넷 공간에는 MIT를 비롯한 세계 일류대학에서 제공하는 디지털 교육 콘텐츠가 차고 넘친다. 그러나 이를 이해하고 이를 동료에게 전달해 주는 행위는 오롯이 학생들의 성실함과 협동 정신에 달려있다. 국제화 시대에 개개인이 가진 한계를 인식하고 협업을 통해 집단 지성을 키우는 역량 또한 중요한 사항이다.

4.3 MBTI를 통해 관찰한 총론적 인재와 각론적 인재 구분

2012년 개교 후 처음 학생들이 입학하였다. 열정은 넘쳤으나 선생 역할이 처음이었던 나는 무엇을 가르쳐야 하는지는 알고 있었지만 어떻게 가르쳐야 하는지는 잘 알지 못했다. 당시 시스템엔지니어링 과목을 담당할 교수의 채용이 늦어져서 그 과목은 내가 맡기로 하고 국내외 전문가를 모셔 강의를 부탁하였다. 잘 짜여 있지 않은 교과와 단원별로 다른 강사에 의해 영어로 진행되는 강의는 지금 생각하면 혼란의 극치였다. 영어권에서 모셔온 외국인 강사의 영어는 너무 빨라 학생들이 알아듣기 힘들었고, 일부 내국인 강사들은 슬라이드에 빼곡히 문장을 적어놓고 수업 시간에 읽곤 했다. 나도 많이 써먹었던 방법으로 언어의 문제는 어느 정도 해소되었지만, 학생들과의 소통은 문제로 지적되었다. 모두 영어에 대한 두려움으로 생겨난 현상이었다. 그렇게 두 학기 동안의 시스템엔지니어링 과정이 끝났다. 나름대로는 학생들에게 중간중간 설문도 돌리면서 강의의 질을 높이기 위해 노력했지만 강의 평가는 매우 정확했고, 신랄했다. 특히 외국인 학생들의 강의 평가는 아픈 곳을 정확히 찔렀다. 원전 연료 주식회사에 근무하는 한 여학생은 당시의 내 모습을 졸업 후에 얘기해줬다. 강의시간에 선생님이 들고 있는 종이컵이 파르르 떨리더라는. 왜 종이컵만 떨렸겠는가? 마음도 떨리고 머릿속 시놉스도 제대로 활성화되지 않았던 것을.

아무튼 과정을 모두 끝내고 학생들의 프로젝트 보고서 평가 결과, 시험점수, MBTI 분석 결과를 토대로 분석에 들어갔다. 분석을 위해 다음의 두 가지 항목을 설정했다. 인간의 성격을 테스트하는 방법은 마이어브릭스유형지표(MBTI) 이외에도 동적-그림 검사, 벤더-게슈탈트 검사, 집-나무-사람 검사, 로르샤흐 검사, 웩슬러 성인 지능검사 등 종합 심리검사뿐 아니라, 목적과 대상에 따라 포함 가능한 검사들의 종류가 다양하게 개발되어 사용되고 있다. 이 중에서 주로 많이 쓰이는 성격-유형 검사 방법이 MBTI[144]다. 이 테스트에서 제시하는 성격-유형은 서로 극단적인 대비 관계를 이룬다. 4가지의 척도에 의한 8가지 분류법이 다음의 글상자와 같이 사용된다.

- 첫 번째 척도는 인간의 성격에 관한 것이다, 외향적인가 내성적인가를 측정한다.
    - E(Extraversion) : 외향형
    - I(Introversion) : 내향형
- 두 번째 척도는 대상을 인식할 때 어떠한 점을 선호하는가이다. 당장 느껴지는 상황이나 감정에 이끌리는가, 아니면 지금 느낀 것을 토대로 미래를 추구하며 이성적으로 행동하는가를 측정한다.
    - S(Sensing) : 감각형
    - N(iNtuition) : 직관형
- 세 번째는 어떤 일 등을 판단할 때 선호방식에 관한 것이다. 옳다고 여기는 대로 판단하는 것을 선호하는 논리적인 성향이 강한가, 아니면 공감 능력이 높은가를 측정한다.
    - T(Thinking) : 사고형
    - F(Feeling) : 감정형
- 네 번째는 선호하는 삶의 패턴에 관한 것이다. 계획적이고 판단적인 성향이 강한가, 아니면 자유롭고 즉흥적인 성향이 강한가를 판단한다.
    - J(Judging) : 판단형
    - P(Perception) : 인식형

144) MBTI (Myers-Briggs Type Indicator) : 2차 세계대전 시기에 개발되었고, 카를 융의 성격유형 이론을 근거로 개발된 것으로 알려져 있다.

사전 데이터 분석을 통해 첫 번째 척도인 외향성/내향성과, 네 번째 척도인 판단형/인식형은 학생들의 수행성취도와 별 연관성이 없어 보여 제외하고, 본 분석에서는 두 번째 척도와 세 번째 척도인 감각/직관형, 사고/감정형 항목을 사용하였다. 수집된 MBTI 결과와 시스템엔지니어링 수행성취도 자료(성적과 프로젝트 수행 결과)를 토대로 학생들을 내국인과 외국인으로 두 그룹으로 나눈 후 각각의 분석을 실시하였다. 분석에는 일원분석법 (ANOVA) 분석 방법이 사용되었고, 모집단의 수는 100명 정도였고 'MS 엑셀'을 이용하였다. 이 분석을 통해 알아보고자 하는 사항은 다음과 같다.

- 학생들의 시스템엔지니어링 수행성취도와 MBTI 결과와의 상관성이 있는가?
- MBTI 분석에서 제공하는 학생들의 감각/직관, 사고/감정 등의 개성이 시스템 엔지니어링 학습에 어떠한 영향을 미치는가?

수행성취도와 MBTI의 상관성을 분석하기 위해, 다음의 세 과목에 대한 시험성적과 프로젝트 실습 평가 결과를 이용하였다.

수행성취도와 MBTI의 상관성을 분석에 사용된 시스템엔지니어링 교과목

과목 번호	과목명	실습 프로젝트
SE01	시스템엔지니어링 기초	원자력발전소 시스템의 기술 프로세스 정의
SE02	시스템 요구사항 관리	요구사항 명세서 작성 및 분석
SE03	시스템엔지니어링 관리	일정 및 업무관리

다음 그림은 세 과목의 시험과 프로젝트 실습 점수와 학생들의 그림에서 가로축은 3개의 시스템엔지니어링 과목에 대한 시험과 프로젝트 점수 분포 항목이다. 세로축은 항목별 성적을 10점 척도로 나타낸 것이다. 그림에서 4개의 선은 성격유형별 성적분포를 보여준다. ST형은 감각/사고형 인재이고, SF는 감각/감정형, NT는 직관/사고형, NF는 직관/감정형 인재이다,

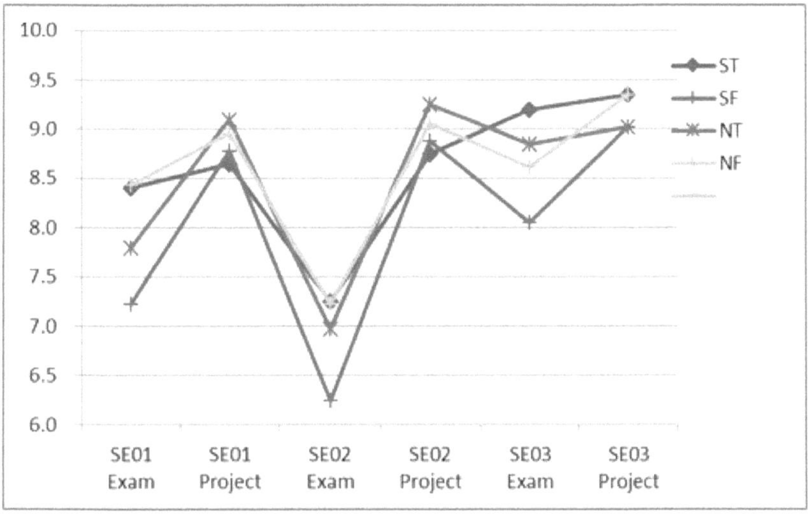

세 과목의 시험과 프로젝트 실습 점수와 학생 성적분포
(네 개의 선은 각각의 성격유형을 나타냄)

그림과 같이 3개 과목의 시험성적에서는 분포가 비교적 뚜렷한 반면, 프로젝트 실습수업의 성취도에서는 차이점이 그리 크지 않았다. 이 그래프에서 ST 학생들은 전 과목에서 상위 성적분포를 보인 반면 NF형 학생들은 시험 점수가 가장 낮았다. 반면 NT형 학생들은 실습에서 비교적 좋은 성취도를 보였다. 이 분석을 통해 MBTI 척도가 수행성취도와도 어느 정도의 상관이 있음을 알 수 있었다. ANOVA 분석을 통해 알아보려고 했던 한국 학생 그룹과 외국 학생 그룹 간의 성격분포는 그리 의미 있는 결과를 내지 못했다. 외국인이냐 한국인이냐가 성격유형을 판단하는 기준이 될 수 없다는 얘기다.

그러나 분명한 것은 위의 그래프와 같이 성격유형에 따라 일정 영역에서 우월성을 보인다는 사실이다. 그러므로 이러한 분석의 결과는 국제화된 환경에서 내국인과 외국인들에게 어떠한 업무를 부여해야 최고의 성취를 이루는 팀이 구성될 수 있을까로 귀결된다.

한국 학생들은 총론에 강하고 외국 학생들은 각론에 강하다고 얘기했다. 이는 한국 학생들의 집단이 대부분 5년 이상의 실무 경력을 가진 전력그룹사의 초급간부 급이어서 그럴 수도 있고, 상대적으로 외국 학생들이 실무경험이 적고, 학부를 마친지 몇 년 되지 않아 아직은 이론적 지식이 남아있기 때문일 수도 있다. 여기에 성급한 일반화의 함정이 존재한다. 왜냐하면 100명 남짓의 모집단을 관찰한 분석 결과를 가지고 일반화를 진행하는 것은 오류가 생길 수밖에 없다. 위에서 얘기한 MBTI와 시스템엔지니어링 수강과목 간의 상관도, 여기에 10년간 나의 관찰결과를 더해 성급한 일반화의 오류를 감수하고 다음과 같은 중간 결과를 도출해 보았다.

- 외국인 학생들은 논리적 측면에 강점을 보인다.
- 내국인 학생들은 문제의 조합, 기술관리 측면에 강점이 있다.
- 내국인 학생은 총론에, 외국인 학생은 각론에 강하다.
- 외국인 학생들은 소프트웨어 도구를 배우고 이해하는데 흥미와 열정을 보인다. 반면 내국인 학생들은 소프트웨어 도구를 사용하는 것을 어려워한다.
- 아시아권을 제외한 외국인 학생들은 영어로 말을 시작하고 영어의 문법을 생각한다.
- 내국인 학생들은 영어의 문법을 생각하고 말을 꺼내므로 발언의 횟수가 매우 제한적이다. 교수자가 일부러 질문하지 않으면 입을 떼려고 하지 않는다. 그러나 내국인 학생들의 전반적인 영어 수준은 높은 편이다.

KINGS에서 공부한 아시아권 학생들[145] 중 베트남 학생들은 같은 유교 문화권이라는 공통점이 있어서 그런지 우리나라 사람들과 성향이나 성격이 비슷하다. 대부분 똑똑하고 남 앞에 나서는 것을 별로 좋아하지 않으며 순종적이다. 물론 다른 나라 학생과 어울리는 것을 어려워한다. 그러므로 국제화된 KINGS와 같은 조직 내에서 리더십을 발휘하기가 쉽지 않다. 또한, 자존심이 강하고 임무가 주어지면 책임감 있게 성실히 수행한다. 그러므로 믿고 일을 맡길 수 있다. 그러나 아웃라이어는 꼭 있게 마련이다. 나서기를 좋아해 과제 발표 시간이면 열정적으로 자기의 의사를 표현하는 베트남 학생도 있는 것이다. 이 학생들의 평가 점수는 물론 좋다. 그런데 이런 학생들의 자신감과 외향성은 어디에서 나왔을까? 다른 대부분의 학생들이 KINGS 입학 전에 외국 생활 경험이 없었던 데 비해 아웃라이어의 경우는 어려서부터 외국에서 교육을 받아 영어 소통에 능통하다는 공통점이 있다. 표현도 좋고 문법에 맞는 영어를 구사하는 데서 오는 자신감이다. 물론 두뇌 회전도 빨라 교수가 전달하려는 지식의 맥락을 정확히 이해한다. 그러나 일반적인 분포의 학생들은 그렇지 못하다. 일단 영어 구사 능력에서 베트남 일반 학생들의 능력은 다른 나라의 학생들보다 입학 초기에 많이 떨어진다. 물론 졸업할 무렵에 그들의 영어는 매우 세련되고 실력과 자신감도 크게 향상된다. 여기서 교수의 일반화에 대한 딜레마가 생긴다.

다국적 업무환경이 속속 도입되고 있는 2019년의 대한민국은 출생률이 전 세계에서 가장 낮은 나라이기도 하다. 20년 후를 생각해 보면, 인구는 점점 줄고, 젊은이는 희귀해져 이민자를 적극적으로 유치해야 할지도 모른다. 이럴 때 문제가 되는 것이 내국인과 외국인의 협업 과정에서 발생할 수 있는

---

145) KINGS는 원자력발전 분야의 경쟁국인 일본과 중국 학생들은 전략적으로 선발하지 않는다.

의사소통의 문제다. 여기서 말하고 싶은 것은 언어적 소통의 문제가 아니다. 20년쯤 되면 우리나라 젊은이들의 영어는 세계 최고 수준을 자랑할 것이고 토종 영어가 조기유학 영어를 몰아낼 것이다. 지금도 EBS 교육 방송의 영어 프로그램을 보면 다들 영어를 너무 잘한다. 문제는 소통능력이다. 영어는 소통을 위한 하나의 도구이다. 우리가 해외사업을 하면서 주로 마주치게 될 대상은 제 3국인이다. 그들도 영어 구사 능력에 있어서는 제한적이다. 그러므로 영어 자체의 문제보다는 기술적으로 영어를 이용해 문제를 정의하고 해결하는 능력을 꾸준히 반복적으로 습득해야 한다. 이것이 KINGS가 요구하는 프로젝트 수업의 또 다른 항목이다.

IT 기업의 예를 들어보자. 코로나바이러스로 인해 디지털 전환이 가속화된 2021년 국내 IT 기업들의 동남아행이 늘어나고 있다고 한다. 기획과 설계는 국내에서 하고 단순 코딩은 현지에 맡기는 이런 사례는, 낮은 인건비에 실력도 갖춘 소프트웨어 코딩 전문가를 주로 동남아에서 고용해 국내의 개발 관리자와 원격으로 협업하는 것을 특징으로 한다. 국내 개발자들의 임금이 급격히 높아지면 개발비용이 따라서 증가하고 이는 경쟁력 저하로 이어지는 악순환에서 벗어나기 위해, 중견기업들조차 동남아 현지 기술자를 고용해 국내에서 관리하는 사례가 증가하고 있다.[146] 베트남의 경우 젊은 인구의 비중이 높고 스타트업 창업이 활발한 국가로서 GDP의 80%를 한국계 기업이 차지하고 있는 경제구조여서 한국계 기업이 활동하기 좋은 분위기와 여건이 조성되어 있다. 이러한 긍정적인 신호는 교수자들로 하여금 우리나라 젊은이들이 국제화된 직무환경을 주도하기 위해 어떤 형태의 교육을 해야 하는지를 더욱 고민하게 만든다.

146) 매일경제 A5면, 2021. 5. 20일자 기사를 참조하여 재작성

인지 혁명이기도 한 4차 산업혁명이 인간과 인간, 인간과 기계를 어떻게 연결할까? 기계에 인지기능을 어떻게 부여할까? 이러한 질문에 해답을 얻었다고 해도 또 하나의 질문이 남는다. 다문화로 정의되는 외국인과의 공존이 시작된 대한민국에서 내국인과 외국인이 팀을 이루어 일할 때, 최상의 가치를 얻기 위해서는 어떻게 조직구성을 해야 하는가? 그리고 인간을 안과 밖으로 이분법적으로 구분하고 연결할 때 과연 내국인과 외국인에게 주어질 직무는 어떻게 다를 수 있는가?

4.4 온라인 교육의 함정과 스마트-기술에 의한 공학교육 혁신의 기회

스페인의 IE 대학의 신티아고 온조뇨 총장은 "현대 비즈니스의 역설은 무한대의 정보와 데이터가 있지만, 이것이 불확실성을 줄이지는 못한다는 점이다."고 말했다. 코로나바이러스가 온라인 교육에 미친 영향에 대해서 그는 이렇게 말한다. "첫째, 교육환경 변화에 적응하는 능력을 키우게 했다. 교육을 제공하는 시간, 장소 등과 관련해 바쁘게 변화에 적응해야 했다. 전 세계적으로 록다운이 유행되면서 전통 교육기관들은 온라인으로 수업을 진행해야 했다. 둘째, 예상하지 못한 일에 빠르게 반응하도록 만들었다. 셋째, 학생들이 팬데믹과 같은 거대한 문제에 직면할 때 필요한 스킬과 덕목을 갖추도록 만들었다. 여기에는 불확실성이 큰 상황에서 필요한 회복력, 의연함, 희망 등이 포함된다."[147]

147) 매일경제, 스페인 IE 대학 총장 산티아고 이니구에스 온조뇨 총장 인터뷰 기사, 2021. 4. 29일사 기사 인용

온라인 강의가 코로나 시대의 새로운 교육 패러다임으로 자리 잡는 동안, 중국의 화상회의 소프트웨어인 줌이 우리나라 온라인 교육 현장을 석권하였다. 코로나 바이러스 확산 우려에 따라 학생들의 등교가 제한되고 온라인 화상교육이 차선책으로 선택된 것은 수용할 만하였으나 교육부 수장이 학교를 방문해 줌의 효과를 홍보하는 것에 대해서는 말들이 많았다. 과연 IT 선진국이라고 자부하는 한국에서 중국의 솔루션을 이용해 교육하는 것을 어떻게 이해해야 할까? 줌의 사용이 늘어날수록, 세계 교육 현장 곳곳에서 줌 아웃(Zoom Out) 바람도 분다. 줌 폭격(Zoombombing)과 같은 보안성 논란이 연일 불거지면서다. 하지만 우리나라 교실에서는 편의성이 높고 보안 취약점을 개선했다는 이유로 여전히 줌이 사용된다. 블룸버그 등 외신에 따르면 최근 싱가포르 교육부가 줌 사용을 금지했다고 한다. 한 중학교 원격 수업에서 외설적인 줌 폭격이 발생한 데 따른 후속 조치다[148].

필자도 2020년 1학기에 화상회의 소프트웨어인 웹엑스를 이용해 온라인 수업을 진행한 경험이 있다. 원자력발전소의 계측제어계통 입문 강좌로 총 6명이 등록한 전공 선택과목이었다. 외국인 학생 다섯 명과 한국인 학생 한 명으로 구성된 국제화된 클래스였다. 외국인 학생들은 교내 기숙사의 자기 방에서 강좌를 시청하고, 한국인 학생은 해운대 부근에 있는 자택에서 강좌를 들었다. 내가 경험한 화상회의 솔루션의 단점은, 소규모 그룹임에도 학생 개개인의 학습 집중도와 이해도에 대한 피드백이 매우 어려웠다는 점이다. 화면에 PPT 강의 자료를 공유하면 네 명의 학생의 얼굴만이 강의자 화면에 나타난다. 나머지 두 명의 학생을 확인하려면 버튼을 눌러 화면을 이동해야 한다. 온라인 강의 중에 학생의 얼굴을 일일이 확인하는 것은 불가능하다. 여기에 화질의 문제도 심각하다. 화상회의 솔루션이 HD급의 화질을 제공한

148) it.chosun.com, 2020. 4. 14일자 참조

다고는 하나 실제로 보이는 화질은 SD급에 가까웠다. 강의자의 컴퓨터 카메라가 HD급이어도 학생들의 랩톱 컴퓨터 카메라가 SD급이면 내게 전달되는 학생의 얼굴 영상은 SD급이다. 내 강좌에 참여한 외국인 학생의 대부분은 케냐나 나이지리아 등 아프리카계였다. 이 학생들이 창을 등지고 내 강의를 컴퓨터로 수강하면 내 PC 화면에는 학생의 검은 얼굴 윤곽만 나타난다. 양방향 교육이 전혀 되지 않는 구조다. 또한, 화상회의 프로그램을 실제로 구동하는 서버가 원격지에 있어 구조해석과 같은 고급 연산이 필요한 소프트웨어 실습 교육은 진행할 수 없었다.

텔레비전에서 보여주는 초등학교 교실의 모습을 보면 과연 양방향 교육이 될 것인지에 대한 의구심이 든다. 기존 교실의 배치대로 학생용 대형 스크린을 뒤로하고 선생님이 교탁에 앉아 강의할 때 20~30인치 남짓의 작은 화면에 과연 학생들의 얼굴이 얼마나 비칠까가 걱정된다. 교육부에서 교육 인프라 구축과 온라인 콘텐츠 개발에 많은 예산을 사용했지만 실상 교육을 근본적으로 지원할 시스템은 아직도 갖춰지지 않고 있다. 시급히 해결해야 할 문제다. 10명 이상의 수강생을 대상으로 온라인 강의를 하려면 대형 스크린과 전용 서버와 교육 전문 온라인 강의 소프트웨어가 갖추어져야 한다. 이러한 문제점을 이미 간파하고 전용의 교육 플랫폼을 이용하여 온라인으로 대학 과정을 운영하는 학교가 있다. 바로 미네르바 스쿨이다.

이 학교는 캠퍼스가 없다. 학생들이 전 세계를 돌아다니면서 체험학습도 하고, 본교에 있는 교수들과 온라인 수업을 진행한다. 물론 학생들의 온라인 토론도 활성화되어 있다. 어떻게 이런 교육이 가능할까? 나는 2년 전 미네르바 스쿨에서 진행하는 시범 교육에 참여한 적이 있다. 총 12명의 KINGS 교수가 한 강좌에 참여해 그들의 원격 교육시스템을 경험했다. 미네르바 스쿨의 교수는 끊임없이 우리들의 참여를 독려했다. 조금만 한 눈을 팔아도 바로 내게 질문이 돌아왔다. 집중할 수밖에 없었다. 교수는 강의하고, 학생은 마이크와 카메라를 끈 상태로 강의에 참여하여 출석을 인정받는 우리나라 대학교육과는 사뭇 달랐다. 이는 그들이 가진 하드웨어 시스템과 소프트웨어 환경으로 인해 가능했다는 것을 나중에야 알았다. 우선 하드웨어적 측면을 보자. 그들의 하드웨어는 각종 기능과 다양한 통신을 주고받기 위해 매우 무거웠다. 또한, 샌프란시스코 본부에 있는 서버를 통하여 통신을 진행하므로 접속자에 따라 통신이 빨라지고 느려지는 일반 화상회의 솔루션보다 통신 안정성이 매우 높았다. KINGS에서 미네르바 플랫폼을 이용하려고 문의해 보니 제일 먼저 학생들의 PC 환경이 무엇이냐는 질문이 돌아왔다. 그들이 요구하는 PC 환경은 최고사양의 랩톱이었고 통신환경도 매우 빨라야 했다.

미네르바 대학이 사용하는 온라인 교육 플랫폼의 소프트웨어 환경을 살펴보자. 내가 이 학교의 시범 교육에 참여할 때 학생들이 수업에 집중하고 있지 않은지를 미네르바 교수는 어떻게 알았을까? 12명의 얼굴을 일일이 화면을 살펴보면서 강의를 진행하고 있었을까? 그 이유는 구글에 나온 이 학교 홍보영상을 보고 알 수 있었다. 수업에 참여하는 모든 학생들의 얼굴이 교수의 화면 상단에 모두 표시되고, 이 화면상에 학생의 집중도를 알려주는 체크마크가 있기 때문이었다. 집중하지 않고 딴짓을 하는 학생의 얼굴에는 적색

학생의 참여도를 자동으로 판별하여 표시하는 화면 (유투브 화면 일부 캡처)

체크 마크가 나타나고 잘 집중하고 있는 학생은 파란색 체크 마크가 뜬다. 따라서 교수는 적색 마크의 학생만 잘 관리하면 된다.

또 하나 이 플랫폼에서 학생의 수행평가는 실시간으로 진행된다. 바로 점수표다. Score-Card 방법이라고도 하는데, 질문 횟수, 질문이 강의 주제와 연관이 있는지, 교수의 질문에 답을 한 횟수 등이 실시간으로 나타난다. 또한, 채팅창을 통해 콘텐츠를 실시간으로 제공하고, 때때로 퀴즈가 올라오므로 집중하지 않고는 낙제하기에는 십상이다. 언감생심 결석은 생각조차 할 수 없는 완전 관리체계이다. 과연 우리나라는 어느 학교에서 이런 형태의 온라인 교육용 플랫폼과 소프트웨어를 사용해 교육하고 있는지 모르겠다.

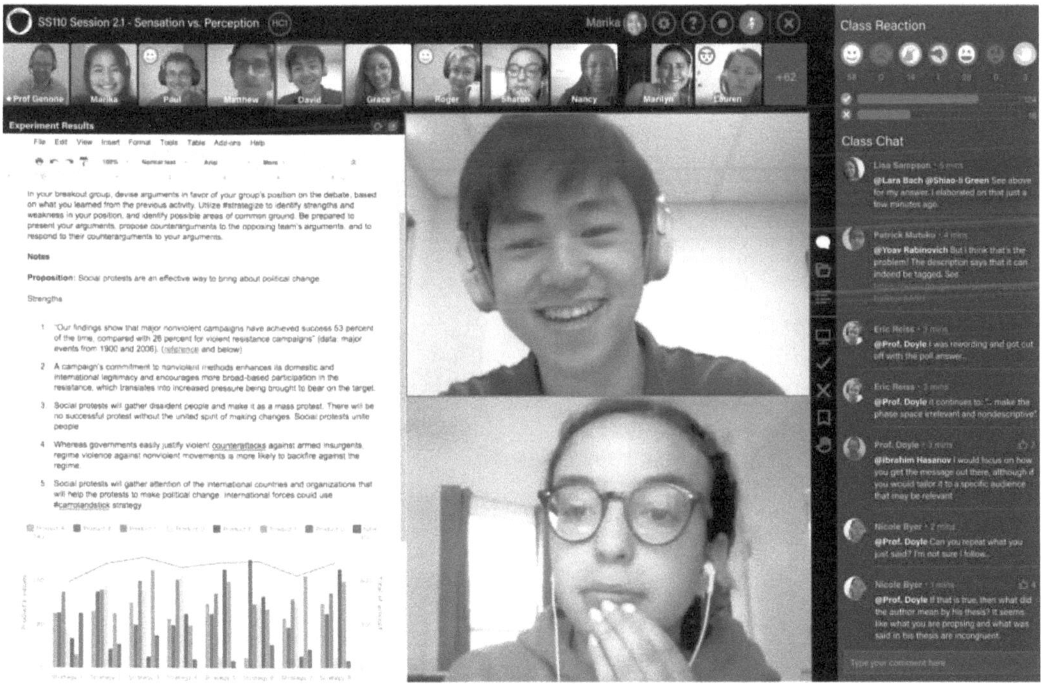

미네르바 스쿨 교수용 화면 (유투브 화면 캡처)

위 그림은 미네르바 스쿨 온라인 교육시스템의 교수자 화면이다. 이 화면을 기준으로 일반적인 구성을 살펴보자.

- 화면 오른쪽 상단 : 학생들의 반응 분석결과
- 하면 오른쪽 하단 : 학생과의 실시간 채팅 (피드백)
- 화면 상단 : 학생 얼굴 화면 및 개별 반응도
- 화면 중앙 : 발언 중인 학생들 확대 영상
- 화면 좌측 : 교육 콘텐츠

다음 그림은 KINGS에서 미네르바 스쿨 교수 초청 강의 때 학생 그룹(KINGS 교수진)이 시청한 화면이다. 교수가 보고 있는 화면과 내용이 많이 다름을 알 수 있다.

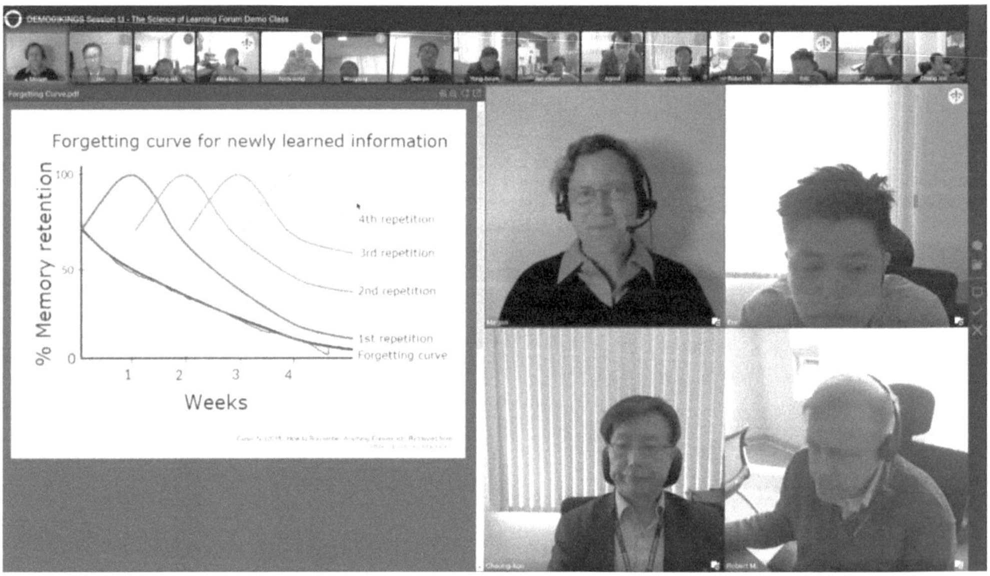

미네르바 스쿨 학생용 화면 (KINGS에서 시범 초청 강의시)

미네르바 스쿨 시스템은 완벽하지도, 우리가 구현할 수 없는 높은 기능을 제공하지도 않는다. 다만 온라인 교육에 대해 깊이 생각하고 집단 지성을 통해 이를 해결한 노력의 흔적이 곳곳에서 발견된다. 이 책에서 미네르바 스쿨의 플랫폼을 소개하는 것은 온라인/비대면 교육이 성공하려면 적어도 이 정도 준비는 되어 있어야 한다는 점을 강조하고 싶어서다. 실용 지식의 습득을 위한 미네르바 스쿨의 이러한 온라인 수업에 스마트-디지털 기술은 어떻게 적용되는가? 먼저 이 학교 고유의 온라인 학습 플랫폼을 들 수 있다. 줌이나, 웹엑스와 같은 일반 화상회의 시스템이 아니라 전용의 플랫폼을 기반으로 하므로 우수한 화질을 제공할 뿐만 아니라 학생과 교수와의 실시간 상호작용이 가능하다. 최대 400명의 학생이 참여하는 실시간 수업도 가능하다고 하는데, 이러한 대규모 그룹의 토론 수업을 가능하게 하는 것이 바로 스마트-디지털 기술이다. 대표적인 기능은 학생별로 토론에 참여하는 비율을 자동으로 측정하는 기술이고, 또 하나는 학생의 집중도를 자동으로 평가하고 표시하는 기능이다. 2020년 1년간 우리나라 전체 학생이 받았던 화상회의 솔루션 기반의 교육에서는 이러한 실시간 평가 기능이 제공되지 않았다. 오죽하면 강의자가 허공에 대고 강의하는 기분이 들었다는 얘기를 하겠는가?

그렇다면 앞으로의 비대면 강의 솔루션에는 어떠한 기능을 적용해야 할까? 또한, 학습 태도와 강의 만족도를 평가하기 위한 기능은 어떻게 구현해야 할까? 먼저 학습 태도를 자동평가하는 기능은 학습자의 시선이 화면을 향하고 있는가를 통해 평가할 수 있을 것이다. 시선 추적이라고 하는 기술이다. 두 번째의 학습 만족도는 안면 인식을 통해 학생이 강의를 통해 얻는 만족감을 자동평가하는 기술이다. 학습자 표정 인식을 안면 근육의 움직임을 통해 평가하여 감정의 분포를 평가한다. 이 밖에도 학습자가 동등한 비율로 수업에서 발언 및 참여할 수 있도록 전반적인 교수학습 흐름을 자동 측정하는 기능도 매우 유용할 것이다.

다음의 글상자에는 비대면 강의를 돕기 위한 세 가지 주요 기능과 이를 구현하기 위한 스마트-디지털 기술요소가 소개되어 있다.

- 교수자가 학습자의 학습 태도를 알 수 있는 자동 판단 시스템
  - 시선 추적기술 : 학생들의 집중도 평가 (학습 태도)
- 학습자의 강의 만족도를 실시간으로 알려주는 자동 평가 시스템
  - 안면 인식 : 학습 만족도를 안면근육의 분포를 통해 분석 평가
- 학생 발언/참여율 자동 분석 시스템
  - 음성 인식 기술 : 학생들의 동등한 참여 기회 부여

부록

시스템 접근법을 통한 개념 설계 방법론

부록1. 시스템 과학과 시스템적 사고란 무엇인가?

부록2. 시스템 접근법의 적용

부록3. 개념단계에 중점을 둔다는 의미는 무엇인가?

부록4. 산업 관점의 운영개념과 시스템 관점의 운용개념 수립

부록5. 스마트-디지털 기술의 개념설계 예시

시스템 과학과 사고에서 대한 본 원고는 SEBOK(시스템엔지니어링 지식체계)와 INCOSE 핸드북을 참조하여 작성하였다. SEBOK의 영문 원고는 비상업적인 활용의 경우 별도의 허락 절차 없이 일부 번역하여 사용할 수 있다는 INCOSE의 정책을 이메일로 통보받아 필자가 번역 및 보완을 거쳐 여기에 소개하였음을 밝힌다. 각주의 참고문서 역시 SEBOK에서 소개한 내용을 전제하였다.

부록 1. 시스템 과학과 시스템적 사고란 무엇인가?

미국은 2차 세계대전을 치르면서 수년간의 도제 생활을 해야 얻는 기능 숙련도를, 조직적이고 체계적인 학습을 통해 몇 주 만에 압축적으로 얻을 수 있다는 것을 알게 되었다. 지식에 기초한 기능을 습득한 사람은 배우는 방법을 배운 셈이다. 특정 업무를 하나의 특정한 방법으로만 수행할 줄 아는 장인이 아니라, 지식, 기능, 그리고 도구를 작업에 적용할 수 있는 기술자가 되도록 사람들을 변화시키는 것이 시스템적 접근법이 주는 장점이다.

다시 부언하지만, 지식은 활용하지 않으면 단순한 정보에 지나지 않는다. 지식은 오직 활용할 때만 존재하는 에너지의 한 형태다. 시스템엔지니어링은 작업의 결과와 과정을 모두 중요시한다. 새로운 시스템과 그를 생산하기 위한 과정(프로세스)은 모두 관리될 필요가 있는 것들이다. 특히 지식 기반의 산업을 위해 필수적이다.

생물학자인 베르탈란피[149]는 시스템을 과학적으로 연구하는 것이 왜 필요한가를 설명하면서, 과학 분야에서 주로 채택하는 분석적 절차가 가진 한계

149) Bertalanffy, L. von 1968. General System Theory: Foundations, Development, Applications, Revised ed. New York, NY, USA: Braziller.

는, 어떤 개체를 물질적이고 개념적인 부분들로 분해한 다음, 그 부분들을 다시 결합해 원래의 개체로 만들 수 있다는 생각에 그 원인이 있다고 말한다. 즉, '고전 과학'의 기본 원칙인 환원주의[150] 의 한계는, 분해를 통해 독립적으로 처리가 가능한 원인을 발견하려고 하거나 더 이상 쪼갤 수 없는 '원자적' 단위를 발견하려고 애쓰기 때문에 생긴다는 것이다. 이러한 고전 과학은 태생적 한계를 지닐 수밖에 없다. 부분이나 요소가 상호작용하여 새로 발현되는 성질인 '창발성[151]'에 대한 고려가 없는 것이다. 시스템 과학[152]이 중요한 이유는 바로 고전 과학이 가진 한계를 뛰어넘으려 하기 때문이다. 시스템 과학은 '시스템에 대한 과학'인 동시에 '과학에 대한 시스템적인 접근법'으로 환원주의적 성격을 가진 보통의 과학과는 상반되는 이론과 방법을 제시한다. 적절하게 사용된 경우 환원주의적 접근법은 분리와 고립의 방법을 사용하여 해결 가능한 하나의 단위적 문제를 식별하는 데 매우 성공적이었다. 하지만 시스템 과학은 조직화된 복잡성의 패턴을 파악하기 위해 연결과 맥락[153]의 파악에 의존한다.

시스템 사고는 복잡한 상황을 시스템들의 조합으로 바라보고 이해한다. 시스템은 점점 복잡해지고, 다이나믹하고, 상호 연결되는 특징을 지닌다. 시스템 사고가 중요한 것은 필수 시스템의 경계, 입력과 출력, 공간적, 프로세스적인 구조를 규명하고 복잡한 시스템의 상호작용을 전체론적으로 규명하는 능력을 제공하기 때문이다. 반면 시스템 과학은 시스템이 적용되는 분야별로

150) Reductionism: 복잡하고 추상적인 사상(事象)이나 개념을 단일 레벨의 더 기본적인 요소로부터 설명하려는 입장
151) Emergent Property를 창발성 (創發性)으로 번역하였다.
152) System Science를 시스템 과학으로 번역하였다.
153) 맥락 (Context)은 흐름을 파악하는 의미를 가지며 맥락에 따라 문장이나 담화의 의미가 달라진다. 어떤 상황이나 사건에 관해 그것이 일어난 배경이나, 왜 일어났는지, 어떻게 진행되었는지 등의 흐름 즉 맥락을 파악해야 결과적으로 나타난 의미에 대해서 이해할 수 있다. 다음 백과사전 인용.

각기 다르게 발현되는 양상들을 과학적 방법과 시스템적 사고를 적용하여 유용한 지식으로 생성시키는 학문 분야의 집합이라고 설명할 수 있다. 시스템 과학은 시스템의 모든 측면을, 학문 분야와 응용 영역에 걸쳐있는 복잡성이 갖는 특정한 패턴을 식별하고, 탐구하고, 이해하도록 한다. 이는 또한 다른 학문 분야와 협력하기 위해, 시스템 요소의 형식이나 적용 분야와는 독립적인, 모든 형식의 시스템에 적용할 수 있는 기본적인 이론을 형성할 수 있는 기틀을 제공한다.

시스템 사고의 핵심은 패턴의 발견이다. 패턴은 문제들이나 해결방안, 시스템에 존재하는 유사성을 표현하는 것이다, 시스템적 사고는 바로 다양한 유형의 패턴을 활용해, 정의하고자 하는 문제들에 공통적으로 존재하는 그 무엇을 포착하고 그것에 상응하는 해결방안을 제시한다, 시스템엔지니어는 이 패턴들을 활용하여 시스템의 문제를 이해한 후 구체적인 해결방안을 내놓는다. 물론 시스템 해결을 위해 종종 문제를 처리 가능한 단위로 잘게 쪼개기도 한다. 이를 고립화 정책이라고 부른다. 복잡한 시스템을 개발할 때, 시스템의 경계를 확정 짓고 제한사항을 설정하는 것은 성공적인 공학적 시스템을 개발하기 위해 꼭 필요한 요소이다. 모든 시스템 요소를 고려하다가는 제때에 최적의 비용으로 성능이 보장된 시스템을 개발할 수 없다. 패턴을 활용하여 문제를 파악하고 문제에 대한 핵심 해결책을 결정하기 위해 시스템엔지니어가 필요하다.

시스템은 폐쇄된 시스템과 개방된 시스템으로 나뉠 수 있다. 개방된 시스템에서 시스템의 모든 형상은 경계 내부에 위치한다. 이러한 아이디어는 추상화된(abstract) 시스템이나 이론적인 시스템을 설명할 때 편리하다, 개방 시스템에서 사용하는 네트워크의 개념은 대단히 복잡한 실세계의 상황을, 환경요소 간의 상호관계로 설명할 수 있다는 점에서 유용하다. 시스템적 사고, 시스템 과학, 그리고 시스템적 접근법은 시스템의 개념을 정의하기 위해, 추상화된 폐쇄 시스템을 사용한다. 여기서 우리는 폐쇄된 시스템과 개방된 시스템을 이해해야 한다. 개방된 시스템은 출력에 의존하지 않는다. 입력이 들어오면 시스템의 경계 내에서 처리하고 출력한다. 그러나 폐쇄된 시스템은 출력을 끊임없이 피드백하여 시스템 내에서의 작동을 조정한다. 우리가 만드는 공학 시스템 대부분이 피드백에 의존하는 폐쇄 시스템인 이유는 이러한 닫힌계에서 제공하는 연속적인 피드백 때문일 것이다.

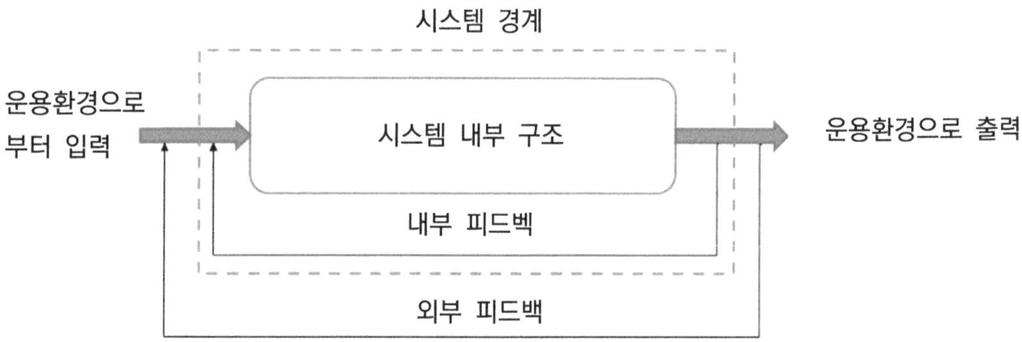

일반적인 시스템 구조

그렇다면 시스템 접근법이 초점을 맞추는 개방 시스템이란 무엇인가를 알 필요가 있다. 우선 개방 시스템에서의 다양한 요소 간의 관계는 시스템의 구조와 작동이 복합적으로 관계하는 것으로 설명할 수 있다. 그러므로 시스템이란 시스템 요소와 관계가 만들어 내는 네트워크의 집합이라고 개략적으로 말할 수 있다. SEBOK에서는 다음 세 가지 연관된 개방 시스템이 고려된다.

- 자연 시스템 : 요소들이 전적으로 자연물로 이뤄진다.
- 사회 시스템 : 요소들이 사람으로만 이뤄진다.

◆ 공학적으로 만들어진 시스템 : 물리적, 정보적, 인적, 자연적, 사회적 요소들의 집합으로 사람의 이익을 위해 사람이 만든 것이다.

종교학자 정진홍은 열림과 닫힘[154]에 대한 인간의 인식을 다음과 같이 설명한다.

사물은 철저하게 '보이는 것과 보이지 않는 것'의 중층구조로 이루어져 있는데도 우리는 그 구조를 알지 못한 채 인식을 펼치고 있는 것은 아닌가..(중략)..그런데 그 중층구조조차 단순하지 않습니다. 중층구조는 그저 겹이 아니라 겹겹이 쌓여 있다고 해야 정확합니다. 보이는 것은 자신 안에 '스스로 가리고 숨겨놓아' 드러나지 않는 것을 담고 있습니다. 할 수 있는 한 우리가 사물에 대해 바른 앎을 지녀야 바른 삶을 살 수 있는 것인데, 그렇게 하기 위해서는 겹겹으로 이루어진 사물에 대한 앎을 위해 그 겹의 구조를 밝히고, 그 틀에 스며 있는 '의미'를 찾아내지 않으면 안 되기 때문입니다.

시스템적으로 접근한다는 것은 무엇을 의미하는가? 시스템적 접근을 체계적 접근으로 바꿔보면 좀 더 이해가 쉬울 것 같다. 이는 시스템적 사고와 밀접한 관계가 있다. 시스템적 사고의 핵심을 위의 내용에 따라 다시 설명하면, 시스템을 전체론적으로 생각하고, 문제의 경계와 대상이 되는 해결책을 설정하는 것, 그리고 경계 바깥에 있는 대상 시스템까지도 고려하는 것이다[155]. 이 접근법은 시스템을 '부분적인 전체 (Holon)'의 시각으로 본다. 그 자체로서는 전체 시스템이지만, 상호작용하는 부분을 형성하는 동안에는 광대한 환경에서 다른 Holon의 일부분과 관계하는 실체가 되는 것이다. 지구

154) 정진홍, 열림과 닫힘- 인문학적 상상을 통한 종교문화 읽기, 산처럼
155) Senge, Churchman, Meadows

를 포함한 태양계가 전체로 간주될 수도 있지만 우주적인 관점에서 보면 일부분에 불과한 것과 같은 시각이다. 시스템 구성요소와 요소가 만나 창발성이라는 새로이 나타나는 성질을 보여주기 때문에 시스템적 접근법이 필요한 것이다.

부1.1 시스템 사고의 원칙

사전적 의미에서 원칙이란, 활동하거나 행동을 하는 일반화된 규칙이다. '참'으로 받아들여지고 추론이나 활동의 기반으로 사용할 수 있는 일반화된 규칙이다. 시스템 사고를 위해서는 관심사를 분리해야 한다. 그렇지만 특정한 관심사에 초점을 맞추기 위해 추상화를 사용하는 것과, 시스템 접근법의 중앙에 전체를 계속적으로 고려하는 것 사이에 균형을 잡는 것이 필수적이란 점을 잊지 않아야 한다. 여기서 관점과 시각의 차이를 정의하고 넘어가자.

시각(View)은 시스템과 같은, 하나 이상의 개체에 의해 관찰되는 정보의 부분 집합이다. 시각이 관찰되는 물리적 또는 개념적 지점을 관점이라고 한다. 또한, 시스템 요소와 그들이 외적인 환경과 상호작용하는 것을 에워싸는 캡슐화는 모듈화와 관계가 있다. 이 모듈화는 시스템의 컴포넌트가 분리되거나 재결합될 수 있는지에 대한 척도로서, 자연계, 사회, 공학적 영역의 시스템에 적용된다. 이원론(dualism)은 시스템의 특성 중 하나다. 예를 들어 '전체론'과 '관심사 분리'의 원칙은 상충하는 것처럼 보이지만 사실은 복잡성을 해결하는 두 가지 방법이다. '전체론의 원칙'은 모든 시스템에 초점을 맞춤으로써 복잡한 문제를 다룬다. 그러나 '관심사 분리의 원칙'은 문제나 시스템을 좀 더 작게, 관리가 가능한 요소로 나누어 특정한 관심사에 더욱 주의를 기울이게 한다. 에드슨[156)]은 시스템 사고의 필수 원칙으로 '관점'을 강조한다. 특별히 서로 상반되는 개념을 이해하기 위한 방법으로 이 관점이 필수적인 원칙이라는 것이다.

히친스는, 통합된 세트를 이루는 7가지 원칙으로 설명되는, 시스템 수명주기 이론을 만들었다. 공학적 시스템의 수명주기는, 생성(Creation), 조작, 그리고 사용 종료이다. 이들 원칙은 사용 환경에서의 안정성과 생존성에 대한 기여를 주요 인자로 본다. 시스템적인 관점에서 상호작용, 조화, 그리고 시스템 특성 간의 균형은 매우 중요하다. 하이버트손[157)]은 지렛대로 작용하는 능력과 보편성 두 요소를 다음과 같이 정의한다. "능력이란 시스템이 특정한 문제를 해결할 수 있는 정도이고, 보편성은 시스템이 모든 클래스의 문제를 해결할 수 있는 능력을 말한다." 어떤 시스템이나 요소가 이원론의 한 극단에 대해 최적화되어 있다면 복잡한 문제를 효과적으로 해결하는 데는 동적인 균형이 무엇보다 필요하다.

부1.2 시스템 사고의 패턴

시스템의 패턴은 획득 분야에 대한 '성숙도의 지표'로 활용할 수 있다. 사회 시스템을 포함한, 더욱 복잡한 시스템의 영역에서 시스템 과학은 성숙도가 낮고 해법 패턴은 더욱 찾기 어렵다. 이러한 어려움에도 불구하고 사회

156) Edson, R. 2008. Systems Thinking. Applied. A Primer. Arlington, VA, USA: Applied Systems Thinking (ASysT) Institute, Analytic Services Inc.
157) Hybertson, D. 2009. Model-Oriented Systems Engineering Science: A Unifying Framework for Traditional and Complex Systems. Boca Raton, FL, USA: Auerbach/CRC Press.

시스템은 규칙성을 보인다. 또한, 사회적 문제는 어느 정도는 해결할 수 있다. 이는 사회 시스템 역시 일정한 패턴을 가지고 있기 때문이다. 가장 일반적인 패턴에 대한 정의는 '관찰된 규칙성'이다. 패턴은 자연과 인공 시스템 모두에 존재하며 시스템 과학과 시스템엔지니어링에 사용된다. 과학 이론이 바로 패턴이고, 건축 스타일이 패턴이며, 엔지니어링은 패턴을 대규모로 사용한다. 엔지니어링 패턴 중, 설계 패턴은 설계를 끝내는 것이 아니라 특정한 해결책으로 직접 변환할 수 있도록 해준다. 이를테면 설명서나 템플릿 형태로 제공되는 설계 패턴은, 서로 다른 특정한 상황들 속에서 어떻게 문제를 해결할 것인가에 대한 지침이 된다. 패턴을 맥락으로 표현할 수도 있다. 즉, 일의 전체적인 흐름을 파악하는 데 중요한 요소이자 맥을 짚어 문제를 파악하는 데 활용된다.

우리는 종종 맥락은 보지 않고 현상만 판단한다. 그것을 상식으로 생각한다. 그리고는 이 과정에 오류가 있음을 나중에야 알게 된다. 패턴은 전체 맥락을 파악하기 위한 필수적인 요소이다. 시스템엔지니어링은 시스템의 기술적 측면만을 강조하던 것에서 범위를 넓혀 사회와 기술의 상호작용 측면이 고려된 사회-기술 시스템에 대해 다룬다. 이에 따라 시스템 과학의 중요도가 점점 높아지고 있다.

부1.3 시스템의 특성

- 전체론적이고 상호작용하는 것: 요소들이 결합된 전체를 이루어 응집력과 공존함을 충분히 나타내는 것[158]

- 규칙적인 것: 다수의 개체 또는 여러 시간에 걸쳐 존재하는 균질함 또는 유사함[159]의 규칙성이 과학을 가능하게 하고, 엔지니어링의 효율성과 효과성을 부여한다. 유사성과 차별성은 어떠한 세트나 모 집단에서도 존재한다. 모든 시스템의 문제와 해결책은 독특한 성질로 간주할 수 있으나 사실 완전히 독특한 문제도 없고 이에 대한 고유의 해결책 역시 없다.
- 상태와 작동: 시스템 요소가 지닌 자질과 특성을 속성이라고 한다. 시스템의 상태는 주어진 시간 동안 시스템이 갖는 속성의 집합이다. 시스템 이벤트는 시스템의 환경하에서의 변화로 설명된다. 상태는 이벤트 없이 단일 상태에 머무르는 정적인 상태와 다수의 가능한 안정화 상태가 존재하는 동적 상태, 시스템이 정적 상태이지만 요소들은 동적인 상태. 내부적인 조절을 통해 시스템의 상태를 유지하는 항상성(Homeostatic) 상태로 구분할 수 있다.
- 생존을 위한 행동: 시스템은 종종, 독자적 생존이 가능한 하나 이상의 대안적인 상태 내에서 스스로가 유지되도록 행동한다.
- 목표 추구 행동: 몇몇 시스템은 단순한 생존 이외에서 존재의 이유를 찾는다. 공학적 시스템의 특성을 정의하는 데 사용되는 기법의 하나가 바로 목표 추구다. 여기서 목표(Goal)란 특정한 시간에 시스템이 달성할 수 있는 특정한 출력이고, 목적(Objective)이란 연속되는 목표를 통해 달성할 수 있는 장기적인 출력으로 정의할 수 있다.
- 기능: 에크오프[160] 는 기능을, 목표나 목적에 기여하기 위한 출력으로 정의한다. 기능을 갖기 위해 시스템은 두 가지 이상의 차별화된 방법으로 출력을 제공할 수 있어야 한다. 대부분의 하드 시스템 접근법에서는 기능

158) Hitchins, D. 2009. "What are the general principles applicable to systems?" INCOSE Insight, vol. 12, no. 4.

159) Bertalanffy, L. von. 1975. Perspectives on General System Theory. E. Taschdjian, ed. New York, NY, USA: George Braziller.

160) Ackoff, R. 1979. "The future of operational research is past," Journal of the Operational Research Society, vol. 30, no. 2, pp. 93–104, Pergamon Press.

들을 문제 서술(Problem Statement)을 통해 설명한다. 그리고는 하나 이상의 대안적 요소들의 구조와 관련짓는다. 이 프로세스는 시스템 컴포넌트(기능 또는 구조에 대한 구현 가능한 컴포넌트)가 정의될 때까지 반복된다. 여기서 기능은 반드시 원하는 출력을 얻기 위해 수행되어야 하는 업무나 활동으로 정의되거나, 또는 입력을 출력으로 변환하는 것으로 정의된다. 완성된 시스템 작동은 기능과 효과도로 평가된다.

- 체계, 창발성, 및 복잡도[161]: 시스템의 작동은 각 요소들의 작동이 조합된 것이다. 대부분의 시스템은 증가하는 다양성을 보여준다. '시너지'라는 용어나 약한 '창발성'은 '전체는 부분의 합보다 크다'는 아이디어를 설명하는데 사용된다. 물론 맞는 말이지만, 그러나 전체 기능이 부분의 합보다 작아진다면, 다양성을 줄이는 쪽으로 가능하게도 한다.

- 캡슐화(Encapsulation): 어떠한 것의 내부에 하나의 사물을 탑재하는 것이다. 시스템 캡슐화는 시스템 요소들을 탑재한다. 또한, 이들은 외부 환경과 상호작용을 하며 보통 내부를 외부로부터 감추는 시스템의 경계를 포함한다. 상위의 시스템은 하위 시스템에 대해 통제의 소유권을 갖는다.

- 효과도, 적응, 학습: 시스템의 효과도는, 시스템이 목표와 목적을 달성하기 위해 기능을 얼마나 잘 수행할 수 있는 능력이 있는지를 측정하는 척도이다. 히친스는 효과도를 성능과 가용도, 그리고 생존성으로 설명한다. 여기서 성능이란 기능이 얼마나 잘 이상적으로 수행되는가를 나타내는 것이고, 가용도는 필요할 때 기능이 얼마나 자주 제공되는가를 나타내는 척도다, 그리고 생존성은 시스템이 기능을 얼마나 충분히 활용할 수 있는가의 확률이다. 시스템은, 어떠한 상태나 목표의 변화 없이도 학습을 통해 시간에 따른 효과도를 개선할 수 있다.

161) Hierarchy, Emergence, and Complexity을 체계, 창발성, 복잡도로 각각 번역하였다.

부록 2. 시스템 접근법의 적용

부2.1 시스템 접근법은 왜 필요한가?

시스템엔지니어링은 왜 필요한가? 더는 부연할 것도 없이 '성공적인 시스템의 실현을 위해서'이다. 이를 위한 융합학문적 접근법이자 수7단이 시스템엔지니어링이다. 타 전공 분야 사람들로부터 시스템엔지니어링이 종종 공격을 받는 것은 고유의 전문성보다 이렇듯 융합적 학문이라는 특성 때문이다. 시스템엔지니어링은 모든 학문 분야와 전문집단을 하나의 팀으로 통합한다. 그리고 개념부터 생산과 운영에 이르는 구조화된 개발 프로세스를 형성한다. 이럴 때 시스템적 접근법은 필요하다. 특히 수명주기 비용의 70%가 확정되는 개념단계에 이 접근법은 매우 요긴하다. 그렇다면 시스템 접근법을 적용하면 개념단계 활동에 어떠한 도움을 받을 수 있는가?

첫째 전체론적으로 문제에 접근하도록 한다. 문제의 범위는 기술적 요소뿐만 아니라 정치적, 경제적, 사회적, 법적 및 환경적, 요소 등에 의해 결정된다. 경부 고속철도 건설 시 천성산 터널 관통 문제로 일정이 크게 연기되고 엄청난 추가 비용이 들었던 것도 이러한 정치적, 사회적, 환경적 문제를 제대로 고려하지 않았기 때문이다. 시스템 접근법은 개별적인 기술적 문제부터 사회-기술적 사안에 이르기까지, 공학적인 시스템 개발 시 일어날 수 있는 모든 수준의 문제적 상황을 설명하고 이해할 수 있는 좋은 도구이다.

둘째는 다학제적으로 문제를 정의하고 해결하는 것을 돕는다. 원자력발전소나 항공기와 같은 복합시스템은 다학제적인 접근이 필수적이다. 다학제란,

문자 그대로 여러 전공실무분야에 걸쳐 기술적 요소가 식별된다는 것이므로 원활한 협업이 필요하다. 다학제를 넘어서는 학제적 접근은 스마트-디지털 기술의 실현을 가능하게 하는 핵심 요소이기도 하다. 현재 공학 분야에서 광범위하게 사용되고 있는 시스템 사고의 개념, 패턴과 방법론은 결코 시스템 엔지니어링 고유의 기법 아니다. 따라서 이러한 방법론과 기술에 전문성이 있는 타 전공 분야 실무자들과 소통하고 잘 협업하여 최상의 결과를 얻는 것이 중요하다. 물론 타인과 아이디어를 나눈다는 것은 결코 쉬운 문제가 아니다. 이럴 때 시스템 접근법을 이용하면 문제의 정의와 해결에 도움을 준다. 전공 분야가 다른 전문가들과의 협업 시 발생할 수 있는 상충과 충돌의 위험을 줄일 수 있기 때문이다.

셋째 문제 탐색단계에 더 큰 노력을 기울이고, 해결책에 얻기 위한 범위를 넓힐 수 있도록 한다. 즉, 수명주기적 사고에 의해 문제와 해결책을 끌어내도록 한다. 바꿔 말하면 시스템에 대한 개념을 잡을 때 이후 단계 프로세스를 생각하도록 한다.

시스템 접근법은 시간의 경과에 따라 문제가 해결되어 나아가고, 이해관계자가 가치를 얻는 것과 관련이 있다고 이미 설명하였다. 아울러 시스템의 연관성, 상세한 관리, 그리고 이것이 함축하는 엔지니어링 활동의 수준과도 관련된다. 여기에서 고려되어야 할 것은 수명주기적 접근법이다.

부2.2 수명주기 접근법이란?

공학적으로 만들어진 시스템은 이해관계자에게 편익을 주는 성과물[162)]을 제공하며, 이 성과는 하나 이상의 문제적 상황에서 가치가 있는 그 무엇을 성취하도록 한다. 시스템이 성공적인가를 판단하는 기준은 오직 이해관계자가 성공적인 성과를 얻었는가에 달려있다. 복잡한 현실 세계에서 시스템에 대한 이해관계자의 니즈를 잘 정의하고, 상황에 잘 적응하는 뛰어난 해결책을 내놓는다면 최고의 가치를 이해관계자에게 제공할 수 있기 때문이다. 히친스는 이를 점진적인 만족 원칙이라고 정의한다. 시스템 접근법의 효과성은 가치로 환산되는데, 여기서 가치는 시간, 비용, 투자 및 다른 자원 등을 고려한 전체적인 맥락 속에서 핵심 이해관계자를 대상으로 고려할 때 충분히 실현될 수 있다.

각 공학적 시스템이 가진 문제를 해결하기 위해서는, 문제 영역과 연관된, 비용, 성능 및 기타 특성의 항목에 효과적인, 합의된 해결책이 개발되어야 한다. 개발자는, 실제적인 가치를 제공하기 위해 무엇을 할 것인가 뿐만 아니라, 언제, 어떻게 할 것인가를 반드시 고려해야 한다. 시스템엔지니어링에서는 수명주기와 수명주기 프로세스의 개념을 통해 가치를 최대화하고자 한다.

- 수명주기 : 문제가 탐색, 해결될 수 있고, 자원이 관리될 수 있는 수명주기 단계의 집합이다.
- 수명주기 프로세스 : 시스템 접근법과 연관된, 지식의 생성과 배포에 초점을 맞춘 활동 체계로, 수명주기에 걸쳐 전체론적인 접근법을 증진하는 용도로 쓰인다.

---

162) Outcome : 출력 (output)이 산출해낸 결과로서, 활동과 출력으로부터 나오는 최종 제품이나 결과물을 말함.

부2.3 수명주기의 동시성과 시스템의 가치 주기를 고려한다.

수명주기를 적용하는 데 있어 중요한 사항은 동시성의 적용이고, 시스템의 가치 주기이다. 여기서 동시성을 적용하는 이유는, 문제의 식별, 해결책 조합 및 선정, 해결책 구현 및 제공과 배치, 지속 및 사용에는 서로 간의 상호 연관성 및 의존성을 반영해야 하기 때문이다.

시스템의 가치 주기는, 이해관계자의 가치에 의해 주도되는 문제 해결 주기 내에서, 공학적 시스템의 수명에 대한 일반적인 모델로 표현될 수 있다. 실용적인 이유에서 이 생명을 유한한 단계로 전개하는 것이 필요하다. 가치 주기는 다음의 6개의 질문으로 나타낼 수 있다. 이 질문들은 시스템 접근법과 연관되는 가치, 문제, 그리고 해결의 주기에 관한 것이다.

- 질문 1 : 이해관계자가 원하고/필요로 하는 가치는 무엇인가?
- 질문 2 : 어떠한 시스템 성과가 이 가치를 개선하는가?
- 질문 3 : 무슨 시스템이 이러한 성과들을 제공할 수 있는가?
- 질문 4 : 우리는 이 시스템을 어떻게 생성했는가?
- 질문 5 : 성과를 얻기 위해 우리는 시스템을 어떻게 배치하고 사용했는가?
- 질문 6 : 이러한 성과물이 기대한 만큼의 가치를 개선시켰는가?

위의 질문은 기업의 맥락 안에서 이해관계자의 목표를 달성하기 위해 시스템 접근법의 각 반복에 대하여 초점을 맞춘다. 질문 1과 6은 기업 내에서 이해관계자의 가치를 제공하는 비즈니스 주기에 관한 것이다. 질문 2와 5는 제품, 서비스, 엔지니어링 수명주기에 관한 것이다. 여기에서 일반적인 기업 비즈니스와 기업 시스템엔지니어링의 장기적인 정책 활동과의 차별성이 만들어진다.

다음 그림의 점선은, 수명주기의 각 활동을 나타낸다. 활동들은 특정 단계에 좀 더 강조되긴 하지만 전체론적인 접근법의 측면에서 전체로 확장되는 것이 요구된다. 예를 들어, 문제의 식별은 문제의 이해단계에서 가장 많은 입력이 필요하지만, 다른 수명주기에도 문제를 정제하고, 검토하고 재평가하는 활동이 필요할 것이다. 이와 유사하게, 구현과 입증 활동 역시 생성단계에서 사용 단계로의 전환 중에도 수행된다.

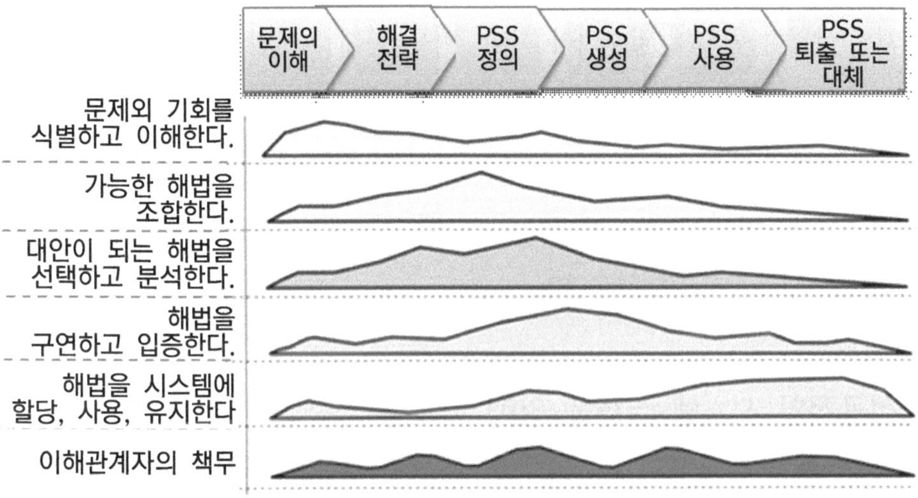

수명주기 단계에 대한 활동을 매핑한 험프(Hump)도

일반적인 시스템 접근법에서 다음의 기본적인 수명주기 원칙들이 적용된다. 이는 위 그림 험프도에도 잘 나타나 있다. PSS[163]는 문제를 해결하기 위한 시스템이다.

163) Problem resolution system

- 수명주기는 각 단계들의 그룹으로 형성되고, 이해관계자의 가치 이해; 문제 상황 탐색; 시스템 해결책의 생성; 시스템 배치 및 사용 등을 포함한다.
- 수명주기 프로세스는, 수명주기에 걸친 시스템 접근법(예를 들어, 요건, 아키텍처, 검증 및 확인)을 위해 필요한, 상세한 엔지니어링 및 관리시스템 활동들을 정의한다.
- 어느 프로세스에 대한 활동들은, 적절한 동시성을 허용하기 위해, 모든 단계에 쓰일 수 있다.
- 수명주기 단계와 동시적 프로세스 활동들의 순서와 통제는 문제 상황과 상업적 환경에 맞추어야 하며, 이를 통해 적절한 수명주기 모델이 선택되도록 해야 한다.
- 수명주기에는 시간, 비용, 자원을 주도하는 인자들을 고려하기 위한 관리 활동들이 반드시 포함되어야 한다,

부2.4 성공적인 시스템 실현을 위해 시스템 접근법의 적용

다음의 그림을 살펴보자. 그림에는 성공적인 시스템 실현과정에 이용되는 시스템 접근법이 문제와 기회를 식별하고 이해하는 활동과 가능한 해결책을 조합하는 두 활동 (A1과 A2)으로 나뉘어 있다. 여기서 말하는 '문제와 기회'라는 용어는, 문제라는 것이 항상 부정적인 상황만 가져오는 것이 아니고, 긍정적인 기회로 삼아 상황을 개선할 수도 있다는 의미를 내포한다. 시스템 복잡도가 높아질수록 기회 상황을 맞았다는 것을 충분히 인지하기 어렵다.

시스템 해결책에 의해 문제가 단번에 해결되지는 못하는 이유다. 그러나 문제의 이해도를 높이면, 내재한 문제점이 무엇이고 이를 해결하기 위해 무엇을 할 것인가를 알 수 있으므로 문제 해결의 확률이 높아진다.

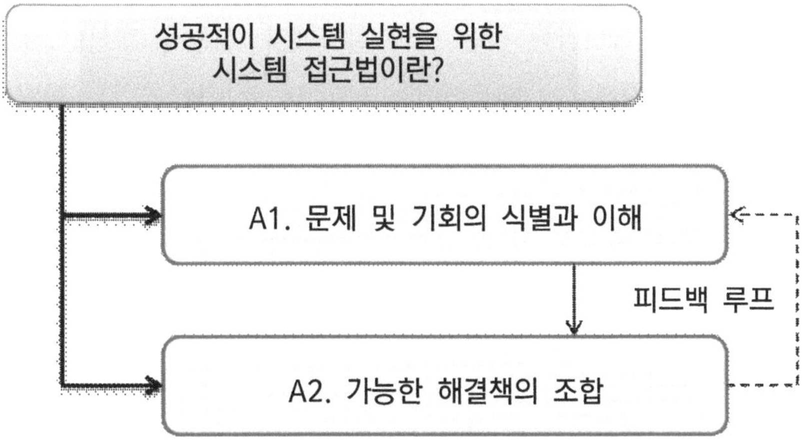

SEBOK에서 제시하는 시스템 접근법의 두 활동

문제 탐색과 식별은 단번에 끝나지 않는다. 따라서 시간의 지남에 따라 좀 더 문제와 해법을 완벽하게 이해할 수 있는 쪽으로 나아가도록, 해결책을 조합하고 분석하는 과정과 연계하는 것이 필요하다. 그림에서는 이를 피드백 루프로 표시하였다. 시스템 조합 역시 시스템 접근법의 한가지 활동이다. 이 활동은 시스템 수명주기 동안 문제의 전체 맥락에서, 요구되는 특징과 작동을 지닌 대상 시스템의 다양한 옵션을 정의한다. 다시 말해 의도된 운영환경에서, 대상 시스템에 대한 적절한 해결 옵션을 제공하는 것이다. 복합시스템에서 개별적인 시스템 요소는 다른 요소들의 작동과 연계되고, 전체 시스템의 일부분이 된다. 여기에서 시스템은 유기적 속성을 나타내는데, 부분이 나타낼 수 없는 새로운 성질인 창발성 때문이다.

가. A1 : 문제와 기회를 식별하고 이해하기 위한 두 가지 세부 활동

이 활동에서, 문제와 기회를 식별하고 문제의 전체 맥락을 이해한다는 것이 왜 필요할까? 바로 문제의 해결을 위해 필요하기 때문이다. 문제가 항상 부정적인 것만은 아니라는 것은 이미 설명했다. 상황을 개선할 수 있는 긍정적 기회도 함께 가져오기 때문이다. 그렇기에 문제와 기회는 동시에, 그리고 정확하게 식별되고 이해되어야 한다.

그림에서는 이 활동을 문제 탐색과, 문제의 전체 맥락 이해라는 두 세부 활동 (A1.1, A1.2)으로 나눴다.

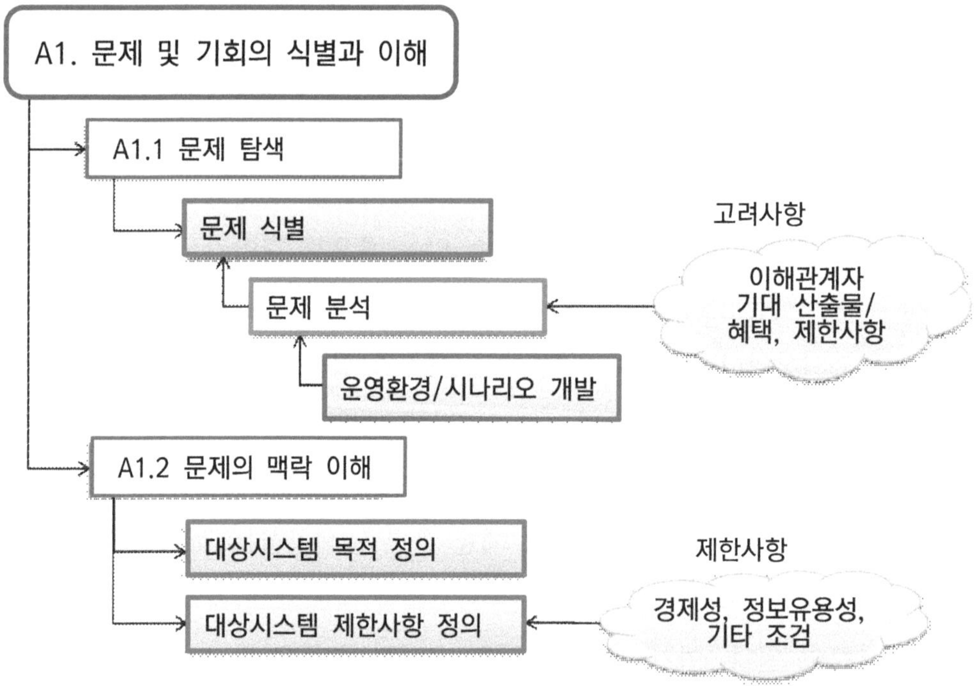

문제와 기회를 식별하고 이해하기 위한 문제 탐색과 문제 맥락의 이해 활동

세부 활동 A1.1 (문제의 탐색)에서, 문제가 무엇인지를 식별하기 위해서는 문제의 분석도 필요하다. 또한, 문제의 분석을 위해 시스템의 운영환경과 운영시나리오가 개발되어야 한다는 것을 알려주고 있다. 문제의 분석과정에는 고려되어야 할 사항들이 많다. 첫 번째 고려사항은 이해관계자가 기대하는 산출물이다. 성공적으로 실현된 시스템과 같은 것이 여기에 들어간다. 그뿐만 아니라 시스템을 사용할 때 얻게 되는 혜택과 가치 그리고 각종 제한사항도 고려되어야 한다.

문제의 맥락을 이해하는 세부 활동 A1.2는 문제의 전체 맥락을 이해하는 것이다. 이 과정이 왜 중요한가는 언급할 필요조차 없다. 우리가 진정 선도자가 되기 위해서는 Know-Why부터 제대로 정의해야 한다. 디지털 뉴딜이 성공하기 위해서는 '왜 이 기술이 필요한가?'에 대한 끊임없는 질문이 필요하다. 이 세부 활동을 통해 이해관계자가 바라는 대상 시스템이 '왜 필요한가'가 정의된다. 그리고서 이 시스템에 부가되는 각종 제한사항이 정의되어야 한다. 주로 시스템의 경제성이나 정보의 유통성, 그리고 운용환경과 같은 조건이 이 과정의 입력으로 작용한다.

A1.1 문제를 탐색한다는 것은?

사실 끊임없이 변화하는 사회에서 인간이 경험하는 현실은 밝혀진 부분보다 밝혀내야 할 부분이 더 많다. 우리가 종종 간과하고 있긴 하지만, '무엇을 모르고 있는지' 파악해낸다는 것은 '문제 해결' 이전에 '문제가 무엇인지 파악하는' 핵심적인 활동이다[164]. 피터 체크랜드는 시스템에 영향을 미치는 태

164) 디자인 하우스, 새로운 디자인의 서재에서 정부를 바꿀 비책을 찾다,의 책 소개린에서 인용 http://mdesign.designhouse.co.kr/article/article_view/102/73589

도와 관행, 절차 등의 많은 소프트한 요인들 때문에 복잡한 문제를 고전적인 엔지니어링 접근법으로 해결하려고 하면 실패하기 쉽다고 지적한다. 이러한 소프트한 문제는 토론과 대화, 분석들을 이용한 대안 모델을 통해 개선할 수 있다고도 주장한다[165]. 그의 소프트 시스템 사고(SSM)[166]는 문제를 찾지는 않고, 문제적 상황을 고려한다. 이러한 문제 상황에서 시스템적 시각을 형성하는 것이 중요한데, 이해관계자들이 서로의 관점을 이해할 수 있도록 하기 때문이다. 또한, 시스템 개발에 대한 통제와 간섭 사항이 무엇인지를 파악할 수 있는 시작점을 제공한다.

❖ 문제를 식별하는 것이다.

하드 시스템 사고는, 문제는 존재하고 1명 이상의 이해관계자에 의해 객관적으로 서술된다는 것을 전제로 한다. 핵심 이해관계자와 함께 잠재적인 문제를 탐색하는 것은 이 접근법에서 매우 중요한 부분이다. 달성하고자 하는 바를 명확하게 설명하지 못한다면 시스템은 정의될 수 없다. 에드슨[Edson]은 왜 우리가 문제의 상황을 충분히 이해해야 하는지를 입증해야 하는가에 대해 다음의 질문을 우리에게 던진다.

'문제를 이해한다는 것이 얼마나 어려운가?'

---

165) 시스템엔지니어링 핸드북 2.9.2.2 연성시스템과 행동연구에서 발췌 인용

166) Soft systems methodology (SSM) : 일반적인 문제 해결과 변화 관계에 사용될 수 있는 조직의 프로세스 모델링 (비즈니즈 프로세스 모델링)을 위한 7단계 접근법; 1) 문제로 고려되는 상황의 입력, 2) 문제 상황을 표현, 3) 의도된 활동을 위한 시스템의 근본 정의, 4) 근본 정의를 얻은 시스템의 개념 모델을 구축 5) 모델을 실제 상황과 비교 6) 가능하고 타당한 변화의 정의 7) 문제 상황을 개선하기 위한 활동 시작, [Checkland, P.B. (2001) Soft Systems Methodology, 위키피디아 재인용]

문제는 '온순'하거나, '보통'이거나, '사악'할 수 있다. '온순한 문제'인 경우, 해결책은 잘 정의되고 명확할 것이다. '보통의 문제'의 해답은 명확하지 않을 것이므로, 모든 측면에서 깊은 주의가 필요하다. '사악한 문제'는 완벽하게 해결할 수 없거나 심지어 완벽하게 정의할 수도 없을 것이다. 심지어 문제가 시스템에 적용되었을 때 어떠한 영향을 미치는지에 대한 이해도 가능하지 않다.

이해관계자란, 시스템에 의해 혜택을 얻거나 피해를 보는, 시스템에 의해 영향을 받는 사람을 말한다, 일반적인 접근법은 문제 분석 단계에서, 현 시스템과 제한 사항, 비용에 대한 질문을 통해 개선 효과를 식별하려고 한다. 이해관계자가 원하는 산출물과 시스템 개발을 통해 얻게 되는 이득 및 제한 사항을 정의하는데 중요한 요소는, 문제와 함께 기회가 존재하는 운용환경이나 운용 시나리오인가 하는 것이다.

A1.2 문제의 맥락을 이해한다는 것은?

대상 시스템을 폭넓게 정의하고 환경에 대한 초기 설명을 통해 우리는 문제와 기회를 파악할 수 있다. 젠킨스는 문제에 대한 공식화(Fomulation)된 접근법을 다음과 같이 제시한다.

- 1 단계 : 대상 시스템의 목적을 서술한다.
- 2 단계 : 대상 시스템을 폭넓게 정의한다.
- 3 단계 : 폭넓게 정의된 대상 시스템의 목적을 정의한다.
- 4 단계 : 시스템의 목적을 구체적으로 정의한다.
- 5 단계 : 경제성, 정보, 또는 기타 조건을 정의한다

문제의 맥락에는 비용과 인도를 위한 시간, 사용시간, 그리고 이해관계자에 의해 요청된 효과성에 의한 경계조건이 포함되어야 한다.

나. A2 : 가능한 해결책을 조합하기 위한 두 가지 세부활동

시스템 접근법의 두 번째 활동인 시스템 조합은 문제의 해결을 위해 필요하다. 조합이란 용어에 익숙하지 않은 분들은 시스템엔지니어링의 단계를 구분하는 용어인 '설계와 개발' 단계로 이해하면 좋을 것 같다. 시스템엔지니어링의 과정이 단계 활동으로 구분해 설명하는 동안, 시스템 접근법은 좀 더 추상화된 단계적 접근법으로 나타나기 때문이다. 조합 활동은, 문제를 해결하는 가능한 해결책을 통하게 된다. 이 해결책은 문서로 작성되어 시스템 분석의 기반을 제공한다. 아울러 문제를 해결하는 다양한 한 대안[167] 중 하나의 옵션을 선택하여 이에 대한 결과물[168]을 개발하게 된다. 시스템 조합 과정에서 개발된 개발물은 동적인 특성을 가지므로 대안 시스템의 운용환경이 수명주기 중에 변화되면 따라서 바뀐다.

위의 세부 활동 A1.2를 통해 문제의 맥락을 이해했다면 이제는 문제의 맥락을 정의하고, 또한 이 문제가 제공하는 긍정적인 기회를 포착하고 정의해야 한다. 이는 경계조건을 정의하고 최대로 가용한 다양한 해결책을 탐구하는 것으로 시작한다. 이러한 과정이 모두 끝나면 이제는 실제적인 시스템 기능과 요소를 식별하고 대상 시스템을 정의하는 조합 활동을 시작해야 한다. 이러한 과정이 그림에 소개되어 있다.

167) Alternative, 대안
168) Artifact, 결과물

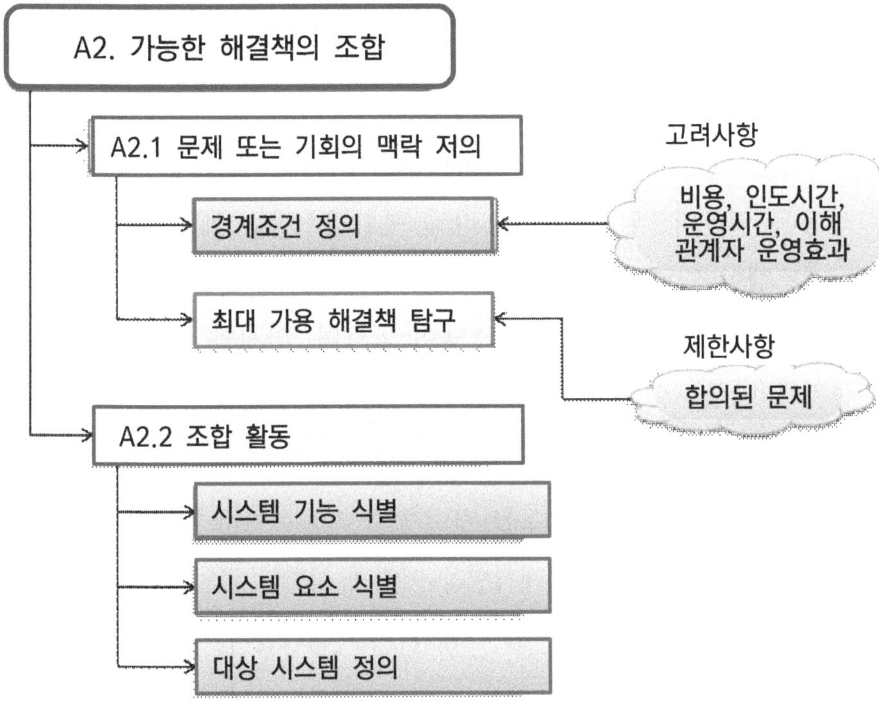

성공적인 시스템 실현을 위한 가능한 해결책의 조합 활동

A2.1 문제 또는 기회의 맥락을 정의한다.

그림에서 보이듯 문제에 대한 해결책을 제시하기 위해서는 문제와 기회가 식별되고 또한 큰 맥락에서 이해되어야 한다. 문제의 맥락은 비용과 인도 시간, 운영 시간, 그리고 이해관계자가 원하는 운영 효과성을 경계조건으로 한다. 대부분의 프로젝트는 문제에 대한 완벽한 해결책을 찾는 것보다는 이해관계자 간에 합의된 문제에 대해 최대로 가용한 해결책을 찾는 것을 목표로 한다. 다시 강조하지만 우리는 문제에 대한 일반화된 해결책을 찾지 않는다. 오직 이해관계자들이 합의한 해결책만을 찾는다. 하나의 해결책으로 모든 문제를 풀 수는 없기 때문이다.

A2.2 조합 활동을 통해 시스템을 정의한다.

시스템 조합 활동은 시스템의 기능을 식별하고, 시스템 요소를 식별하며, 대상 시스템을 정의하는 활동을 포함한다. 시스템은 요소 간 작용을 통해 새로운 작동을 얻는다. 원자력발전소라는 복합시스템을 예로 들면, 열을 내는 원자로 시스템이 있고, 열을 증기로 바꾸는 열 변환 시스템과 증기로 터빈을 돌려 동적 에너지를 얻는 기계 시스템이 있으며, 마지막 단계에 기계적 에너지를 전기로 바꾸는 시스템이 있다. 시스템 조합 활동에서 대상 시스템을 정의하는 주요 요점은 다음과 같다.

- 시스템 요소들을 어떻게 묶을 것인가?
- 요소 간의 상호관계와 연계사항을 어떻게 식별할 것인가?
- 대상 시스템의 경계 내에서, 공통적인 부-요소들과 외부 시스템과의 연계사항은 어떻게 식별할 것인가?

시스템 기능을 식별하는 것은 조합 활동의 핵심사항인데, 시스템 조합의 일차적 목표가 주어진 기능을 제공할 수 있는 실현 가능한 시스템의 구현에 있기 때문이다. 시스템 기능은 작동으로 특화된다. 기능이란, 시스템이 어떻게 사용되는가와 연관되고 아울러 커다란 시스템 문맥 내에서, 시스템이 무엇을 수행하도록 할 것인가를 설명할 수 있다.

시스템은 이미 존재하고 있는 시스템 요소들을 종종 이용한다. 오늘날에는 개발자가 새로운 바탕에서 모든 새로운 요소들을 규정하고 구현하는, 진정한 '신규 개발' 시스템을 발견하는 것이 오히려 어려운 이유다. 기존에 존재하는 바탕 위에서 시작하는 '재개발[169]' 시스템은 기존의 요소가 시스템 구조, 능

---

169) Brownfield 라는 용어는 건설이나 개발분야에서 최초로 사용되기 시작했으며, 영구 구조물이 차지하고 있는 개발이 끝난 땅을 의미한다. 오늘날 brownfield 프로젝트/시스템은 소프트웨어 개발분야를 포함한 많은 산업에서 사용되고 있으며, 프로젝트/시스템을 기존의 역무를 바탕으로 시

력, 기술적 선택, 그리고 다른 구현 측면들을 제한하는, 한계를 갖는다. 이것을 시스템 경계라고 한다. 후러드[Flood]와 카손[Carson]은 시스템 경계를 식별하는 다음의 두 가지 방법을 알려준다.

- 상향식 접근법
- 하향식 접근법

상향식 방법, 또는 구조적 접근법으로 불리는 방법은 핵심 시스템 요소로부터 시작하여, 개발을 진행하는 반면, 하향식 또는 작동적 접근법은 목표를 충족하기 위한 주요 시스템이 식별된 후 업무가 하부로 전개된다. 두 방법론 모두 실현 가능한 시스템이 조합되는 방향을 향해, 모든 시스템 요소가 정련되고, 집단화하고, 배치되어야 한다. 실현 가능한 해결책은 다음의 세 가지 요소를 반드시 고려해야 한다,

- 사용이 가능한 기존 시스템 요소로부터 생성될 수 있는 경우이다,
- 미래의 시점에 조합될 필요가 있는 시스템의 맥락을 고려하는 것이다.
- 대안이 될 수 있는 해결 활동들을 분석하고, 그 중 선택된 산출물을 요소로 고려하는 것이다. 이는 요구되는 제한 시간과 비용예산으로는 주어진 요소가 조합되기 불가능한 경우의 리스크를 사전에 평가하기 위한 것이다.

하향식 접근법은 시스템 경계와 시스템 기능 전체를 설명하는 것으로부터 시작해야 한다. 여기서, 시스템 요소와 요소에 할당된 기능은 이미 정의된 문제 해결 방안에 따르거나, 시스템의 거동 패턴을 식별하는 것을 통해 알 수 있다. 반면, 상향식 접근법은 주요 요소와 요소 간의 상호작용으로부터 시작한다, 하향식과 마찬가지로 요소의 분할, 집단화, 요소의 식별 활동은 시스템 설명서를 작성하는 데 활용된다. 시스템 설명서에는 모든 필요한 기능이 설명되어야 한다.

작하는 것을 의미하거나 기존의 프로젝트/시스템으로부터 제품을 재생산 (엔지니어링) 하는 것을 말한다. http://www.webopedia.com/TERM/B/brownfield.html 에서 인용

부록 3. 개념단계에 중점을 둔다는 의미는 무엇인가?

공학적 시스템을 개발하기 위해 선행되는 개념단계의 목적과 활동을 정의할 필요가 있다. 다음의 목적과 활동은 시스템엔지니어링 핸드북 3.3의 수명주기 단계에서 발췌한 것이다,

1. 문제공간을 정의한다.
    - 탐색연구
    - 개념선택
1. 해결방안 공간을 특성화한다.
2. 이해관계자 필요를 식별한다.
3. 아이디어와 기술을 탐구한다.
4. 이해관계자 필요를 개량한다.
5. 타당한 개념을 탐구한다.
6. 실행가능한 해결 방안을 제안한다.

글상자의 활동에서 보이듯 탐색 연구나 개념 선택과 같은 세부 활동을 통해 문제가 정의된다. 우리나라 방위사업청에서는 이를 선행연구로 부른다. 핸드북 그림 3.3에는 수명주기 단계가 사업 도메인별로 각각 다르게 나타난다. 이를 통해 수명주기 단계가 사업영역의 특성에 최적화되었음을 알 수 있다. 글상자를 좀 더 살펴보자. 활동 항목 1만이 문제 정의단계이고, 나머지 7개 단계는 해결책을 제안하는 단계다. 그러나 여러 차례 강조했듯이 개념단계가 수명주기 비용의 대부분을 결정하므로 문제 공간을 정의하는 활동이야말로 우리가 주목하고 관리해야 할 항목인 것이 틀림없다.

부3.1 수명주기 개념을 수립한다.

이해관계자는 서로 다른 의견을 내놓는다. 이러한 이질적인 요소를 다루기 위해서는 먼저 위험요소는 없는지 따져보아야 한다. 또한, 시스템에 위협을 줄 수 있는 요소를 살펴보고, 시스템의 안전성 등을 최우선적으로 고려하여야 한다. 이때 시스템엔지니어는 프로그램 및 프로젝트 관리자가 반드시 해야 할 일을 정의해야 한다. 사업 단위에서 요구되는 사항을 구체화하기 위한 정보, 인력, 분석 도구를 모으는 일도 지원해야 한다. 발굴된 이해관계자 요구를 분석하고, 시스템·프로젝트에 대한 제약사항을 비용과 기술적 가능성, 적용 규격 및 법률적 요건 등의 측면에서 검토해야 하는 것 역시 시스템엔지니어의 역할이다. 수명주기 개념 설계에서 선행되어야 할 활동의 하나는 각 단계별 개념을 정의하는 일이다. 시스템이 실제로 형상화되기 전에 생산과 배치, 운영, 지원 폐기의 후속단계의 개념을 정의하는 것이다. 표에 각 단계와 수행 내용이 나타나 있다.

수명주기 단계별 개념과 내용

수명주기 단계별 개념	내용
생산 개념	시스템 생산 방법 기술
배치 개념	시스템 인도 및 설치 방법 기술
운영 개념	운영자 관점에서의 시스템 운전 방법을 기술
지원 개념	배치 후 시스템의 유지를 위해 고려되어야 하는 지원 인프라 및 인력에 대해 기술
폐기 개념	운영 종료 이후에 시스템을 제거하는 방법을 기술

이 개념 중에서 가장 중요한 것이 운용개념(OpsCon)[170]을 제대로 정의하는 것이다. 운용개념은 시스템 사용자와 운용자 공동체의 필요와 목적, 특성 등을 요약한 문서 형태로 발간된다. 이와 함께 수명주기 개념들도 담는다. 운용개념 문서는 시스템이 무엇을 할 것인지(어떻게 할 것인지가 아니다)와 그 이유(근거)를 나타낸다. 이는 사용자 중심의 문서로, 사용자의 관점에서 인도될 시스템의 특징을 나타낸다. 또한, 이 문서는 획득자와 사용자, 기타 조직 구성요소들에 시스템의 전체적인 특징을 계량적으로 알려주기 위한 목적으로 사용된다. 시스템이 완성되었을 때 어떠한 기준으로 시스템 개발의 성패를 결정할지를 사전에 개념화하는 것도 중요하다.

수명주기 단계에서도 운영단계가 가장 중요한 이유는 이 단계가 총 수명주기 비용의 절반 이상을 차지하고 있기 때문이다. 2005년 OECD/NEA에 분석에 의하면 원자력발전소의 수명주기 비용은 연료비와 건설비, 그리고 운영비에 좌우된다고 한다. 어느 나라든 연료비는 10~20%를 넘지 않는 반면, 건설비와 운영비의 비율은 국가마다 차이가 크다. 미국과 일본, 프랑스 등 우리나라 원전사업 경쟁국들은 건설비가 운영비보다 높은 반면, 우리나라의 수명주기 운영비는 이들 나라보다 많이 높다[171]. 원전의 경우 운영비 비율은 대략 40~50% 정도다. 그러므로 사업 경쟁력은 운영단계의 비용을 줄일 수 있는가에 좌우된다. 이에 대한 상세한 분석은 소형 모듈 원전의 사례를 통해 마지막 부분에서 상세히 살펴볼 것이다.

이 책에서 운영개념의 상세한 내용은 다루지 않으나, 그림의 육하 원칙에 의해 수립됨은 강조해야 한다. 마치 신문기사를 쓰듯 개념이 수립되어야

170) 운용 개념은 사업과 임무 관점을 기준으로 사업 주체가 시스템을 어떻게 운용하여 당초의 비전과 목표, 전략을 달성할 것인가에 주안점이 있다.
171) 정재천, 백주현, 미래 원전기술, GS 인터비전, 2010. 1

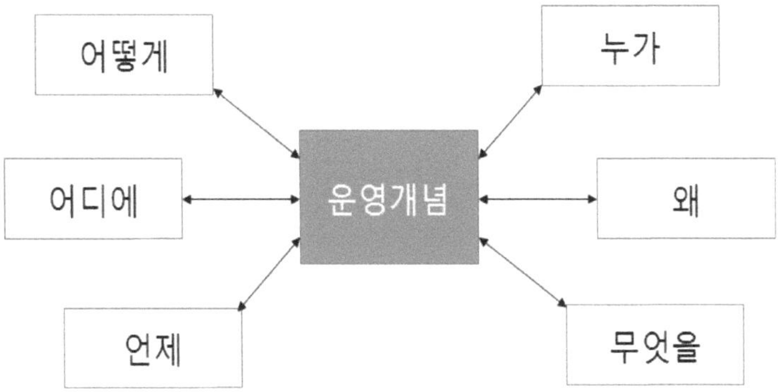

운영개념의 수립을 위한 6하 원칙

논리성을 가질 수 있기 때문이다. 이러한 개념 분석의 결과는 어떻게 문서화 되는가? 먼저 임무 필요성 기술서가 작성된다. 이 문서에서는 임무 적합성, 능력 차이 평가, 비용과 일정 평가 수행 결과가 수록된다. 운용요구사항 문서는 기본적인 시스템의 능력 및 기타 수명주기 요소 사항과 시스템 특성에 대한 분석 결과를 설명한다. 이를 통해 시스템의 핵심성능 파라미터가 도출된다. 문제의 해결단계에 이 문서들이 사용되는데, 이 두 문서에서 정의된 내용을 이용하여 시스템 요구사항규격서가 개발된다. 이 문서에는 각종 요구사항과 검증요구사항 그리고 요구사항의 우선순위가 수록된다.

부3.2 개념단계 분석활동을 수행한다.

개념 설계 단계에서는 다음의 분석 활동을 통해 시스템에 대한 종합적인 정의를 가능하게 한다.

- 운영 배분 또는 배치/임무 개요 또는 시나리오
- 성능 및 관련된 운영 파라미터/활용 요구사항

- 효과 요구 조건 /시스템 기능의 효과성, 효율성
- 시스템의 인터페이스/상호 운용성/시스템 운용환경

부3.3 구조적 분석활동을 한다.

특정한 문제를 해결하는데 적용되는 일반적인 모델 중 하나로 구조적 분석법을 들 수 있다. 문제를 명확하게 정의할 수 있도록 하는 이 방법은 또한 복잡도가 높은 문제에 대해 조직화되고 체계적인 수단을 제공한다. 구조적 분석은 문제를 정의하는 영역에 속한다. 문제의 해결하는 영역에 속하는 것이 아니다. 이 방법은 구조적인 설계 방법과도 연계된다. 다음의 표와 같은 다양한 구조적 분석법이 실무 전문가들에 의해 소개되었다.

구조적 분석법 및 적용 모델링 기법

분석 방법론	적용 모델링 기법
전통적 구조적 분석법	기능 흐름도와 IDEF0, 작동도(Behavior Diagram), 그리고 증강 기능흐름도를 주로 사용한다.
현대적 구조적 분석법	주로 컴퓨터 소프트웨어 개발을 위해, 데이터 흐름도와 실시간을 다루는 시스템 개발을 위한 또 다른 형태의 구성체가 확장자(Extensions)와 함께 사용된다.
초기 객체지향 분석 방법	데이터 흐름도(DFD)와 같은 컴퓨터 프로세싱에 중점을 둔 분석방법과 개체 관계도(E-R)와 같이 데이터에 중점을 둔 방법과의 가교 역할을 한다.
통합 객체지향 언어(UML)	공통적인 합의와 통합된 접근법을 시도하여 초기 객체지향 방법을 개선한 것이다.

문제 영역은 다면적 관점으로 이루어진다. 이 관점은 기능적 면과 작동적인 면, 그리고 아키텍처적인 면의 세 면이다. 이 다면적 관점은 시스템 모델링 구조를 구조적으로 표현하는 데 사용된다. 전통적 구조적 분석법은 모델링을 시스템, 하드웨어, 소프트웨어 개발단계에 적용해, 기능 및 성능 요구사항 분석, 아키텍처 조합, 연계 요구사항이나 환경요구사항 분석 등에 활용되는 반면, 현대적 구조분석법은 소프트웨어 분야에 주로 적용한다[172].

부3.4 시스템 분석이란?

시스템 분석은 시스템 접근법에서의 활동으로, 가능성이 있는 해법을 조합하는 것을 포함한, 활동 중에 하나 이상의 시스템 인공물을 평가하는 것을 말한다. 예를 들면 요구되는 특성과 작동을 기반으로 평가 기준을 정의한다. 여기서 요구되는 특성과 작동은 식별된 문제나 시스템의 기회 상황에 따라 달라진다. 후보가 되는 해결책을, 이 기준에 따라 비교하여 특성과 작동을 분석한다. 장래에 이루어질 대안 선택과 함께, 해결책 후보들의 평가 결과를 비교하여 문제를 해결하고 기회를 이용할 수 있는지 식별한다. 최상의 해법이란 비용, 위기와 효과도를 이해하는 것으로부터 나와야 한다 문제의 맥락은 소프트 시스템 개념 모델을 포함할 것이다. 이 개념 모델은, 문제 상황 해결을 위한 시스템의 논리적 요소들에 대한 설명과, 이러한 요소들이 서로 다른 이해관계자들로부터 얼마나 인지되는지를 포함한다.

---

172) Pressman, Roger S, Software Engineering - A Practitioner's Approach, McGraw-Hill, 위키피디아 재인용

시스템엔지니어링 핸드북 4.6절은 시스템 분석에 관한 것이다. 이 절에서 다루려고 하는 내용은 다음의 질문에 모두 함축되어 있다.

- 시스템 분석은 왜 필요한가?
- 시스템 분석은 언제 해야 하는가?
- 시스템 분석을 위해 무엇을 해야 하는가?
- 시스템 분석은 어떻게 해야 하는가?
- 시스템 분석은 누가 하는가?

시스템 분석은 하나 이상의 시스템 인공물을 평가하는 것을 말한다. 예를 들면, 시스템에 요구되는 특성과 작동을 기반으로 평가 기준을 정의하거나, 시스템 설계의 후보가 되는 해결책을, 이 평가 기준에 따라 비교하여 특성과 작동을 분석하거나, 장래에 이루어질 대안 선택과 함께, 후보 시스템의 해결책에 대한 평가 결과를 비교하여 문제를 해결한다. 물론 이러한 평가 과정은 모두 시스템의 해결책을 얻는 데 필요한 것들이다. 존 깁슨과 윌리엄 세러는, 저서 “시스템 분석을 어떻게 해야 하는가?[173]"에서 시스템 분석의 황금률을 제시하고 있다. 이 중 몇 가지를 소개하면 다음과 같다.

---

173) John E. Gibson, William T. Scherer, How to Systems Analysis, A John Wiley and Sons

시스템 분석의 황금룰

- 원칙 3 : 고객은 특정한 문제만을 강조한다.
- 원칙 4 : 고객은 성능에 대한 개념을 잘 이해하지 못한다.
- 원칙 5 : 당신은 분석가다. 의사결정권자가 아니다.
- 원칙 7 : 문제에 대해 목표 중심의 접근법을 사용하라.
- 원칙 9 : 만능의 컴퓨터 모델을 기대하지 마라. 환상이다.

원칙 7은 '단계적' 접근법의 문제점을 지적한다. 단계적 접근법은 단계마다 불연속성을 만들 수 있기 때문이다. 기술 중심의 접근법 역시 마찬가지이다. 기술을 중심에 둔다면 선택지는 좁아지고, 최적의 시스템이 개발되기 어려울 수도 있다. 그러나 우리는 이미 최상의 해법이 비용, 기술적 위험도와 효과도를 이해하는 것에서 나온다는 것을 알고 있다.

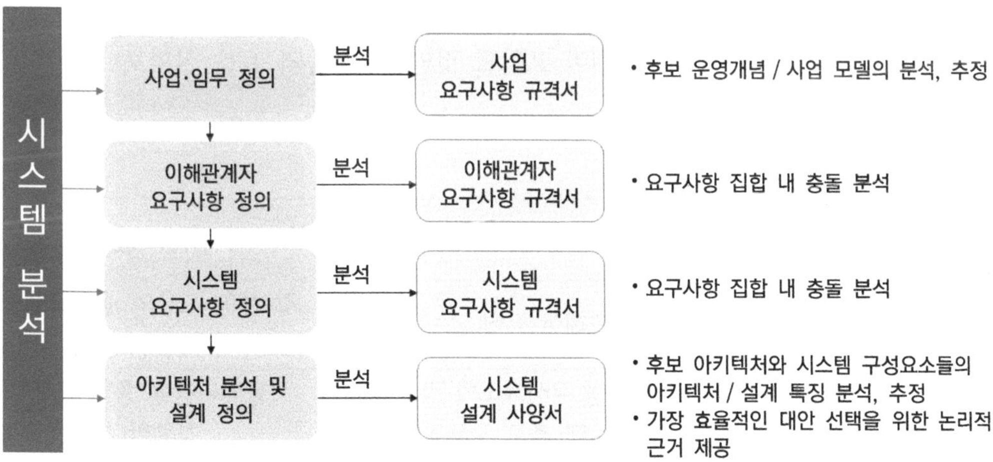

시스템 분석 프로세스와 선행 기술프로세스와의 관계

언제 시스템 분석 프로세스가 사용될까? 그리고 어떻게 사용될까? 이를 좀 더 쉽게 설명하기 위해 그림으로 그려보았다. 그림에서 보이는 4개 기술프로세스를 흔히 선행 기술프로세스라고 부른다. 그림의 오른쪽에는 이러한 프로세스가 어떻게 사용되는지가 나타나 있다. 사업-임무 정의 프로세스에서는 후보 운영개념을 분석하고 추정한다. 이해관계자 요구사항 정의와 시스템 요구사항 정의 프로세스에서는 각 요구사항 집합 내 충돌 분석을 한다. 아키텍처 분석 및 설계 정의 프로세스에서는 후보 아키텍처와 시스템 구성요소들의 아키텍처/설계 특징을 분석하고 추정하는 데 쓰인다. 이를 통해 가장 효율적인 대안 선택에 대한 논리적 근거도 제공한다. 시스템 분석의 일련의 과정을 거쳐 각종 규격서와 사양서가 개발되므로 매우 중요한 단계다.

이러한 4개의 선행 기술프로세스인, 사업-임무 정의와 이해관계자 요구사항 정의, 시스템 요구사항 정의, 또한 아키텍처 분석 및 설계 정의 과정에 시스템 분석이 필수적으로 필요하다. 그렇다면 시스템 분석을 위해 무엇을 해야 할까? 먼저 분석에 필요한 데이터와 입력을 수집하고 모든 가정을 부각시킨다. 입력에는 모델이 포함될 수 있다. 어떤 모델이 포함될 것인가? 다음의 표를 살펴보자.

모델의 종류와 주요기능 및 적용방법

모델 종류	주요 기능	적용 방법
물리 모델	물리 현상을 시뮬레이션 할 수 있다.	각 분야 고유의 물리모델을 개발한다.
기술 모델	시스템이나 시스템 구성요소의 작동을 시뮬레이션 하는데 주로 사용된다.	시뮬레이션을 통해 모델을 검증한다.
분석 모델	시스템이나 시스템 구성요소의 실제 운용에 근접하는 추정치를 정립하는데 사용된다.	결정론적 모델과 확률적 모델이 주로 쓰인다.

시스템 분석 모델은 비용, 위험, 효과성, 가정 확인을 위해 정의된 방법과 절차를 이용해 일정에 따라 분석을 수행한다. 이해관계자 목표 및 이전 분석들을 이용해서 적절한 관련 분야 전문가와 함께 중간 동료 평가를 수행하여, 시스템의 유효성, 품질, 일관성을 평가한다. 여기서 분석 방법을 선택하는 것이 매우 중요한데, 주로 시간, 비용, 정확도, 기술 주도 요인, 분석 중요도를 기초로 선택된다. 비용과 일정 때문에 대부분 시스템은 주요 특징들에 대해서만 시스템 분석을 수행해야 하는 제약사항이 있을 수 있다. 비용과 일정의 제한사항뿐만 아니라 기술적으로 모델링이 가능하지 않을 수도 있다. 즉, 시스템의 모든 작동을 시뮬레이션할 수는 없다는 것이 우리가 가진 제한사항이다. 모델링은 제한된 조건에서의 결과만을 우리에게 보여줄 뿐이다.

가. 최상의 효과를 위한 시스템 분석

그림에서 세 개의 원은 서로 일정 부분 중첩되어 있다. 시스템 분석은 문제 정의와 해결 과정에 두루 연관되고, 최상의 해법은 비용, 기술적 위험도와 효과도를 이해하는 것으로부터 출발한다. 따라서 최상의 해법을 얻는다는 것은 비용을 계산하고, 위험도를 분석하여 논리적으로 수용 가능한 위험도만을 수용할 수 있도록 하는 것을 의미한다. 분석을 통해 발굴된 성능지표와 기술성능지표는 시스템 도입에 대한 전체적인 효과도를 판정할 수 있도록 하여, 비용, 위험도와 효과도의 세 분석 항목이 서로 균형을 이루는 최상의 해법을 얻도록 한다.

최상의 해법을 위한 시스템 분석 항목

나. 시스템 분석은 왜 필요한가?

다음 그림을 살펴보자. 임무 및 사업 분석 프로세스는 잠재적인 대상 시스템과 관련된 후보 운영개념과 함께 후보 사업모델을 타당성, 비용, 위험, 효과성 관점에서 분석하고 추정하기 위해 수행된다. 이해관계자 요구사항 정의 프로세스와 시스템 요구사항 정의 프로세스는 요구사항 집합 내 충돌, 특히 타당성, 비용, 기술적 위험, 효과성 관련 요구사항들 간의 충돌과 관련된 문제를 분석하기 위해 분석 프로세스가 사용된다. 여기서 충돌사항은 주로 성능이나 운용 조건, 제약사항에 관한 충돌이 대부분이다.

아키텍처 정의 프로세스와 설계 정의 프로세스는 후보 아키텍처와 시스템 구성요소들의 아키텍처 특징과 설계 특징을 분석하고 추정하여, 비용, 기술적 위험, 효과성과 기타 이해관계자 우려 사항(주요 품질 특징, 적정가격성, 유지보수 등) 면에서 가장 효율적인 것을 선택할 수 있는 논리적 근거를 제공하기 위해 수행된다. 그뿐만 아니라 관련 전략들을 추정하기 위한 통합 프로세스, 검증 프로세스, 확인 프로세스에도 사용된다. 기술개발 프로세스 외에도 프로젝트 평가 및 통제 프로세스에도 본 시스템 분석 프로세스가 사용된다. 정립된 목표와 임계치, 특히 기술적 측정지표를 기준으로, 성능을 측정하기 위해서도 분석이 필요하다.

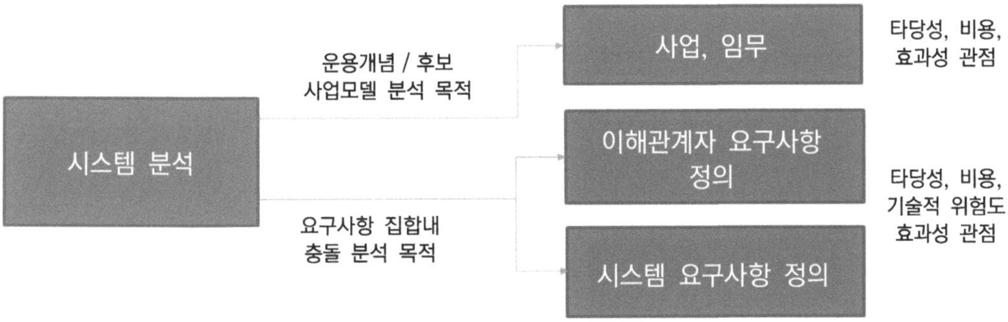

사업·임무 정의 과정부터 요구사항 정의 과정까지의 시스템 분석 활동

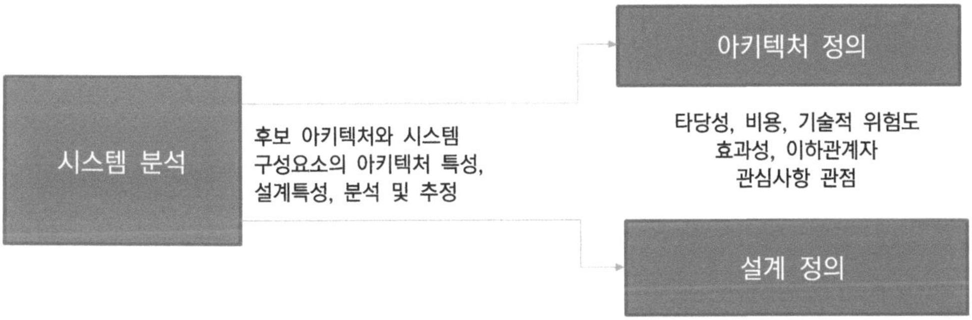

아키텍처 정의와 시스템 정의 과정에서의 시스템 분석 활동

다. 의사결정 게이트란 무엇인가?

의사결정 게이트는 시스템 수명주기에서 주요 의사결정 시점을 나타내므로 중요하게 다뤄져야 한다. 다음과 같은 질문에 대한 분석 결과를 시스템엔지니어가 산출하고 프로젝트 리더 등에게 제공해야 의사결정을 바탕으로 시스템 개발이 원활하게 진행될 수 있다.

- 프로젝트의 산출물이 아직도 비즈니스 필요성을 충족하는가?
- 비용은 감당할 수 있는가?.
- 필요한 시기에 납품이 가능한가?

이 절에서는 다음의 세부 주제들에 대해 좀 더 깊이 알아보고자 한다.

- 의사결정 게이트가 왜 중요하고 어떻게 구성되어 있는가?
- 분석적 의사결정이란 무엇인가?
- 기술적인 의사결정의 속성은 무엇인가?
- 의사결정을 지원하기 위한 공학적 분석활동은 어떻게 수행되는가?

다음의 그림에는 미국 에너지부에서 사용하는 수명주기 분류 내용과 전형적인 의사결정 게이트가 소개되고 있다. 미 국방성의 수명주기 단계도 이전단계에서 이후 단계로 넘어가려면 역시 의사결정이 필요하다. 프로젝트의 기획단계부터 의사결정 게이트가 가동되어 많은 검토단계를 거치게 된다. 이 검토 회의에는 모든 이해관계자가 참여해야 하는 것이 원칙이다. 시스템 요구사항 검토단계부터 실제 임무 운영단계에 이르기까지 많은 검토 활동이 필요하다.

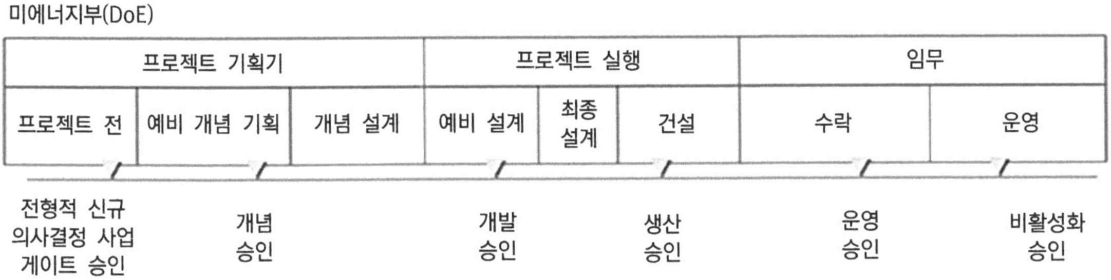

수명주기 분류 내용과 전형적인 의사결정 게이트 (미국 DoE)

다음 그림은 국내 방위사업청의 해군 전투함 건조사업에 적용된 수명주기 단계별 의사결정 게이트이다. 탐색개발과 체계개발을 통해 설계와 통합과정이 이루어져 선도함정과 후속함정이 개발되는 것을 알 수 있다. 이때 그림의 아랫단에 표기된 시스템 요구사항 검토인 SRR[174]부터 SFR[175], PDR[176], CDR[177], DDR[178], PRR[179] 등의 검토 활동이 수행된다.

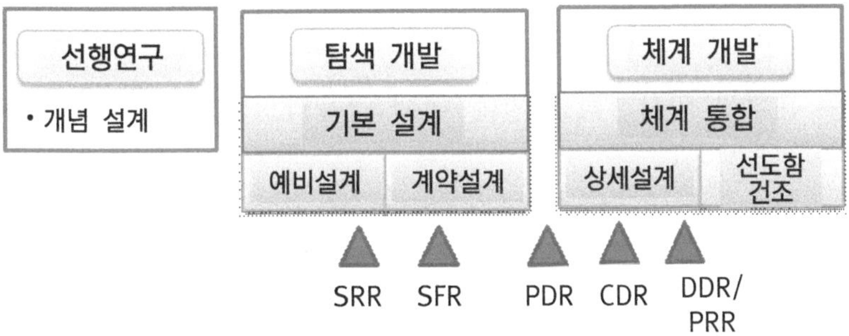

해군 전투함 건조사업에 적용된 수명주기 단계별 의사결정 게이트 (방위사업청)

---

174) SRR(System Requirement Review) : 시스템 요구사항 검토
175) SFR(System Functional Review) : 시스템 기능 검토
176) PDR(Preliminary Design Review) : 초기설계 검토
177) CDR(Critical Design Review) : 중요설계 검토
178) DDR(Detail Design Review) : 상세설계 건토
179) PRR(Production Readiness Review) : 생산준비 검토

그렇다면 의사결정 게이트의 통과는 어떻게 결정되는가? 다음의 글상자를 보자. 시스템 개발사업의 진행 여부는 일반적으로 다음과 같은 6가지의 옵션으로 결정될 수 있다.

옵션 1 : 다음 단계로 진행할 것.
옵션 2 : 진행하고 조치사항에 대해 보고할 것.
옵션 3 : 현 단계에 머물 것.
옵션 4 : 전 단계로 돌아갈 것.
옵션 5 : 프로젝트 활동을 멈출 것
옵션 6 : 프로젝트를 중단할 것.

라. 분석적 의사결정 지원이란 무엇인가?

와슨은 분석적 의사결정 지원에 대해 다음과 같이 설명하고 있다.

의사결정을 분석을 통해 지원한다는 것은 계약을 하거나 일의 수용함에 따라 제공되어야 하는 기술적 서비스의 하나이다. 사실에 입각한 평가와 업무 산출물, 착안점, 권고 사항 등과 같은 객관적 증거들을 취득하고, 분석하고, 조사하고, 해결하고, 제시하는 것이다[180].

이 설명에서 알 수 있듯이 계약이나 프로젝트의 수용이 이루어지면 이 활동은 필수적으로 실행되어 의사결정 관문을 통과하는 객관적인 자료로 활용되어야 한다.

180) James Wasson, System.Engineering Analysis, Design, Development, Wiley ..

그렇다면 기술적인 사항에 대한 의사결정을 한다는 것은 어떠한 속성을 가지고 있을까?

- 다뤄야 할 핵심이 되는 이슈와 문제는 무엇인가?
- 수행해야 할 업무의 범위는 어디까지인가?
- 해결책에 대한 제한 영역은 어디까지이고, 어느 정도의 유연성을 갖는가?
- 의사결정을 하기 위한 인자와 요건은 무엇인가?
- 의사결정에 대해 어느 정도의 정확성과 정밀성이 요구되는가?
- 문서화되고 산출물로 작성되어야 할 의사결정 사항은 무엇인가?

기술적인 사항에 대한 의사결정을 한다는 것은 어떠한 속성을 갖는지에 대한 답을 알아보기 위해 시스템엔지니어링 핸드북 4.6절의 설명을 다시 한번 읽어 보고 선행 기술프로세스에서 왜 시스템 분석이 필요한지와 분석에 대한 관점을 표로 다시 그려 보았다. 표와 같이 비용과 기술적 위험, 효과성에 관한 분석이 공통적으로 요구됨을 알 수 있다.

선행기술 프로세스별 시스템 별 시스템 분석 필요성과 분석 관점

선행 기술프로세스	분석 이유	분석 관점
• 사업 및 임무	• 후보 운영개념 분석, 추정 • 후보 사업모델 분석, 추정	타당성, 비용, 위험, 효과성
• 이해관계자 요구사항 • 시스템 요구사항	• 요구사항 집합 내 충돌 분석	타당성, 비용, 위험, 효과성, 관련 문제 (성능, 운용조건, 제약사항)
• 아키텍처 정의 • 설계 정의	• 후보 아키텍처와 시스템 구성요소들의 아키텍처/설계 특징 분석, 추정 • 가장 효율적인 대안 선택을 위한 논리적 근거 제공	비용, 기술적 위험, 효과성, 이해관계자 우려 사항 (품질 특징, 적정가격성, 유지보수 등)

공학적 분석에는 광범위한 전공분야와 특수공학 기법이 이용된다. 특정한 분석기법을 선정할 때 종종 다음과 같은 질문이 따라온다.

- 어떠한 형태의 분석이 필요한가?
- 어느 수준의 상세한 분석이 요구되는가?
- 다양한 분석에 적용하기 위한 최상의 도구에는 어떤 것이 있는가?
- 문서화를 위해 요구되는 정형화 수준은 어느 정도인가?

시스템 핸드북의 10장은 분석에 사용되는 특수공학에 관한 것이다. 총 14가지의 특수공학 형태가 제시되고 있다.

10.1 경제성/비용효과 /수명주기 비용 분석	10.5 물류공학	10.9 회복성 공학
10.2 전자파 적합성	10.6 제작성 및 양산성 분석	10.10 시스템 안전공학 10.11 시스템 보안공학
10.3 환경공학 및 환경영향 분석	10.7 질량특성공학	10.12 훈련수요 분석
10.4 상호 운용성 분석	10.8 신뢰성, 가용성, 유지보수성	10.13 사용성 분석 /인간 시스템 통합 10.14 가치공학

핸드북에 제시된 이러한 특수공학 기법 이외에도 다음과 같은 공학 분석이 이용된다.

- 임무 운용 및 직무 분석 / 고장 수목 분석
- 유한요소분석 / 스트레스 분석
- 전자파 방해 분석 / 광학 분석
- 열적 분석 / 타이밍 분석
- 시스템 잠재성 분석 / 고장 모드 및 영향 분석
- 품질기능전개 (QFD) /

공학적 분석을 위한 특수공학에 대한 상세한 설명은 다른 전문서적들에서 상세하게 다루고 있으므로 이 책에서는 다루지 않는다.

부록 4. 산업 관점의 운영개념과 시스템 관점의 운용개념 수립

운영개념[181]과 운용개념[182]은 종종 헷갈린다. 운영개념이 산업의 측면이라면, 운용개념은 사업경영 측면이 강조된다. 이를테면 전력산업의 운영이라는 거대한 카테고리 내에 풍력발전사업을 운용하는 사업경영과 연관된 측면을 다루는 것이다. 운영개념서와 운용개념서는 산업 분야별 특성을 고려하여 고유한 방식으로 개발될 수 있지만 몇 가지 필수항목에 대해 설명해야 한다. 즉, "무엇을, 누가, 언제, 어디서, 왜, 어떻게"를 설명하는 것이 필요하다. 이러한 항목의 설명을 통해 운영/운용개념서는 상위 수준의 절차적 기술적 정보를 담은 종합문서가 된다.

우리는 새로운 기회가 문제를 정의하는 활동에서 시작된다고 알고 있다. 이것을 시스템엔지니어링 핸드북에서는 탐색 연구라 부르고 하나의 개념을 선택하는 활동이 동반됨도 설명하였다. 그러나 시스템 개발자들은 종종 시스템 운용개념을 확정하지 않은 상태에서 시스템의 개념을 수립하려고 한다. 스마트-디지털 기술분야도 마찬가지다. 누가, 언제, 어떻게 이 기술을 산업에 적용하여 새로운 가치를 창출할 것인가를 생각하지 않고 디지털 뉴딜에 의한 신산업 창출을 얘기하거나, 운용에 대한 개념을 수립하지 않은 상태에서 시작하는 새로운 기술개발은 결코 기대한 만큼의 혜택을 우리에게 주지 못한다.

산업적 측면에서의 운영개념은 너무 거대하여 식견이 부족한 내가 다룰 수 있는 범위를 벗어나므로 운용개념에 대해 알아보고자 한다. 코사코프는 시스템에 대한 개념을 수립하기 위한 가장 중요한 요소는 운용에 대한 요구사항과 운용개념, 그리고 운용 시나리오가 정립되는 것이라고 말한다.[183] 필리핀

181) Concept of Operations은 운영개념으로 번역한다.
182) Operational Concept은 운용개념으로 번역한다. 운용은 사업경영 측면을 강조한다.

에 스마트-디지털 기술이 적용된 화력발전소를 짓는다고 가정하자. 여기에서 제일 먼저 정의되어야 하는 문제는 누가, 무엇을, 어떻게, 이 기술이 적용된 발전소를 운용할 것인가에 대한 것이다. 필리핀에 발전소를 운전하고 정비할 인력이 없어 한국에서 운전과정에 대한 독자적인 감시가 필요하다면 디지털 트윈 기술을 개발할 필요가 있을 것이고, 수명주기 운영비 중 인건비 비중이 높다면 인공지능을 이용한 에이전트 기술을 적용해야 한다. 그러나 인건비가 싼 현지 인력으로 운전과 정비가 가능하다면 스마트-디지털 기술 적용 효과는 별로 기대할 수 없을 것이다. 이와 같은 사항을 사전에 분석하고 문서로 만드는 것이 운용개념 수립이다.

❖ [운영개념 수립 예] 중소형 원전을 위한 운영개념 수립

조나단 힌츠[184]는 그의 논문 "중소형원자로(SMR[185])의 상업적 성공을 위한 열쇠"에서 어느 SMR 개발자라도 다음과 같은 핵심 현안에 답할 수 있어야 한다고 강조한다.

183) Kossakoff, Systems Engineering-Principles and Practice, Wiley

184) Jonathan Hinze, Keys to Successful SMR Commercialization, Platts Small Modular Reactor Conference, June, 2010

185) Small and Medium Reactor : 중소형원자로라고 번역한다. 핵증기계통이 일체화되어 1차계통 냉각재 누설에 대한 위험이 없고, 소내 정전이나 외부전원상실 사고에도 조치를 위한 시간이 상업적인 원자로보다 긴 것이 특징이다. 소규모 지역의 분산전원망 구축을 위한 발전, 지역난방, 담수생산 뿐만 아니라 쇄빙선과 같은 특수 목적선의 동력원으로도 쓰이는 다목적 원자로다. 미국, 러시아, 한국, 일본, 중국 등의 국가에서 연구가 진행 중이다.

1. 고객의 니즈와 활용성에 대해 이해하고 설명할 수 있는가?
2. 설계와 기술적 현안에 대한 해결책은 완성단계인가?
3. 규제와 정부 정책의 장애물은 극복되었는가?
4. 실현 가능한가? 또한, 상세한 비용 예측은 수행되었는가?
5. 건설과 제작에 대한 예상 요구사항들은 도출되었는가?
6. 강력한 공급사슬 기반은 마련되었는가?
7. 운전과 정비에 파라미터는 완전하게 이해되었는가?

SMR이 상업적으로 성공하기 위해서는 운영개념을 어떻게 수립해야 하고 이러한 운영개념은 기술기준과 어떠한 연관성이 있으며, 다음 단계 활동인 기능요건 분석과는 어떻게 연결되는가? 다음 그림은 운영개념문서와 다른 프로세스와의 관계성을 표현한 것이다. 그림의 문장형식은 3형식 단문 형태이므로 직관적으로 이해할 수 있다. 여러분도 한번 읽어 보시기 바란다. 화살표의 시작 방향이 주어이고 도착지가 목적어이다. 화살표를 따라 동사가 기록되어 있다. 예를 들어, '운용자 요구사항 문서(URD)'는 주어이고, '플랜트 요건분석 및 운영개념 정의'는 목적어이며, 중간의 '입력이 된다'가 동사이다. 즉, '운용자 요구사항 문서(URD)'는 '플랜트 요건분석 및 운영개념 정의'의 '입력이 된다'가 완성된 문장형식이다. 조사만 생략된 완전한 문장 형식이다.

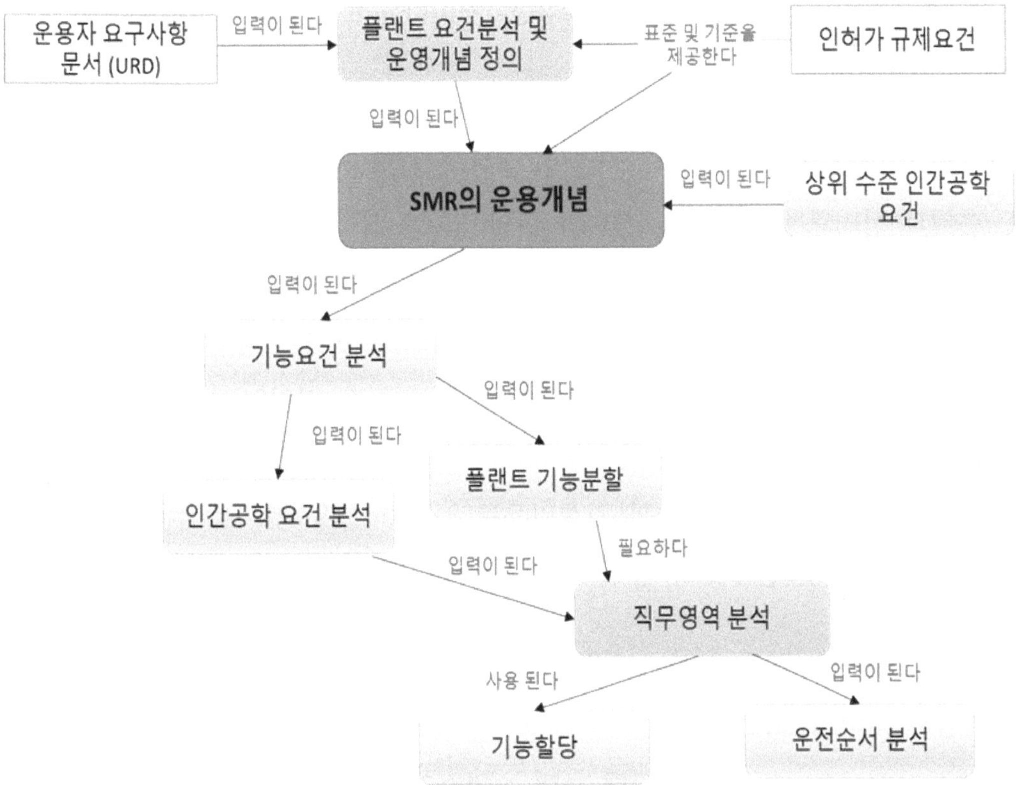

SMR의 운영개념과 다른 프로세스와의 연관도

먼저 운영개념을 수립하기 위한 상위 입력은 무엇이 있을까? SMR의 운용개념을 규제하는 가장 상위문서인 규제지침과 각종 표준은 요구사항 분석과 개념 정의를 위한 지침을 제공한다. 또한, 이 문서들을 입력으로 사용하여 상위수준 인간공학 요건도 생성된다. 이와 함께 중요한 입력문서가 URD이다. 발전소 설계 및 건설에 있어 URD는 발주자가, 건설하고자 하는 원자력 발전소의 요구사항을, 운영자 측면에서 작성한 것이다. SMR의 운영개념은 왜 필요하고 어떻게 사용되는가? 다음의 설명을 살펴보자.

가. SMR의 상업적 성공의 열쇠는 운전과 정비단계의 비용을 획기적으로 낮추는데 있다.

중소형 원자로인 SMR이 기존의 대형 원자력발전소와 경쟁하기 위해서는 운영과 정비단계의 비용을 줄여야 한다. IAEA/NEA에서 발표한 우리나라 원전의 건설단가는 1kW당 2,021불[186] 이다. 10%의 감가상각률을 적용해도 2,500불을 넘지 않는다. 반면 미국의 건설비는 우리의 두 배 정도이고 영국은 세 배가 넘는다. UAE 원전을 우리가 수주할 수 있었던 것은 건설비에 대한 큰 경쟁력 때문이다. 그러나 SMR의 경쟁상대는 대형원전이다. SMR의 건설단가는 우리나라 대형원전 건설비용보다 아주 높을 것으로 추정되고 있다. 따라서 건설단가만으로 대형 원자력발전소와 경쟁한다는 것은 불가능하다.

그럼 SMR은 어떻게 원자력발전소나 화력발전소, 신재생 발전과 경쟁할 수 있을까? IAEA/NEA 보고서의 내용을 다시 살펴보자. kW당 평균 건설비용과 평균 운전/정비 비용을 비교해 보면 수명주기 동안의 운전과 정비 비용이 압도적으로 높다. SMR의 운영개념을 수립하는 사람들은 이 비율에 주목하여 건설비 경쟁의 불리함을 운영단계에서의 유리함으로 바꾸고자 한다. SMR 건설단계의 경쟁력을 포기하고 운영단계에서의 경쟁력을 높이겠다는 개념은, 운영단계에서 SMR의 제어시스템을 완전 자동으로 만들어 무인화하거나 운전과 보수에 필요한 인력을 획기적으로 줄이는 것에 방점이 찍힌다.

186) IAEA/NEA, Projected Costs of Generating Electricity-2015 Edition,

나. SMR 운영개념에는 무슨 내용이 담겨 있을까?

이 책은 원자력발전소에 대한 기술적 요소들을 구체적으로 설명하지는 않는다. 스마트-디지털 기술을 개념적으로 다룬다는 처음 생각과 벗어나기 때문이고 깊이 파고들수록 내 지식의 한계를 체감하기 때문이기도 하다. 그러므로 독자 여러분도 긴장하지 마시고 편안한 마음으로 읽어주시기 바란다. 어떻게 하면 운용단계의 비용을 줄일 수 있을까? 아이다호연구소의 보고서는 다음과 같은 설계개념 도입을 통해 운영인력을 줄여 총 운용비용을 절감하는 효과가 있다고 강조한다.

- 복수의 유닛을 하나의 제어실에서 운전 : 높은 수준의 운전 자동화
- 첨단 모니터링 기술 적용으로 운전원의 상황 인지능력을 고도화
- 인적 성능 고도화

이 보고서는 또한 미국 원자력규제기관인 USNRC의 NUREG 보고서와 INCOSE의 정의, IEEE 표준, INPO 보고서, AIAA 보고서로부터 다양한 운영개념에 대한 정의와 내용을 추출하여 소개하고 있다. 검토된 주요한 문서를 소개하면 표와 같다.

SMR 운영개념 추출을 위해 검토한 주요 참고 문서

주요 문서 번호	문서 제목
NUREG-0711[187]	인간공학 프로그램 검토 모델
NUREG/CR-7126[188]	SMR 설계와 운전에 연관된 인적행위 현안
NUREG-1791[189]	면허소지 운전원들에 대한 원전의 예외평가 요청 지침
IEEE-1362[190]-1998	운영개념에 대한 정의 (IT 분야)
INPO/WANO 01-002[191]	원전 운영지침
ANSI/AIAA G-043-1992[192]	운용개념문서 마련을 위한 지침

위에 소개한 문서들로부터 운용 시나리오가 도출되고 있는데 운전원의 상황인지 능력을 높이기 위한 지원책으로, 향상된 진단기법을 제공한다든지 운전원의 직무 부하를 줄이는 등의 개선책을 통해 인적 행위/성능을 개선하는 대책을 마련하고 있다.

187) USNRC, NUREG-0711-2012, Human Factors Engineering Program Review Model
188) USNRC, NUREG/CR-7126, Human-Performance Issues Related to the Design and Operation of SMRs
189) USNRC, NUREG-1791, Guidance for Assessing Exemption Requests from the Nuclear Power Plant Licensed Operator Staffing Requirements Specified in 10 CFR 50.54
190) IEEE Standard 1362-1998: "IEEE Guide for Information Technology - System Definition - Concept of Operations (ConOps) Document,
191) NPO/WANO 01-002, Guidelines for the Conduct of Operations at Nuclear Power Stations
192) ANSI/AIAA G-043-1992, Guide for the preparation of OCD (Operational Concept Documents)

SMR의 무인화 시 진단능력 향상을 위한 운영개념과 현재 가용한 스마트-디지털 기술

항목	진단능력 향상을 위한 운영 개념	현재 가용한 스마트-디지털 기술
실시간 정보처리	정보의 과부하 및 발생 문제들을 즉각 처리하기 위한 실시간 데이터 처리	빅데이터 처리기법
열화 메커니즘 이해	핵연료, 피복재, 구조물 열화 해석	첨단 해석코드
진단결과 오류 저감	False Positive (오류가 없는데 오류로 진단)하는 경우 배제	인공지능기술(학습단계를 높이고 복수의 진단기법을 동시 적용)
분석과 진단을 거의 실시간으로 수행	실시간에 준하는 분석과 진단결과 도출	첨단 해석코드와 결합된 디지털 트윈 기법
복수의 상황 발생 시 인지능력 저하 대책	멀티 타스킹에 따른 제한적 인지능력 제한대책 마련	멀티 에이전트 (복수호기 운전)

위의 표에서는 완전 무인화나 운용 인력을 최소화하여 비용 절감을 위한 진단능력 향상 운영개념을 제시하였다. 이러한 진단능력 향상을 위해서는 스마트-디지털 기술이 필요하다. 오른쪽 열에 표기된 스마트-디지털 기술은 필자가 제시한 것이다. SMR의 도전적인 운용개념은 적절한 기술이 적용될 때 실현될 수 있다. SMR의 경쟁력은 스마트-디지털 기술의 활용 여부에 달려있다. 표에서도 나타냈듯이 SMR을 위한 스마트-디지털 기술은 4차 산업요소 기술과 기존에 사용되던 원자력 분야 지식체계가 융합된 것이다. 이를 통해 융합 기술은 강력한 상승효과를 보여줄 것이다. 여기서 또 하나 강조할 사항은 이 융합 기술이 가져올 다음과 같은 새로운 효과성이다.

- 종래에 실시간으로 계산할 수 없었던 첨단해석 코드가 컴퓨터 성능향상과 알고리즘의 발전으로 실시간으로 계산결과를 출력한다.
- 실시간 연산 성능은 디지털 트윈의 가상 SMR 개발의 핵심이 된다.

다. SMR 사업에 참여하는 원자력산업체는 어떻게 운영개념서를 작성해야 할까?

운영개념서는 SMR 사업에 참여하는 업체들과 설계개념에 대한 필수적인 정보를 공유하는 효과가 있다. 운영개념서에 포함되어야 할 중요항목 몇 가지를 열거해 보면 다음과 같다.

- 플랜트와 주요 시스템 설명
- 서브-시스템에 대한 주요 기능과 목적 설명
- 운전 모드별 발전소 상태 (과도상태 포함)
- 주제어실 설계에 대한 일반 설명
- 운전원 직무할당 설명
- 원격, 현장 제어반을 포함한 주제어실 제어기능 할당 기준 설명
- 운전원과 정비원의 공동수행 업무를 포함한 팀원별 활동 조정
- 주제어실, 인간-기계 연계시스템 등에 대한 운용요건 등

아울러 운영개념서는 시스템엔지니어링 관리계획서(SEMP)[193]와 연결되어 시스템 분석에 필요한 다양한 특수공학 전공분야를 상세히 설명하게 된다.

193) Systems Engineering Management Plan

❖ [개념 설계 예] 원자력발전소 노심보호 연산기의 디지털 트윈 개념 설계

후쿠시마 원자력발전소 사고는 텔레비전 생중계된 유일한 원전 사고다. 특히 원자로 건물이 폭발하는 장면이 전 세계에 방영되어 일반인들에게 원자력발전소 사고의 위력을 생생히 각인시켰다. 사실 물리적 방호기능이 없는 원자로 건물 내부에 축적된 수소가 폭발한 것이지만 일반인들에게 원자력발전소에 대한 부정적 인식을 크게 확산시키는 계기가 됐다. 체르노빌 원전 사고에서 회복되어 원자력 르네상스를 얘기하던 산업계는 이로 인해 또 다른 침체기를 맞고 말았다. 우리나라 역시 전력산업 구조 전체가 변화한 것은 물론이고 일반 가정에서도 일본산 고등어를 사 먹지 않아 WTO에 제소당하는 등 후쿠시마 사고의 후유증은 컸다.

원자력발전소 노심보호 연산기는 원자로가 과열되거나 원자로 내부의 압력이 떨어져 기포가 발생하여 열전달이 되지 않는 상태를 예측하고 미연에 방지하는 역할을 한다. 이 시스템은 원자로의 가장 중심에 있는 핵연료와 이를 둘러싼 피복재를 보호한다. 노심보호 연산기는 일정한 운전조건 아래에서 작동되어야 한다. 이를 우리는 운전 제한조건이라고 부른다. 만일 노심보호 연산기의 또 다른 디지털 쌍둥이인 '트윈'을 개발하여 실제의 물리적 시스템이 노심을 잘 보호하고 있는지를 감시한다면 가장 낮은 수준의 트윈이 된다. 이러한 감시정보가 좀 더 해석과 분석의 단계를 거쳐 물리적 시스템이 잘못 작동되는지를 판단할 수 있다면 좀 더 높은 수준의 '트윈'이 된다. 또한, 이를 통해 현재의 운전이 이상한 방향으로 진행하고 있을 때 이에 대한 의사결정을 내려 원자로를 정지시킨다면 이는 가장 높은 단계의 '트윈'이 된다. 의사결정 단계까지 갖춘 트윈이 원자로의 운전에 개입하여 정지시키는 가장 높은 단계는, 원자력발전소의 안전성에 디지털 트윈이 개입하는 것을 의미하므로 실현이 쉽지 않다. 그러나 정보의 가시화를 통해 운전원에게 다양한 자료를 제공하여, 직관적인 의사결정을 할 수 있도록 돕는다면 원전 운전원에게는 든든한 우군이 될 것이다. 최신의 원자력발전소에 도입된 전산화된 운전 절차서는 텍스트 위주의 종이 절차서를 각종 트랜드 그래프 정보와 운전 단계 정보를 함께 제공하는 컴퓨터 환경으로 바꿔 좀 더 직관적인 운전이 가능하도록 하고 있다. 물리적인 시스템과 연결된 가상의 트윈은 원전 운전지원에 이처럼 활용될 수 있을 것이다.

"적극적으로 지원은 하되 개입하지는 않는다."

라. 원자력발전소를 지키는 노심보호연산기 디지털 트윈의 개념 설계

물리적인 노심보호 연산기 계통은 PLC[194] 기반으로 구현되어 있다. 하드웨어와 소프트웨어로 구성된 PLC는 각종 센서로부터 입력을 받아 이를 처리하는 부분과, 각종 연산을 통해 원자로를 정지시켜야 하는지를 결정하는 부분, 아울러 출력을 운전원에게 전달하는 부분 등으로 구성된다. 여기까지는 기존의 자동화된 제어 시스템과 다를 바가 없다. 센서로부터 얻어진 신호가 통신을 통해 소프트웨어 알고리즘으로 이루어진 가상의 복제 시스템으로 전송되는 순간부터 가장 낮은 단계의 트윈이 만들어진다. 또한, 이 신호를 처리하여 해석하고 분석하여 운전원에게 가시화된 정보 체계로 전송한다면 좀 더 높은 단계의 트윈이 된다. 사실 원자력발전소에서 허용되는 수준은 여기까지다. 이미 설명했듯이 의사결정 지원단계를 가능하게 하기 위해서는 이

194) PLC : 프로그램 논리제어기 (Programmable Logic Controller)

가상의 시스템이 어떠한 오작동도 일으키지 않는다는 것을 보장해야 하기 때문이다. 그러나 어느 누가 소프트웨어 기반의 시스템에 오류가 없다는 무결성이 시험을 통해 보장할 수 있을까? 그렇다면 이렇게 만들어진 디지털 트윈은 기존의 시스템이 제공하는 가치에 더해 어떠한 추가적인 가치를 제공할 수 있는가? 표를 살펴보자

디지털 트윈이 제공하는 가치

비교 항목	기존 물리적 시스템 환경	디지털 트윈이 더해진 환경
고장에 대한 대비	4중화된 다중 시스템 구축	기능적 문제점을 사전에 식별하여 운전원에게 제공
심층 방호	일반 대중에게 원자로 내에서 발생하는 사고의 영향이 전파되지 않도록 3중의 물리적 방호체계 마련	시스템의 심층방호를 위해 별도의 해석 및 분석 결과를 직관적으로 이해 가능한 가시화 정보로 제공
다양성	원자로보호를 위해 다양성 보호시스템을 추가 설치	기능적 다양성과 함께 운전원의 의사결정을 돕는 인적능력 다양성에 기여
독립성	타 시스템과의 물리적 및 전기적 독립성 부여	가상 시스템 구축을 통한 독립성 부여

가상의 시스템과 물리적 시스템이 데이터를 공유하고 정보를 교류하는 디지털 트윈에게 요구되는 가장 중요한 특성은 오류의 가능성을 배제하는 것과 외부로 부터의 사이버 공격을 회피, 차단하는 것이다. 만일 물리적 시스템과 가상의 시스템이 출력한 결과가 다르다고 가정해 보자. 인간 운전자는 무엇을 믿어야 할까? 기존의 운전 방식대로 가상의 시스템을 참조용으로만 생각

하여 의사결정을 지원하는 정보, 이를테면 원자로를 정지하라는 출력을 무시했다고 가정해 보자. 운전원으로서는 물리적 시스템의 자동 정지 매커니즘이 작동하지 않았으므로 무시한 것이지만 추후의 조사를 거쳐 물리적 시스템에 오류가 발생한 것으로 밝혀졌다면 이 운전원을 처벌하는 것이 맞는 것인가?

이와 같은 가상의 시나리오는 충분히 가능하다. 따라서 결정론적인 설계개념을 바탕으로 개발되는 안전계통 시스템에 이러한 트윈이 부가적으로 설치되기 위해 고려해야 할 사항은 의외로 많다. 이와 관련하여 다음과 같은 질문이 가능할 것이다.

- 안전계통에 대한 영향은 없는 것인가?
- 인간의 실수로 인한 오작동을 유발할 인자를 포함하고 있지는 않은가?
- 인적능력 최적화에 이바지하는가? 아니면 추가적인 업무 부담을 운전원에게 요구하는가?
- 고장의 영향과 이의 파급 여파는 입증할 수 있는가?

몇 가지 주요한 내용을 생각해 봤는데 의외로 머리가 아파진다. 안전계통에 대한 영향을 분석하고 이를 입증하기 위해서는 확률론적 안전성 평가가 필수적이다. 가상 시스템에 의해 핵연료가 녹아내리는 용융(熔融) 사고가 발생할 확률을 계산해야 하고, 격납용기로부터 방사성물질이 외부로 유출되는 확률 역시 계산해야 하기 때문이다. 그뿐만 아니라 인적 오류를 정성적으로 분석하고 이의 유발인자를 도출해 내는 것 역시 보통 일이 아니다.

운전원의 업무 부하를 계산하는 정량적, 정성적인 방법도 도입되어야 한다.

주로 인간공학 측면의 해석이 필요한데 이 또한 만만한 작업이 아니다. 이와 함께 사이버 시스템의 고장 영향과 그 파급 효과를 정성적으로 분석하는 일 역시 쉽게 넘길 일이 아니다. 이렇듯 안전계통에 대한 디지털 트윈을 도입하는 데 필요한 일은 산더미처럼 많다. 하지만 이러한 트윈이 도입되었을 때 얻게 될 가치를 생각한다면 결코 이러한 도전과제에 위축될 수는 없는 노릇이다. 다음의 글상자를 보자.

- 운전원에게 추가적인 의사결정 정보를 제공하므로 기존 물리적 시스템이 제공하는 기능적 다양성과 함께 인적 다양성을 동시에 제공할 수 있다.
- 제3의 독립 시스템이 자동화 시스템의 작동을 항상 검증하고 인간의 실수 여부도 감시하므로 오작동과 인적 실수를 크게 줄일 수 있다.
- 물리적 시스템의 잘못된 작동을 예측하여 운전원이 조치할 수 있도록 하여 원자력발전소 이용률 향상에 기여할 수 있다.

디지털 트윈은 실시간으로 움직이며, 물리적 시스템보다 빠른 연산이 가능하도록 하여 오류의 실재 발생확률을 줄여준다. 예측진단이 가능한 것이다. 그렇다면 이 시스템이 성공적으로 노심보호 연산기 계통에 적용되었을 때 얼마만큼의 경제적 효과를 가져올 수 있겠는가? 국내 원전에서 연평균 0.1건의 불시 정지가 이 시스템으로 인해 발생했다. 주로 하드웨어의 열화로 인한 것인데, 이를 가상의 트윈이 예측을 통해 검출할 수 있다고 가정해 보자. 이 기능은 원천적으로 PHM 기법과는 다르다. 데이터를 얻어 이를 분석하기보다는 운전 자체에서 발생하는 각종 연산을 통해 고장의 징조와 물리적 시스템의 불합리한 작동을 분석하여, 이를 경보하기 때문이다.

가상의 시스템은 물리적 시스템과 다른 가시화 환경을 제공할 수 있다. 특히 자동화된 연산 알고리즘에 의해 원자로의 정지 여부를 실시간으로 자동 결정하는 물리적 시스템에 동일한 예측기능을 제공하는 것은 불가능에 가깝다. 그러나 컴퓨터 연산속도가 지수적으로 증가한 현재의 시점에서 무거운 알고리즘을 빠르게 계산하는 것이 가능해졌다. 즉, 시스템을 모방하는 알고리즘이 물리적 시스템과 같은 입력을 받아 보다 빠르게 처리하여 실제의 물리적 시스템보다 빠른 결과를 운전원에게 제공하고 조치를 가능하게 한다면, 그리하여 불시 정지 1건을 줄일 수 있다면 연간 300억 원[195] 정도의 경제적 효과를 가져올 것이다.

필연적으로 디지털 트윈 기술은 인공지능으로 대표되는 머신 러닝 기술과 결합되어 이러한 가상의 시나리오를 가능하게 한다. 또 하나 디지털 트윈 기술의 장점은 물리적 시스템의 운영에 따른 위험도를 줄일 수 있다는 것이다. 이와 함께 효율성, 안전성 증진, 유지보수 비용의 절감과 같은 추가적인 기여도 가능하다.

195) 1건의 불시정지에 따라 30일 정도의 조사기간 및 재가동 허가기간이 소요된다고 가정하고 1일당 대략 10억원의 경제적 효과를 고려하였음

맺는 글

정진홍은 인간 사회에서의 다름에 대한 발견을 다음과 같이 얘기한다. “공유할 수 있는 구조적 중층성이 전제되지 않는다면 비교는 불가능하다. 같은데 다르다고 말할 수 있을 때 비교가 가능해진다.[196]” 이 글에서, 공유할 수 있는 중층성이란 무엇을 의미하는 것일까? 중층성을 공유한다는 표현을 중층적인 시스템을 공유한다는 것으로 바꿀 수 있다면, 이는 시스템 사고를 바탕으로 하는 것이고, 이것이 바로 시스템엔지니어링의 본질과 연결될 것이다.

피터 드러커는, “지식근로자는 권위에 기초한 조직 대신에 성과 중심의 조직에서 일하기를 바란다. (중략)지식 작업을 위한 조직구조는 경직성이면서도 신축적이어야 하고, 권한이 분명하면서도 과업 중심적이어야 하며, 상황의 논리와 명령권자의 필요성 모두를 고려해야만 한다.” 그는 또 선진국 학교는 더 이상 새로운 경험의 세계로 안내하지 못한다고 일갈한다. “30초짜리 TV 상업방송만큼 주의깊게 구상되고, 분명하게 의사를 전달하는 것도 거의 없다. 일 초 일 초마다 돈이 계산된다. 모든 동작이 균형을 맞추고 리듬에 맞는다. 모든 단어가 매력적인 의미를 담고 있다. 상업방송의 그것은 방법론상 완벽한 ‘학습’이다. 정말이지 그것은

196) 정진홍 ‘열림과 닫힘’

세 가지 요소를 담고 있기 때문에 이상적인 '프로그램'의 전형이다. 그 세 가지 요소는 자료의 효과적 배열, 반복을 통한 재확인, 배우는 즐거움을 통한 학습자의 동기유발 등을 말한다." 197)

국제화된 사회에서 우리의 젊은이가 기술관리자로 일하기 위해서는 구조적 중층성에 대한 시스템엔지니어링 기반의 스마트-디지털 기술을 적용하거나, 프로세스의 통합 이전에 사용자에 대한 교육과 동기부여가 가장 중요하다는 아이그너 교수의 공식을 기억할 필요가 있다. 또한, 피터 드러커가 이상적인 프로그램으로 예를 들었던 상업광고만큼 주의 깊게 구상하고, 분명하게 의사를 전달하기 위해 필요한 세 가지 요소도 유념해야 한다.

그렇지만 가장 중요한 것은 역시 가치에 기반한 전략과 전술의 이해와 응용이다. 스마트-디지털 기술이 주는 가치는 크게 확장해 보면 지구를 좀 더 아름답고 깨끗하게 지키는 것과도 연결되고, 인간의 시간을 좀 더 가치 있게 활용하는 것과 다를 바 없으며, 국가의 기술적 경계를 없애, 다 같이 행복하게 사는 세계를 만드는 것과도 통하는 것이다. 우리는 남보다 더 나은 생활을 꿈꿔왔다. 아바타든, 써로게이트든, 세컨드라이프든, 메타버스든, 새로움에는 새로운 창의적인 뭔가가 내재한다고 생각해왔다. 그러나 깊이 고찰해 보면, 결국 구조적 중층성 위에 우리의 생활을 쌓아 왔다는 생각이 든다.

시스템엔지니어링은 전체로서의 나를 생각하게 한다. 부분의 합이든 합의 부분이든 인간의 활동은 시스템적 사고를 바탕으로 할 때 오류의 확률이 가장 낮아지는 법이다. 돌출된, 창조적인, 비 규범화된, 등과 같은 활동으로는 일확천금은 꿈꿀 수 있어도 안정적 편안함은 누릴 수 없다. 본문에서도 다뤘

---

197) 피터 드러커, 단절의 시대, 한국경제신문사

던 문샷이 왜 우주여행, 전기를 생산하는 연, 등의 프로젝트에서 각광을 받고 있으며, 산업 분야나 플랜트엔지니어링 분야로는 확산되지 않는지 생각해 봐야 한다. 스마트-디지털 기술은 기계와 인간을 빠르게, 한계비용 제로로 연결하는 획기적인 것이다. 그렇지만 문샷으로 이 기술을 정착시킬 수는 없다. 비록 시스템엔지니어링이 최선의 방법론은 아닐 수 있지만 현재까지 소개된 기법 중 가장 믿을 만하다는 확신을 나는 갖고 있다. 이를 어떻게 적용하여 여러분이 원하는 가치를 얻을 것인가의 판단은 여러분의 몫이다. 독자들의 분발과 작은 결과라도 같이 공유할 수 있기를 기대한다.

가치 디지털전환의 성공열쇠

2021년 10월 25일 초판 인쇄

2021년 10월 30일 인쇄 발행

저　　자　정재천

발 행 인　송기수

발 행 처　도서출판 GS인터비전

편 집 처　도서출판 GS인터비전

인 쇄 처　트윈벨미디어

등록번호　제 25100-2016-000050 호

I S B N　979-11-5576-369-8(03560)

주　　소　서울 은평구 증산로 15길 69 2층

전　　화　02-976-7898

팩　　스　02-6468-7898

홈페이지　gsintervision.co.kr

E-Mail　gsinter7@gmail.com

정 가　25,000원